精品课程配套教材
21世纪应用型人才培养“十三五”规划教材
“双创”型人才培养优秀教材

NX8.5数控铣编程基础与实例

NX8.5 SHUKONGXIAN BIANCHENG JICHU YU SHILI

主　编　陈国贵
副主编　曹艳彬　方春城

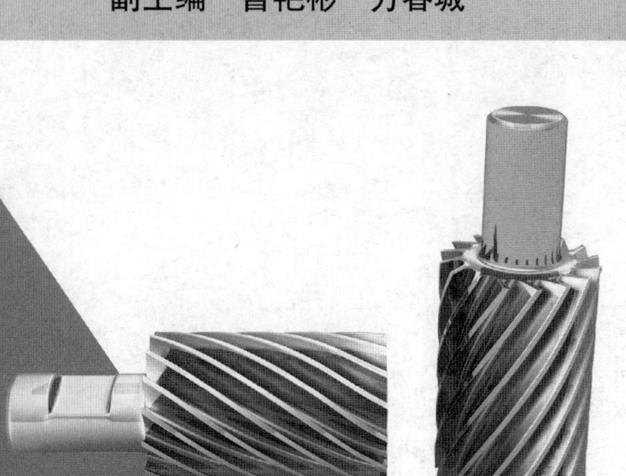

哈爾濱工業大學出版社
HARBIN INSTITUTE OF TECHNOLOGY PRESS

内容简介

本书共分九个模块，包括认识NX Manufacturing、创建工序、型腔铣、等高轮廓铣、固定轴曲面轮廓铣、平面铣、孔加工、共同参数选项、自定义模板及综合加工。考虑到各种工序的参数设置过于复杂，通过大量工件详细讲解编程过程，让读者深入理解每一种铣削编程的原理及方法，并给出了一个典型零件利用自定义模板铣削编程实例。

本书可作为高等学校和模具专业、数控加工专业的专业课教材，同时也是理想的自学参考书。

图书在版编目（CIP）数据

NX 8.5 数控铣编程基础与实例/陈国贵主编. —哈尔滨：哈尔滨工业大学出版社，2017.1（2022.1 重印）

ISBN 978-7-5603-6369-1

Ⅰ.①N… Ⅱ.①陈… Ⅲ.①数控机床-铣床-程序-设计-高等学校-教材 Ⅳ.①TG547

中国版本图书馆 CIP 数据核字（2016）第 320480 号

责任编辑　杨秀华
封面设计　唐韵设计
出版发行　哈尔滨工业大学出版社
社　　址　哈尔滨市南岗区复华四道街 10 号　邮编 150006
传　　真　0451-86414749
网　　址　http：//hitpress. hit. edu. cn
印　　刷　北京俊林印刷有限公司
开　　本　787mm×1092mm　1/16　印张 16.5　字数 407 千字
印　　次　2022 年 1 月第 2 次印刷
书　　号　ISBN 978-7-5603-6369-1
定　　价　36.00 元

前　言

本书是“数控加工自动编程技术丛书”之一，以 NX 8. 5 中文版作为本书的介绍对象。本书共分九个模块。第一和二模块介绍 NX Manufacturing 数控铣编程的基本概念及工序的创建；第三～七模块分别介绍型腔铣、等高轮廓铣、固定轴曲面轮廓铣、平面铣以及孔加工编程的原理和方法；第八模块介绍工序中切削参数与非切削参数各项参数的设置，NC 程序和车间工艺文件的输出；第九模块介绍自定义模板及定制工序对话框的方法。结合一个典型零件利用自定义的模板进行实例编程。

本书共九个模块，第一、二、三、四、五模块由陈国贵编写；第六、七模块由曹艳彬编写；第八、九模块由方春城编写。陈国贵负责全书的策划和统稿工作。

本书配套提供所有实例以及习题题目的电子文件，以方便读者理解和掌握相关编程方法和技巧。

本书语言简洁，练习丰富，编程步骤清晰，可作为模具专业、数控加工专业的专业课教材，同时也是理想的自学参考书。

本书主要特色如下：

(1) 编写了通过大量工件详细讲解编程过程，力求让读者深入理解每一种铣削编程的原理及方法。

(2) 编写了思考题，用于检查读者是否掌握了铣削编程的概念及原理。

(3) 编写了编程练习题，用于检查读者是否掌握了铣削编程的方法及技巧。

由于时间仓促，加上编者水平有限，书中不足之处在所难免，望广大读者批评指正，编者将不胜感激。

编　者

目　录

模块一　认识 NX Manufacturing

[任务导读]

1. 了解 NX CAM 的功能;
2. 了解 NX CAM 的操作界面;
3. 掌握导航器界面设置;
4. 掌握 NX CAM 的编程思想。

任务一　NX Manufacturing 概述

UG NX(Unigraphics Next)是一种面向先进制造行业,融线框模型、曲面造型、实体造型为一体,是参数化和特征化的 CAD/CAM/CAE 系统。系统中的 CAD/CAM/CAE 各部分数据可自由切换,这有利于信息的共享,用户可以在更高层次上进行产品设计、模具设计、数控加工编程和工程分析。NX 能够提供产品设计、分析、仿真、工程与制造于一体化等一整套解决方案。在航空航天、汽车、电子、机械、模具等领域有着极其广泛的应用。

NX CAM 是先进的数控加工编程工具,以功能丰富、高效率、高可靠性而著称,对铣削(2.5~5 轴)、车削、线切割等的编程都提供了准确、有效的 NC 程序,长期在 CAM 领域处于领先地位。图 1-1 为编程的仿真加工。NX CAM 的广泛使用将给机械制造业的生产方式、产品结构带来深刻的变化。

图 1-1

一、Manufacturing 功能简介

Manufacturing(计算机辅助制造模块)功能强大,由多个加工模块组成。

1.固定轴铣削(Fixed-Axis Milling)

固定轴铣削用于产生 2.5 轴及 3 轴运动的刀具路径,如图 1-2 所示,是最广泛使用的加工编程模块,其内容包括平面铣(Planar Milling)、型腔铣(Cavity Milling)、固定轴曲面轮廓铣(Fixed Contour Milling)以及孔加工(Point To Point)钻孔、铰孔、镗孔、攻螺纹等。

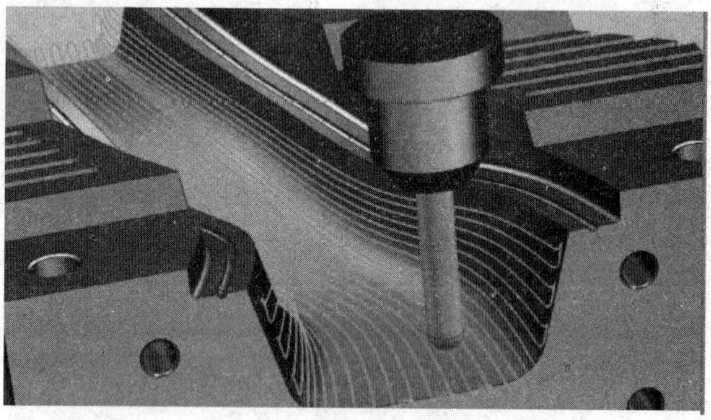

图 1-2

2.可变轴铣削(Variable-Axis Milling)

与固定轴铣相似,加工过程中变轴铣的刀轴可以摆动,满足一些特殊部位的加工需要。用于任意曲面的固定轴和多轴铣削加工编程,它规定了 3~5 轴刀具方位、循环动作以及曲面加工质量。如图 1-3 的叶轮加工,通过使用曲面参数把刀具轨迹映射到加工面上,并利用任意曲线及点对刀具轨迹进行控制。

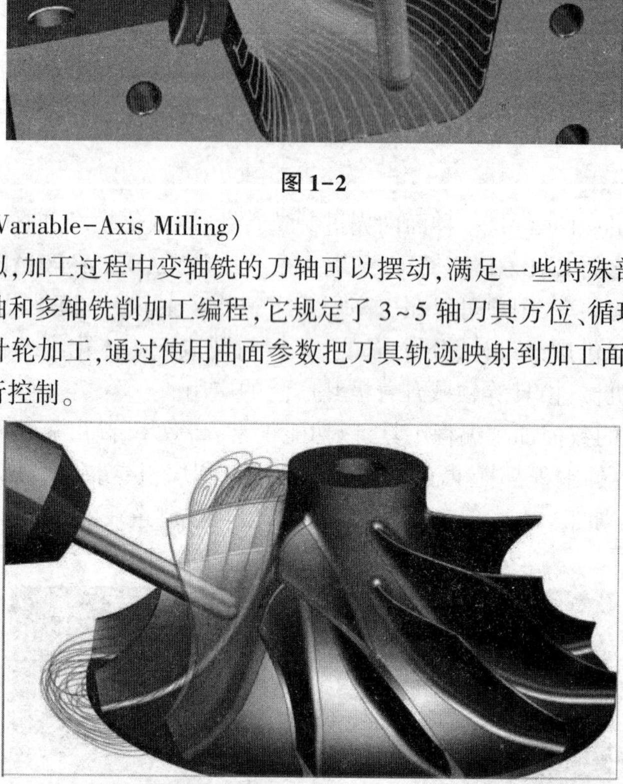

图 1-3

3.顺序铣削(Sequential Milling)

顺序铣削方式适用于用户要求对切削过程中刀具的每一步路径的生成都要进行控制的情况。顺序铣削刀轨和几何模型是完全相关的,使用交互方式逐段建立刀具路径。

4.车削(Lathe)

车削提供了回转类零件的加工编程功能。零件的几何模型和刀具轨迹完全相关,刀具轨迹能随几何模型的改变而自动更新。它具有粗车、多次走刀精车、车沟槽、车螺纹和钻中心孔等功能,如图 1-4 所示。

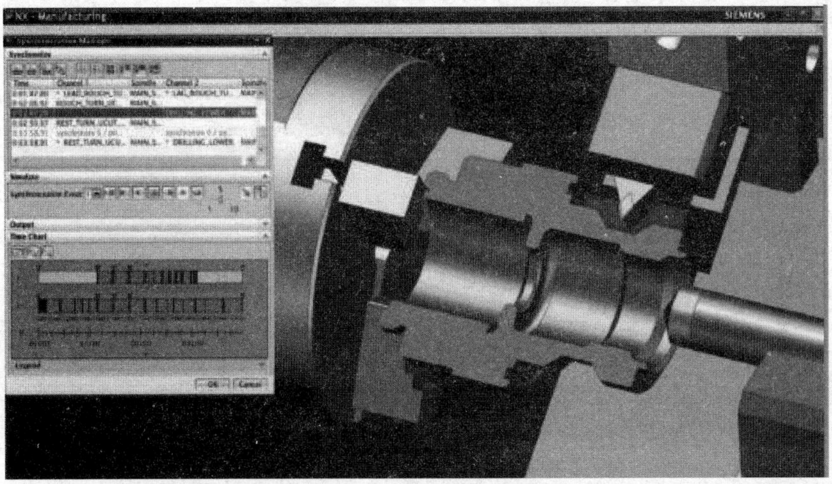

图 1-4

5.线切割(Wire EDM)

线切割模块支持 UG NX 的线框模型和实体模型,有多种走刀方式,可用于 2~4 轴线切割加工编程,如图 1-5 所示。

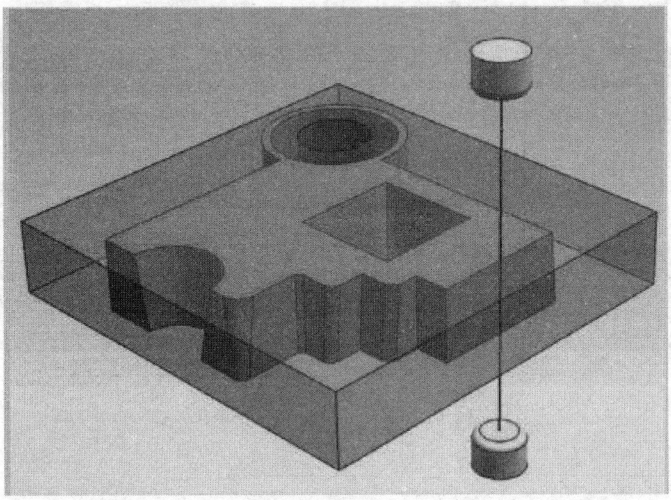

图 1-5

6.后处理(Postprocessing)

NX 提供多种仿真功能,既包括基本的刀具轨迹验证,也有基于 G 代码的机床仿真。这些集成仿真功能可在 NX CAM 系统内提供高水平的程序验证。

二、NX Manufacturing 的主要特点

UG NX Manufacturing 具有以下主要特点:

(1)可接受有缺陷的 CAD 数据。

(2)可减少 30%的加工时间。

(3)使用客户化界面可减少 50%~75%用户培训时间。

(4)基于特征的加工技术(FBM)可节省编程时间90%。

(5)使用HSM/Nurbs精加工模具可减少加工时间50%。

(6)过程加工材料(IPW)的自动生成与管理。

(7)单一操作完成复杂的航空零件。

(8)多功能机床支持。

任务二　Manufacturing 初始化

加工环境是指进入NX加工模块后编写程序的工作环境,加工环境初始化就是根据被加工零件的特点选择合适的编程工作环境。

一、启动 NX

启动NX有两种方法:第一种,击桌面NX快捷图标进行启动;第二种,鼠标左键依次单击"开始→程序→NX8.5"。

注意:启动NX前,必须保证UGS License处于"Server Start Successful"状态,如图1-6所示。

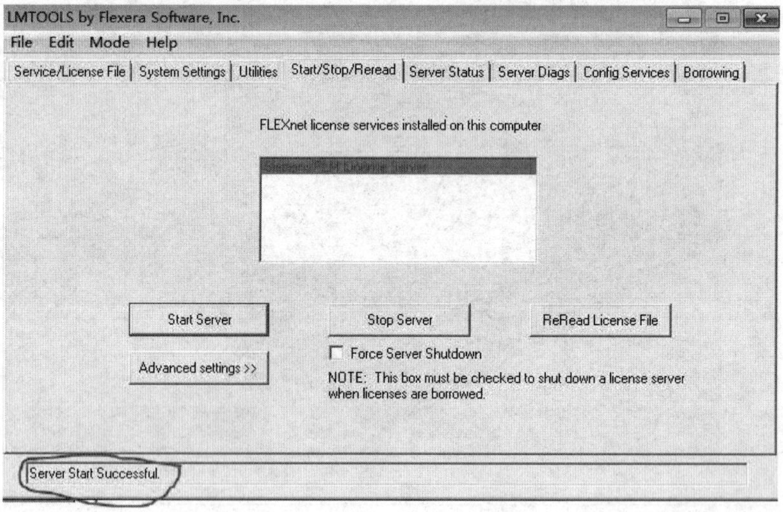

图 1-6

二、NX 加工界面

此前界面是NX的基本环境界面,新建一个文件或者打开一个已存在".part"文件才能进入NX加工界面。

注意:NX软件不支持中文的文件名,在新建或者保存文件及所在的路径中都不能含有中文字符。

1.读取图形或调入工件模型

(1)打开一个文件:可以直接通过点击图标 或者单击 打开一个

格式为.part 的 NX 文件,但仅限于是 NX 的文件,另外也不能直接读取较高版本的.part 文件(例如:UG NX8.0 不能直接读取 UG NX8.5 的.part 文件)。

(2)新建一个文件:也可以直接通过点击图标或者单击 文件(F)→新建(N)... Ctrl+N 弹出对话框在此对话框中指定文件的类型、文件名称、保存的目录位置后,点击"确定"按钮即可进入 NX 的默认的建模环境中。在此环境下可以进行建立加工模型,以供加工使用。

(3)导入一个文件:其他的 CAD/CAM 软件做出零件模型,一般情况下要进入 NX 都是先转换为:.iges/.step/.parasolid 这几种普遍的文件格式后,再被 NX 导入。方法是:文件(F)→导入(M) 选择某一种格式→选择一个相对应的.step 或者.iges 或者其他格式的文件。

2.进入加工界面

点击 开始→加工(N)... 进入加工界面,如图 1-7;或者在应用工具条中,单击按钮 如图1-8所示,这时系统就会弹出"加工环境"对话框,如图 1-9 所示。

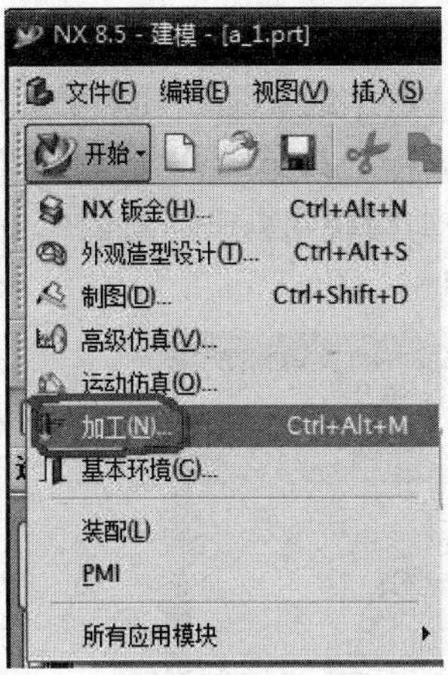

图 1-7

图 1-8

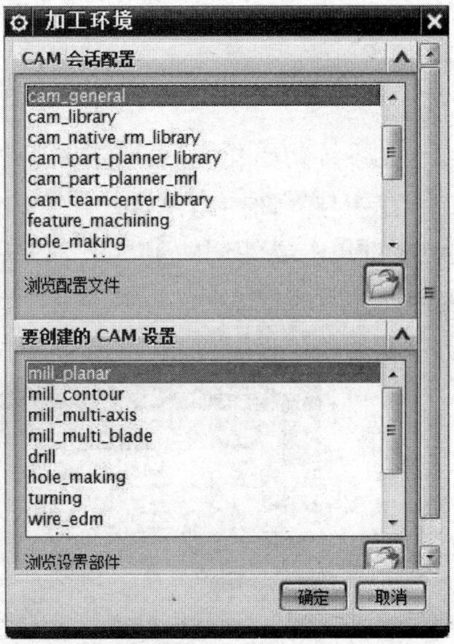

图 1-9

不同的加工环境就决定了所使用的创建工序类型,选择一种 CAM 会话配置。

第一步:选择 cam_general 加工环境,这是一种基本的加工环境,包括了所有的铣削加工功能、车削加工功能、线切割功能。

第二步:选择 cam_general 加工环境后,相应的 CAM setup 列表显示的就是这个加工环境中的所有工序模板类型,如图 1-10 所示。

在此指定一种操作模板类型后,点击"确定"按钮,便进入加工界面。

说明:选中的操作模板类型可以更改。第一种情况:单击主菜单中的"工具"→"工序导航器"→"删除设置",即又回到加工环境对话框图 1-9,重新选择加工模板。第二种情况:点击"创建工序",在"类型"对话框中可以随时改选其他的模板类型,如图 1-11 所示。

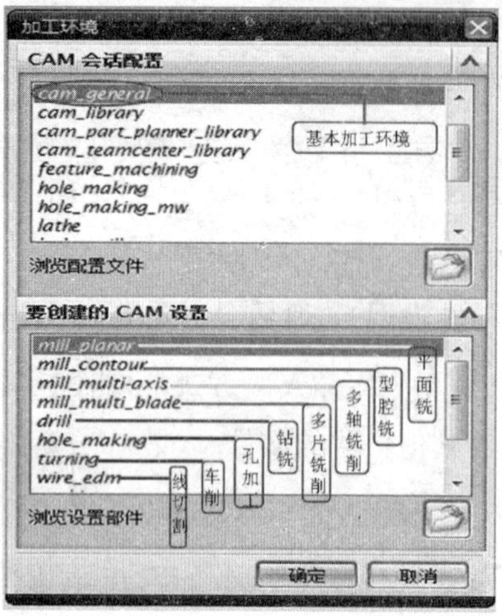

图 1-10

图 1-11

三、NX Manufacturing 工具条和菜单

在系统初始化之后，将进入编程环境，其界面由所选的 CAM 设置决定。

在用户界面模型窗口外的空白处，单击鼠标右键，显示如图 1-12 所示的加工工具条设置菜单，左键单击要使用的工具条名称后，工具条将出现在用户界面中。若工具条名称前有“√”，表示此工具条已显示，再单击则可将其关闭，工具条可以使用左键拖动摆放到自己喜欢的位置。初学者一般可设置如图 1-12 所示的界面，可较大节省屏幕上的空间。

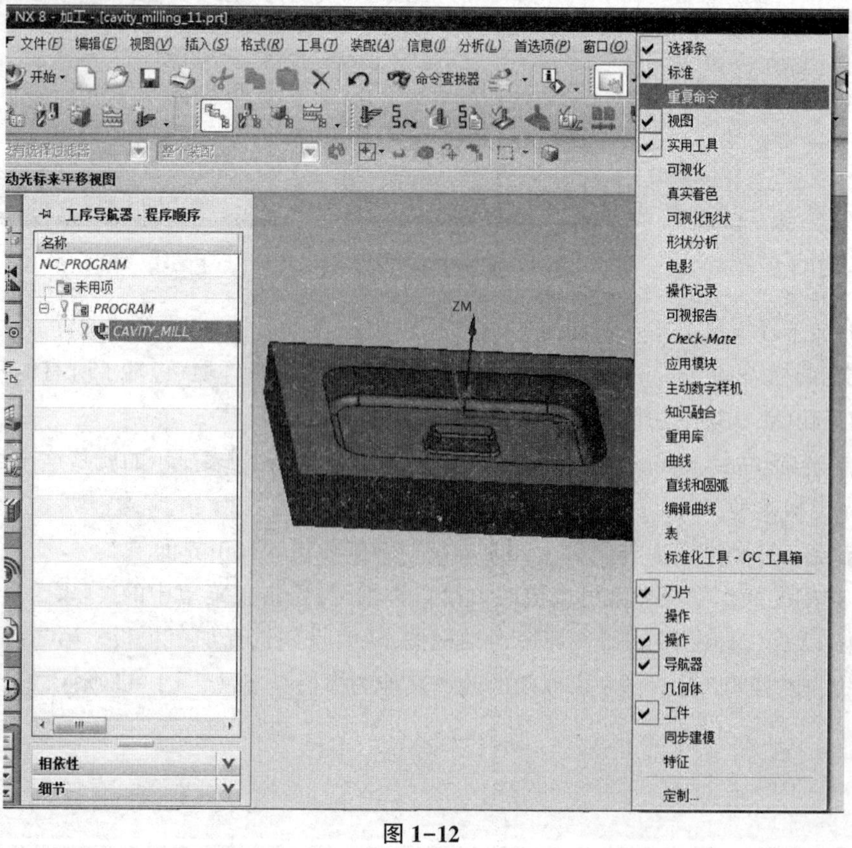

图 1-12

任务三　NX CAM 的编程思想

在使用 NX 编程前,需对 NX CAD 造型部分的基本应用有所了解。编程时,在对工件进行分析时,可能需要作辅助线、辅助面、保护面、构造毛坯、补面挖孔等造型功能。掌握 NX CAD,对学习 NX CAM 有着极大的方便。

编程前期的工作至关重要,它在很大程度上影响编程结果的正确与否,以及影响编程工作是否能顺利进行,特别是检查几何体、完善 CAD 模型、建立正确的加工坐标系、建立可靠的安全平面、工序创建的收集信息等知识,这些都直接决定对后续加工的成败。例如安全平面设置错误,可能造成撞坏刀具、工件、机床主轴、伤人等事故。

一、认识刀轨

加工工件过程中刀具移动的轨迹就是刀位轨迹,简称刀轨。用指定的刀具沿着特定的轨迹移动就能够加工出特定的几何形状,在编程中俗称的“刀路”。在图形中显示为一系列的轨迹线,在 NC 文件中表现为一系列点的坐标值如图 1-13 所示。整个编程工作的主要目的就是创建合理的刀位轨迹。

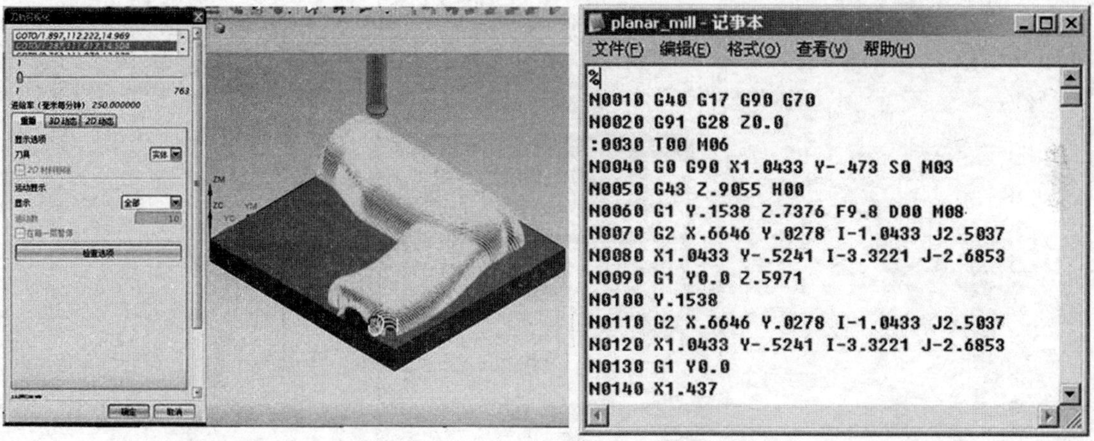

图 1-13

二、工序

工序是指生成一段刀轨所需的所有信息的集合;要编制出刀位轨迹就必须要创建工序,而创建工序就要收集加工信息。第一,指定一个要加工的工件,或者工件的某些区域;第二,指定用什么样的刀具来加工;第三,指定用粗加工、半精加工、精加工的哪种方法来加工;第四,指定编制这些工序输出的顺序。任何一类工序都要收集这四个方面的最基本的信息:刀具、几何体、加工方法、程序。这四类信息也被称为父级组节点,如图 1-14,1-15 所示。

图 1-14

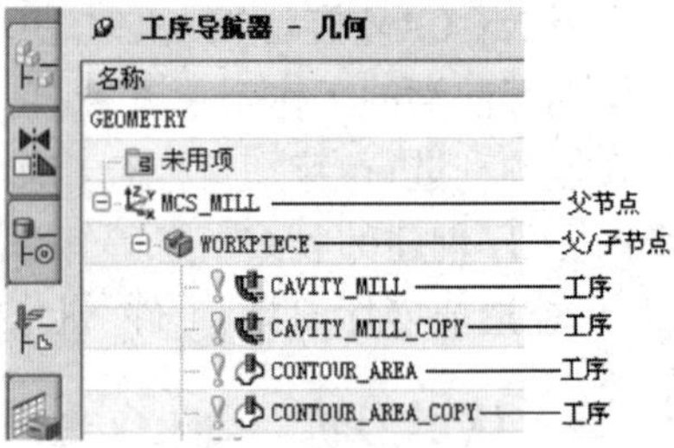

图 1-15

三、四类基本信息

工序包含的四类基本信息在导航器视图中的情况如图 1-16 所示。

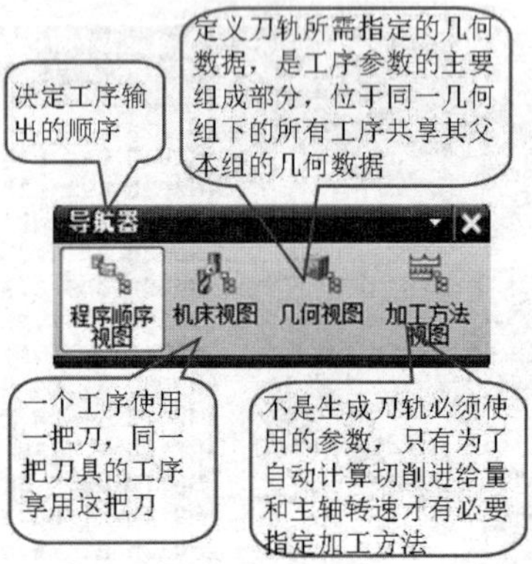

图 1-16

1.程序

程序节点在很大程度上算不上工序的必要参数，它只是组织排列工序顺序的手段而已。对工序进行后处理时，挑选输出程序时可避免混淆。程序存在以下几种形式，如图1-17所示。

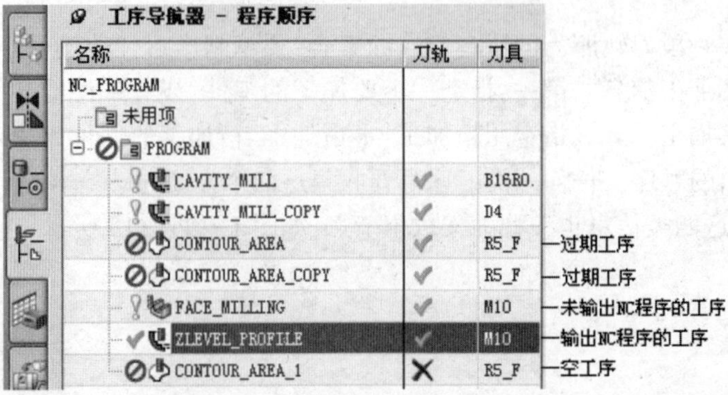

图 1-17

(1)空工序。

若一个工序中只包含工序参数而不包含刀轨，则称之为空工序。一个空工序中如果包含了生成刀轨的参数，这个工序就可以随时生成刀轨。空工序不允许进行后处理，其名称前有符号。

(2)过期工序。

若一个工序中既包含工序参数，也包含刀轨，但当它的工序参数被修改之后，若没有重新生成刀轨并保存，这个工序的刀轨就和它的工序参数之间失去了一致性，这样的工序叫过期工序，其名称前面有符号。若对过期工序进行后处理，系统会给出提示，要求重新生成刀轨。

(3)已输出 NC 程序的工序。

一个工序若被后处理，即输出了 NC 代码，其名称前面有符号。

说明：程序节点之间有父子关系，但不继承任何信息，程序节点下的工序可以通过复制、剪切、粘贴或拖动来改变其父节点或其排列顺序，但工序不需要更新，因为工序没有继承程序父节点的任何信息。

2.刀具

在 NX 中，系统有公制和英制两种参数的刀具库，由于加工的方式不同，使用的刀具也有差异。使用时可直接从刀具库中提取刀具。这种方法简单，但刀库中的刀具并不一定能满足使用要求，此时就需要用户自定义刀具。使用同一把刀具的工序放在同一个程序组里输出 NC 程序，可以减少换刀次数。

(1)刀的规格：通常以刀的尺寸来命名。

①鼻刀。主要用于粗加工，通常以字母 B 开头命名，如 B20R1，B16R0.8。

②立铣刀。用于粗加工和精加工，通常以字母 D 和 M 开头命名，如 D8R0.5，D3 表示旧刀，M8R0.5，M3 表示新刀。

③球刀。用于粗加工以 R3_R，R1_R 表示；用于精加工以 R6_F，R3_F 表示。

创建刀具时，图标所显示刀具的长度、直径、角度等尺寸非常清楚如图 1-18。

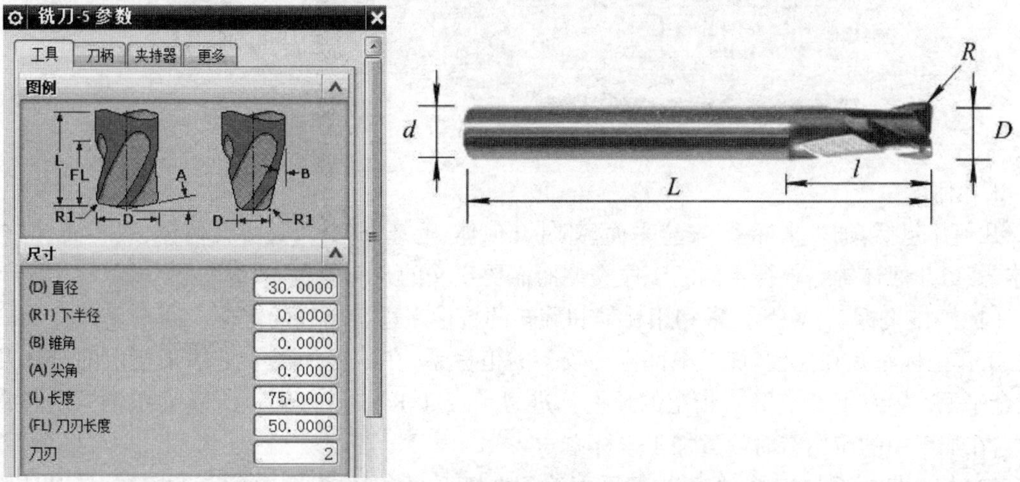

图 1-18

(2)刀具参考点与刀轴。

①刀具参考点：不管什么样式的刀具，都规定：其刀具参考点都在刀具底部的中心位置处如图 1-19。即 NX CAM 生成的刀位轨迹就是刀具上这一点的运动轨迹。

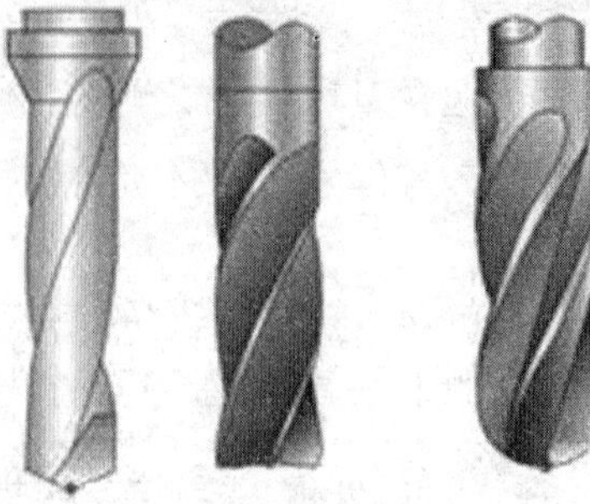

图 1-19

②刀轴：是指一个矢量方向，从刀具参考点指向刀柄的方向。在固定轴铣加工中，刀轴的方向一般就是默认的加工坐标系的 Z 方向。但在变轴铣中可变刀轴是随着刀位轨迹的变化持续改变刀具轴线的方向来控制刀具的加工过程，有多种选择，如图 1-20 所示。

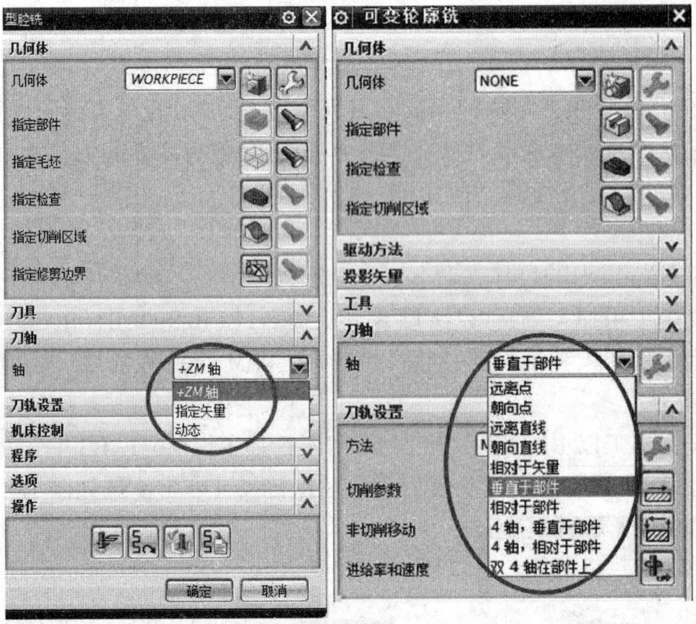

图 1-20

3.几何体

几何体包括：加工坐标系、安全平面、部件几何体、毛坯几何体、边界几何体、底平面、检查几何体、修剪几何体等。根据不同的工序类型而需要定义的几何体也不相同。

(1)工作坐标系(WCS)：常利用移动和旋转的特性来进行精确的定位。

工作坐标系是在建模、加工中都应用较多的坐标系，在编程加工中常用于指定的避让几何(安全平面、从点、起始点等)，指定的预钻孔进刀点、I、J、K 矢量方向。所以工作坐标系非常重要，它在加工中的应用有时超过加工坐标系。

(2)加工坐标系(MCS)：加工坐标系即编程坐标系，是创建刀轨的参考坐标系，是刀具位置坐标输出的基准，定义了加工坐标系后，编写加工程序时，就无须考虑工件在机床上的安装位置，只要根据工件的特点及尺寸来编写加工程序即可。

(3)部件几何体(Part)：即经过加工后获得的最终零件，根据不同的加工模型，部件几何体可定义为实体、片体、小平面等。

(4)毛坯几何体(Blank):即待切削的坯料,一般定义为实体,选择“包容块”“部件轮廓”“部件凸包”等类型,一般它要比部件几何体大,若没有指定“毛坯几何体”,刀具切削的范围不明确时,生成刀轨时会出现“不能在任何层上切削该部件”的警告。

(5)检查几何体(Check):如夹具等不能被切削的几何体,如图 1-21 所示。

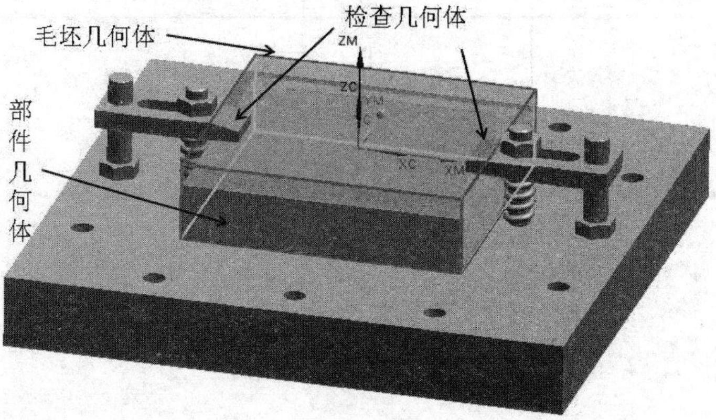

图 1-21

4.加工方法

系统已创建的默认加工方法有,粗加工、半精加工、精加工和钻削加工。用户可对这些加工方法进行编辑,也可以创建新的加工方法。如图 1-22 所示指定加工余量和设置内外公差。不过这些也可在工序切削参数设置对话框中进行编辑。

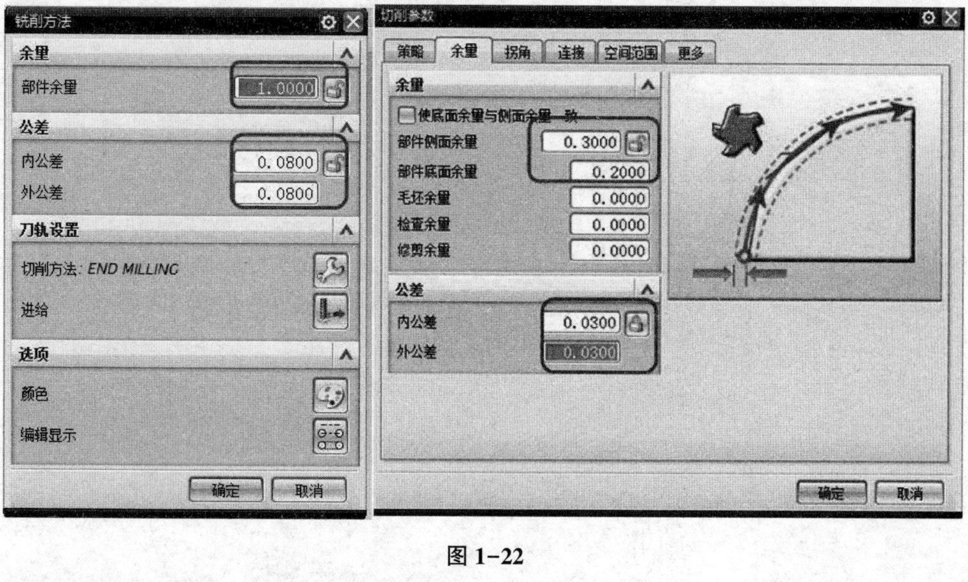

图 1-22

注意:编程中的公差与设计图纸中标示的公差不同。从图 1-22 中可以看出,系统将刀具的运动轨迹控制在公差范围内,公差越小,系统的计算量将增大,生产刀轨的时间变长。

总结:编制合理的刀位轨迹就要收集四种信息创建工序。

第一,必须指定一个要加工的工件,或者工件的某些部分区域,要系统明确你加工的对象;设置合理的坐标系。

第二,指定加工工件的刀具,不同形状的工件使用不同类型的刀具加工。

第三，指定用何种方法来加工，是用粗加工、半精加工或者是精加工，余量要留多少？公差设置多少？

第四，确定编制的所有工序程序输出的顺序。

思考题

1.什么是刀轨？

2.什么是工序？

3.刀轨与工序是什么关系？

4.创建工序所需哪些信息？

5.一个工序能生产多少个刀轨？

6.刀轨输出的顺序由什么决定？

7.修改公差、修改余量有哪些方法？哪种修改方法最终决定工序的余量、公差？

8.子节点是否继承父级组的信息？

模块二　创 建 工 序

［任务导读］

1.了解创建工序的步骤；
2.掌握各种加工几何体的定义及坐标系设置；
3.掌握父组/子节的关系；
4.掌握各种刀具的创建；
5.掌握程序创建；
6.理解刀轨的仿真。

任务一　创建工序的步骤

在编程过程中，创建工序的步骤如图 2-1 所示，主要内容包括创建/编辑四类信息的父节点。

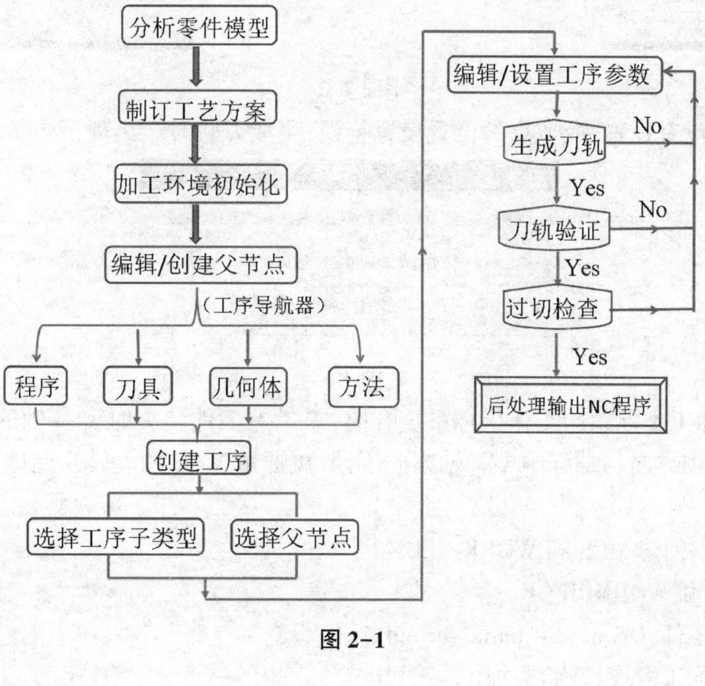

图 2-1

任务二　创建加工几何体

创建和定义几何体的方法有多种，下面介绍三种常用的方法。

(1)左键单击主菜单中的“插入”→“几何体”方法。

(2)在工序导航器中节点上右键单击弹出“插入”→“几何体”的方法。

(3)单击加工创建工具条中的创建“几何体”图标→弹出创建“几何体”对话框的方法。

这些方法都可以来定义几何体。为了不引起工序的混乱以及多层的父子关系，在实际操作中有一种简便的、高效的方法来定义几何体。首先把 WCS 定位到模型中心最高点。再通过工序导航器，切换到几何视图，点击前面的“+”号展开出现，双击“MCS_MILL”弹出机床坐标系对话框→点击“CSYS 对话框”，切换到动态的 CSYS，在“参考”选项里选择“WCS”，点击“确定”按钮即可使加工坐标系与工作坐标系重合。最后指定安全设置选择为“平面”，选择“x-y 平面”，安全平面距离输入“10”，如图 2-2 所示。

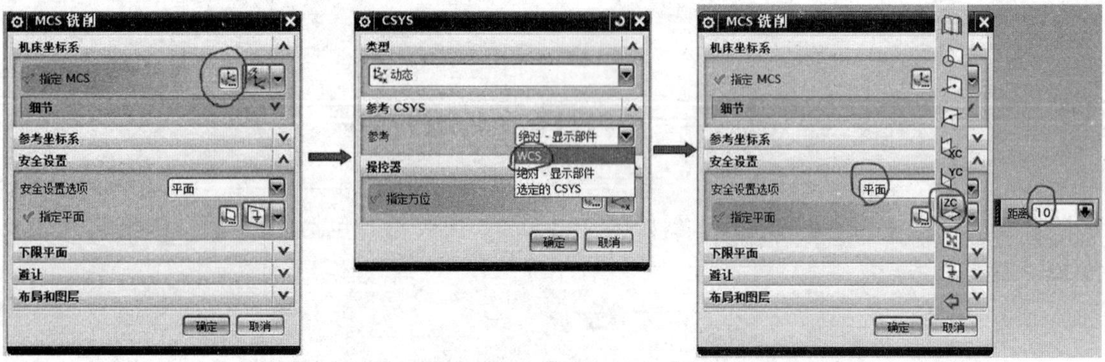

图 2-2

若安全平面没有设置，或节点的位置设置错误，生成刀轨时会出现警告，如图 2-3 所示。

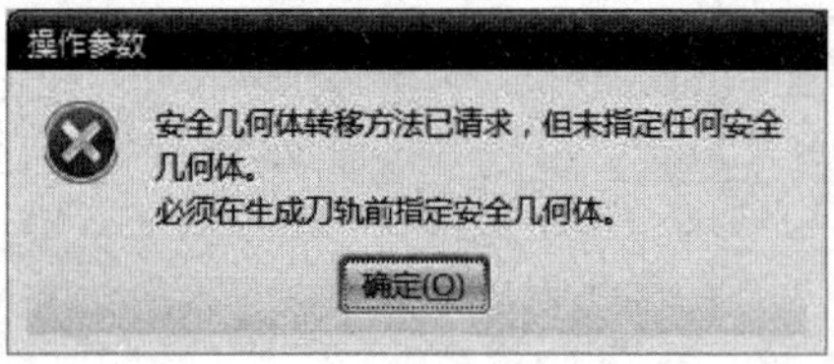

图 2-3

注意：定义加工坐标系与工作坐标系重合前，需考虑工件装夹时 x-y 轴的方向。若装夹时工件摆放的 x-y 轴方向与编程中 x-y 轴方向不同，可通过 WCS 的旋转功能进行设置。

练习 2.1

【目的】编辑/创建 MCS 和 WORKPIECE。

1.创建 MCS 和 WORKPIECE

Step 1 打开零件，Open→x：\parts\second\2_1.prt。

Step 2 运行加工模块：开始→加工。

Step 3 创建 MCS。

(1)把 WCS 定位到模型中心最高点，图 2-4 所示。

(2)工序导航器切换到“几何视图”,单击“创建几何体”,创建如图 2-5 所示的机床坐标系“MCS”,单击“应用”。设置如图 2-2 所示的“安全平面”,其中“Z=0.394in”。

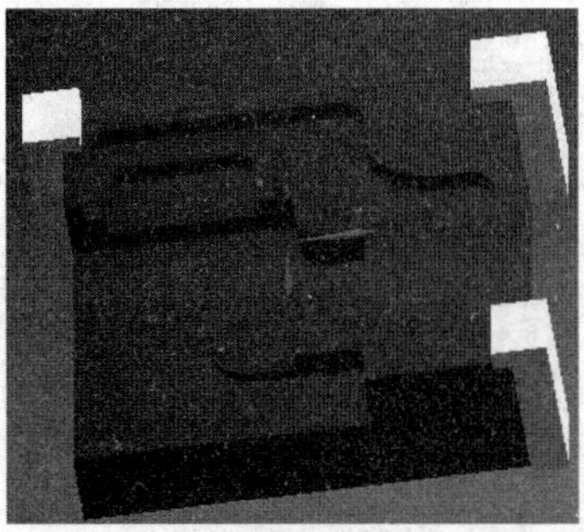

图 2-4

图 2-5

Step 4 创建 WORKPIECE。

(1)单击“确定”,创建如图 2-6 所示的“WORKPIECE”。

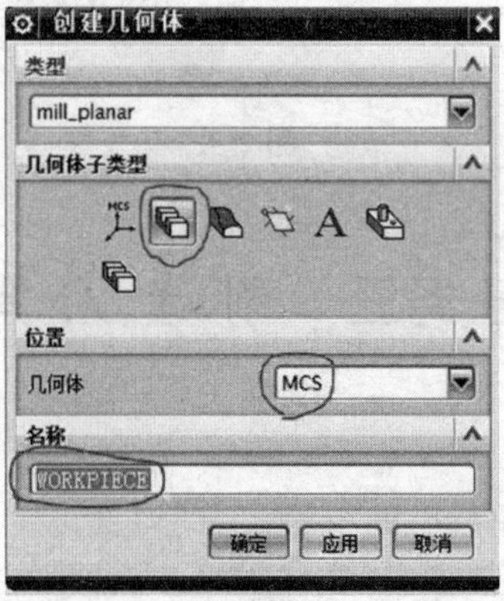

图 2-6

(2)单击“确定”,指定部件选择“几何体”,指定毛坯选择“包容块”,指定检查选择“三块夹具”,如图 2-7 所示,单击“确定”。

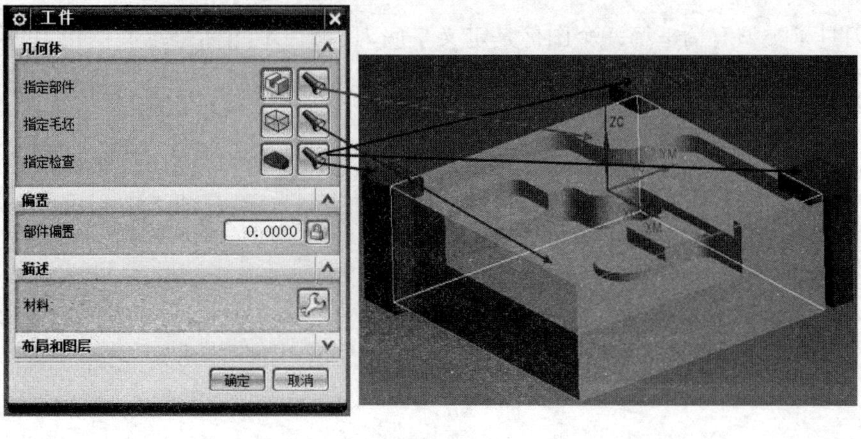

图 2-7

2.编辑 MCS 和 WORKPIECE

Step 1 打开零件，Open→x：\parts\second\2_2.prt。

Step 2 运行加工模块：开始→加工。

Step 3 编辑 MCS。

(1)通过移动并旋转 WCS，把原点 WCS 定位到模型中心最高点，如图 2-8 所示。

(2)按图 2-2 所示设置“MCS”，单击“确定”完成编辑。

Step 4 编辑 WORKPIECE。

双击“WORKPIECE”，打开对话框，指定部件选择“几何体”，指定毛坯选择“部件轮廓”，如图 2-8 所示。单击“确定”，完成编辑。

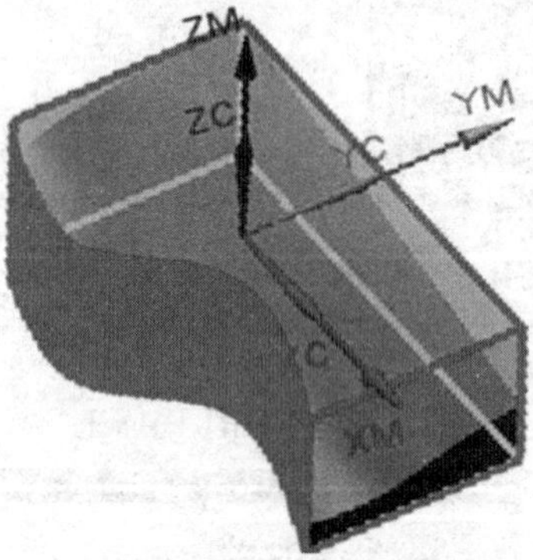

图 2-8

任务三　创建刀具

1.创建刀具对话框

第一种，鼠标左键单击主菜单栏中的“插入”→“刀具”。

第二种，在菜单栏中单击创建刀具图标 

。

第三种，打开工序导航器(不论任何视图)，在任意一个节点上单击右键→在显示出的对话框中单击“插入”选项→“刀具”弹出创建刀具对话框。

2.定义刀具

创建刀具子类型对话框第一个图标是定义平底刀，第二个图标是定义倒角刀，第三个图标是定义球刀。选择类型后单击“确定”或“应用”，进入刀具参数对话框；按所需参数设置好后，单击“确定”按钮，这样就定义了一把刀，如果之前单击“应用”，则可以继续定义其他刀具。参数的设置可以根据图示符号来决定，一般情况下编程只需定义刀具直径、底角半径即可，如图 2-9所示。但如果要考虑刀柄的过切检查，就要定义刀柄。如果是加工中心机床，就要定义刀具号。

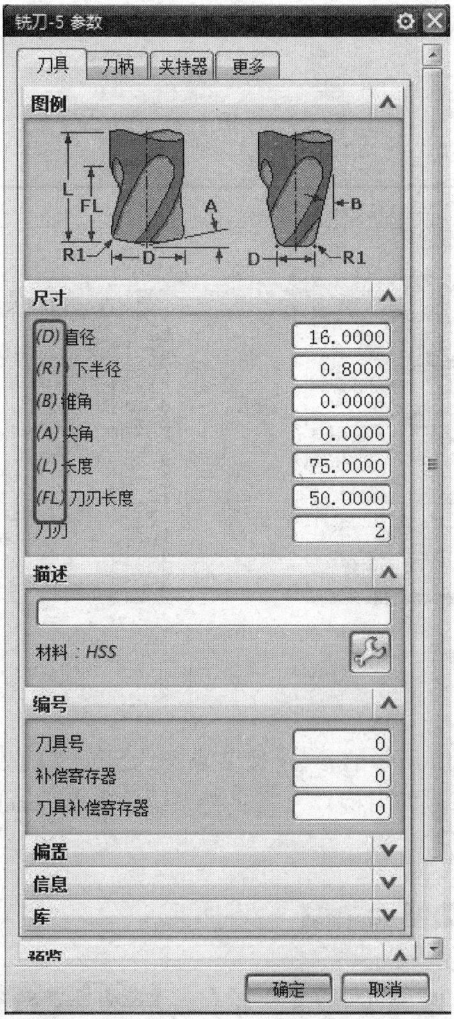

图 2-9

练习 2.2

【目的】创建刀具;创建刀库、刀柄;从刀库中提取刀具。

Step 1 打开零件,Open→x:\parts\second\2_3.prt。

Step 2 运行加工模块:开始→加工。

Step 3 创建刀架。

(1)工序导航器切换到机床视图,单击 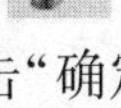 图标,选择如图 2-10 所示的对话框,单击"确定",打开指定"刀架名称"对话框,再次单击"确定"。

(2)单击工序导航器图标 ,显示如图 2-11 所示的已创建的刀架。

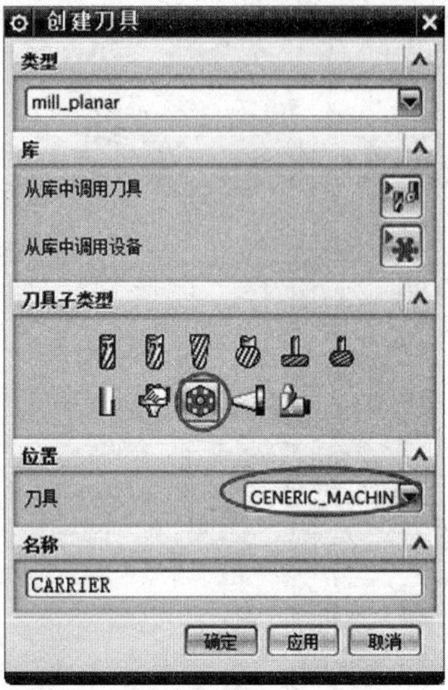

图 2-10

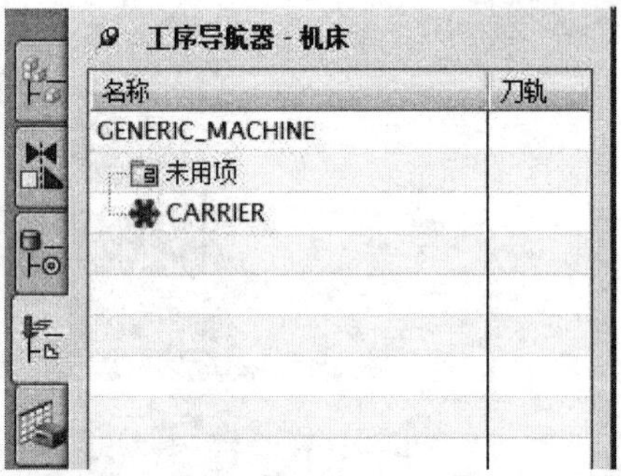

图 2-11

Step 4 创建刀柄。

单击,设置如图 2-12 所示的参数,父节点选为已定义的刀架,单击“应用”,打开如图 2-13所示的对话框,输入 ID 号即刀柄号“1”,夹持系统输入 “siemens”,其他选项默认,单击“确定”。

图 2-12

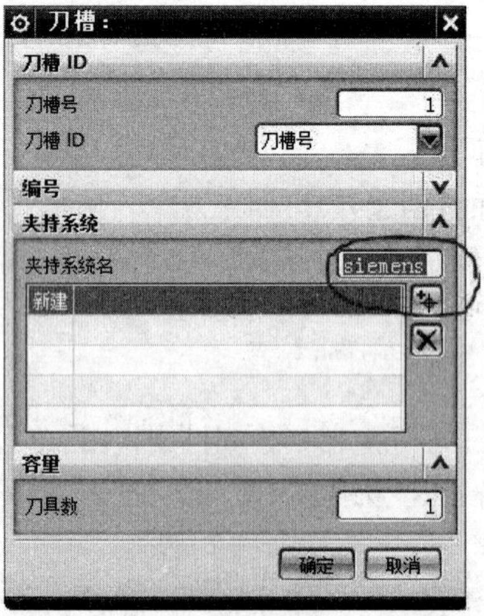

图 2-13

继续创建其他刀柄,如图 2-14 所示。

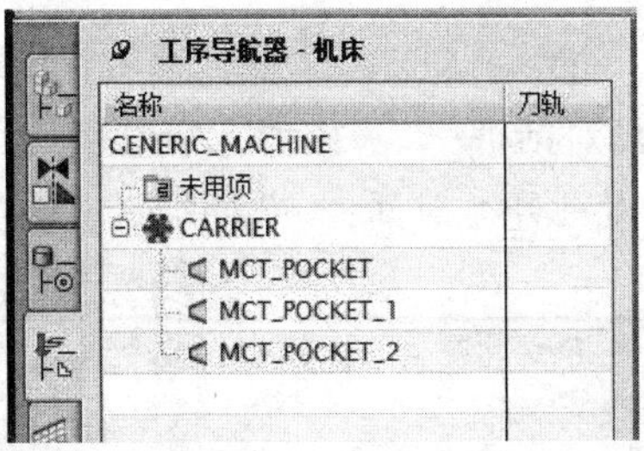

图 2-14

Step 5 创建立铣刀。

(1)单击 ，设置如图 2-15 所示的参数，父节点选为前面定义的刀柄“MCT_POCKET”，单击“确定”，打开刀具参数设置对话框，设置如图 2-16 所示的参数。

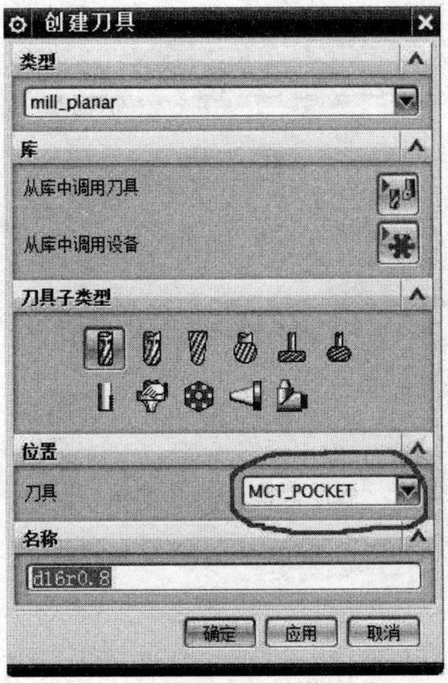

图 2-15

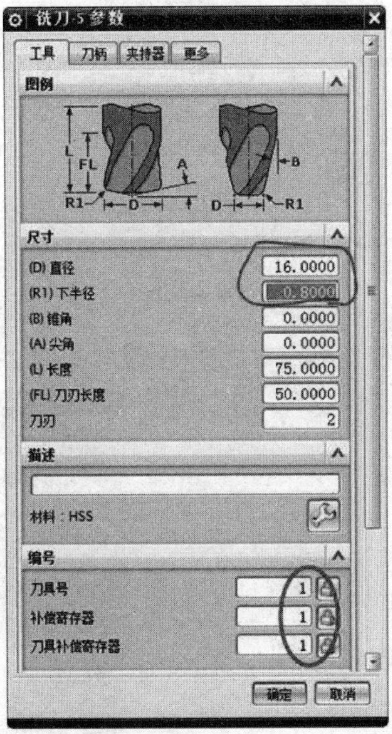

图 2-16

(2)打开刀具材料选择对话框 ，选择一种材料，单击“确定”。

(3)在“编号”项，三项都输入“1”，其他参数使用默认，单击“确定”。

(4)同样的方法创建其他两把刀。单击 ，切换到刀具视图，显示已创建的立铣刀，如图 2-17所示。

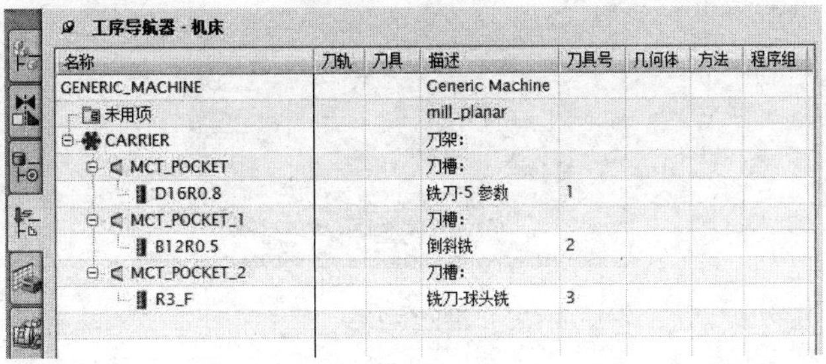

图 2-17

Step 6 从刀库中提刀。

(1)单击，打开创建刀具对话框，单击从刀库中调用刀具按钮，如图 2-18 所示。

(2)打开如图 2-19 所示的刀具分类对话框，选择端铣(可转位)单击“确定”。

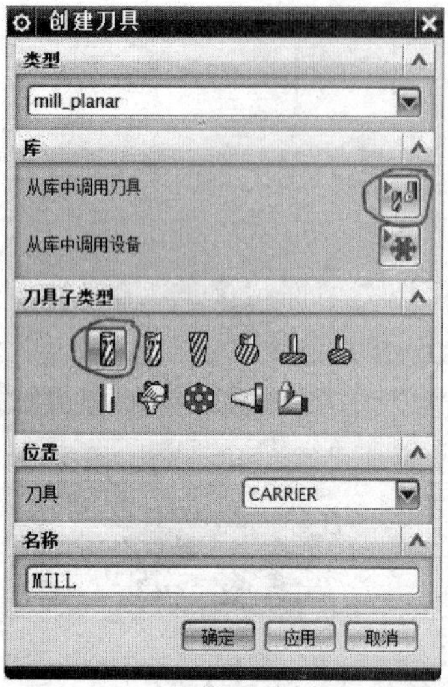

图 2-18

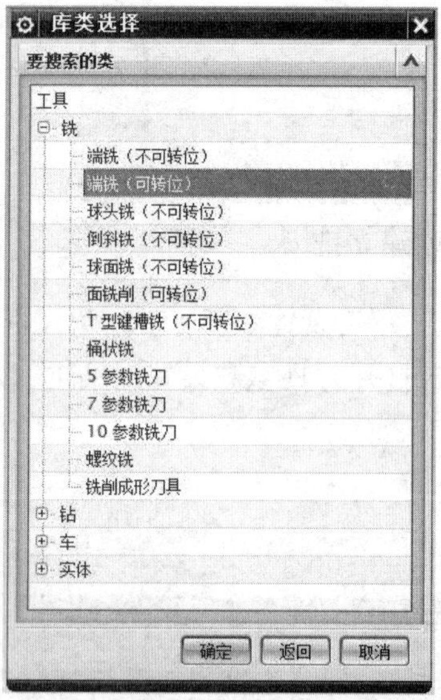

图 2-19

(3)在搜索参数对话框中，设置如图 2-20 所示的条件，单击，显示符合条件的刀具数量。

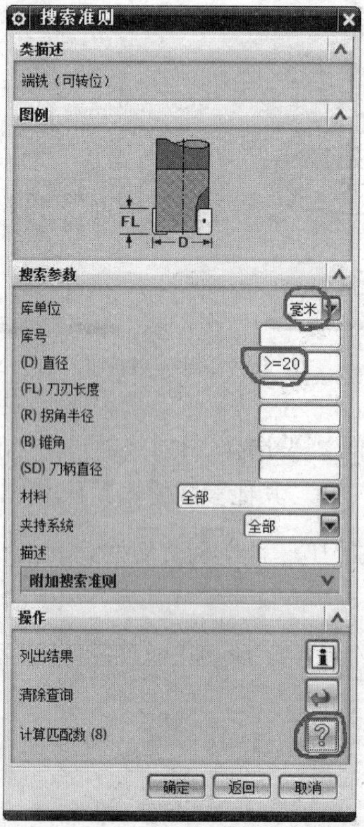

图 2-20

(4)单击“确定”，显示符合查找条件的刀具，如图 2-21 所示。选择一把刀具，单击“确定”，从刀库中提取这把刀具。在导航器的刀具视图中可查看已提取的刀具，如图 2-22 所示。

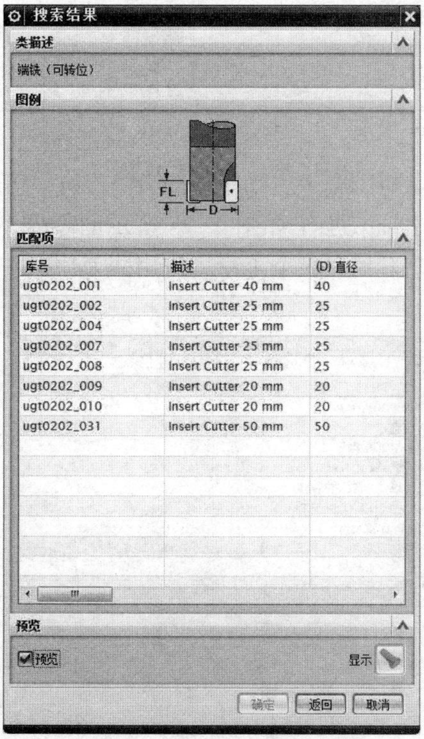

图 2-21

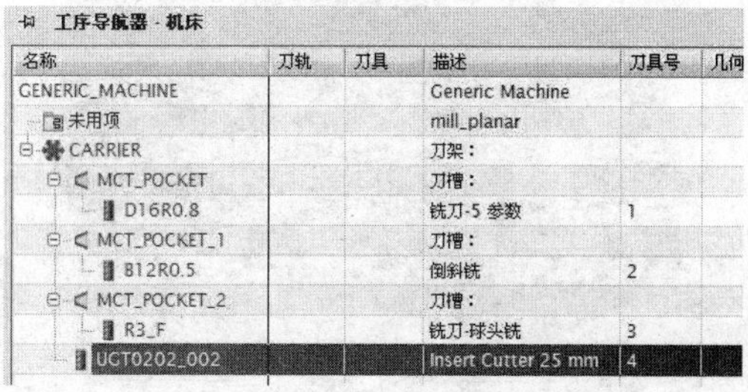

图 2-22

任务四 创 建 程 序

一、创建程序

在加工创建工具条中单击，打开如图 2-23 所示的创建程序对话框，选择父节点，输入程序名称“kaicu”，单击“确定”即可完成程序创建组。创建程序组主要用于区分不同加工区域或使用不同刀具的工序。

图 2-23

例如，要加工零件顶面和侧面，为了不混淆加工它们的工序，可以创建两个程序组 TOP 和 SIDE，如图 2-24 所示。对工序进行后处理时，分别选择 TOP 和 SIDE 程序组输出两个 NC 程序，一个用于加工顶面，而另一个用于加工侧面。

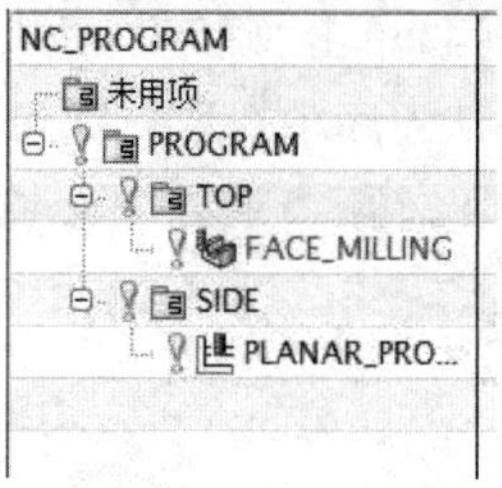

图 2-24

二、创建程序组区分使用不同刀具的工序

把使用同一把刀具的工序放在同一个程序组里输出 NC 程序，这样可以减少换刀次数。例如，打开\part\second\2-4.part，加工如图 2-25 所示的零件，若工艺允许，输出 NC 程序时可以使用如图 2-26 所示的 6 把刀具和 9 个工序。使用同 D4 刀的工序放在同一组中，这样可以输出没有换刀的 3 个 NC 程序。

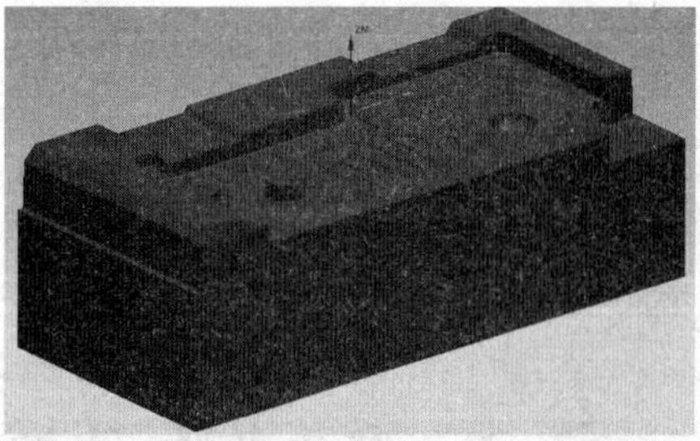

图 2-25

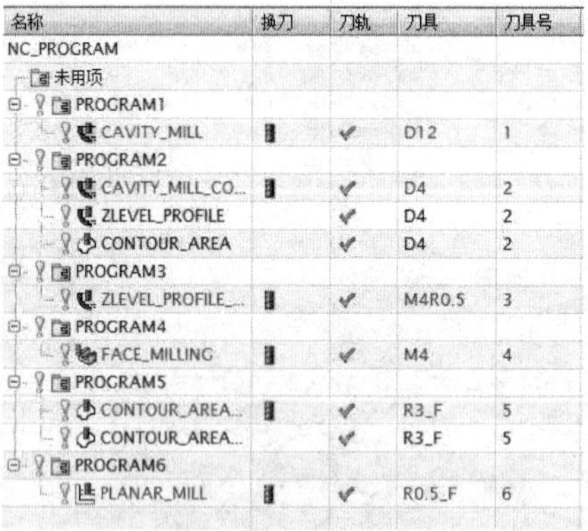

图 2-26

任务五　创建加工方法

一、编辑加工方法

在工序导航器视图中，右键单击要编辑的加工方法，左键单击"编辑"，如图 2-27 所示，打开如图 2-28 所示的加工方法参数设置对话框，可设置"余量"与"内、外公差"参数，设置导轨显示方式，单击"确定"即可。

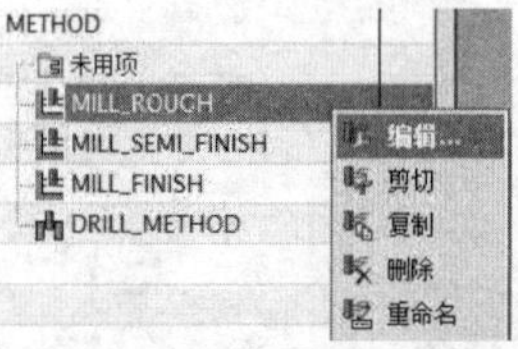

图 2-27

图 2-28

二、新建加工方法

在加工方法视图中，单击，选择加工类型和父节点，并输入新建加工方法名称，如图2-29所示，单击“确定”，打开如图2-30所示的加工方法参数设置对话框，按以下说明设置相关参数，单击“确定”即可完成加工方法的创建。

图 2-29

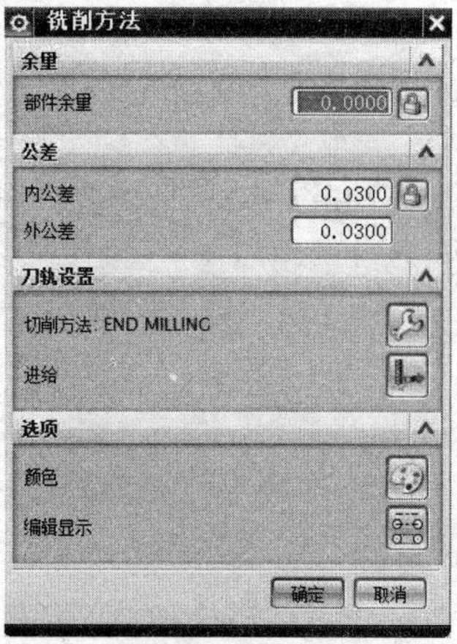

图 2-30

三、加工方法参数

1.余量设置

在“部件余量”中指定加工余量，使用此加工方法的工序将使用指定的加工余量，不过，余量还可在工序参数设置对话框中进行编辑，见图1-22。

2.内外公差设置

在“公差”中输入内外公差值，公差越小，表示加工精度越高。

3.刀轨设置

单击进给图标，打开进给速度设置对话框，用户可根据加工要求设置进给速度及其单位，如图2-31。一般情况，这些数值的大小由企业积累的生产经验值决定，所需设置的参数项较少，“进刀”“第一刀切削”这两个选项可以考虑。

注意：仿真模拟时，体现不出加工速率的快慢，但仿真的刀路与实际的刀路严格一致。

4.选项设置

(1)单击颜色图标，打开如图2-32所示的刀轨颜色设置对话框，用户可根据需要设置颜色或使用默认颜色。

(2)单击编辑显示图标，打开如图2-33所示的刀轨显示方式设置对话框，用户可根据需要设置或使用默认的显示方式。

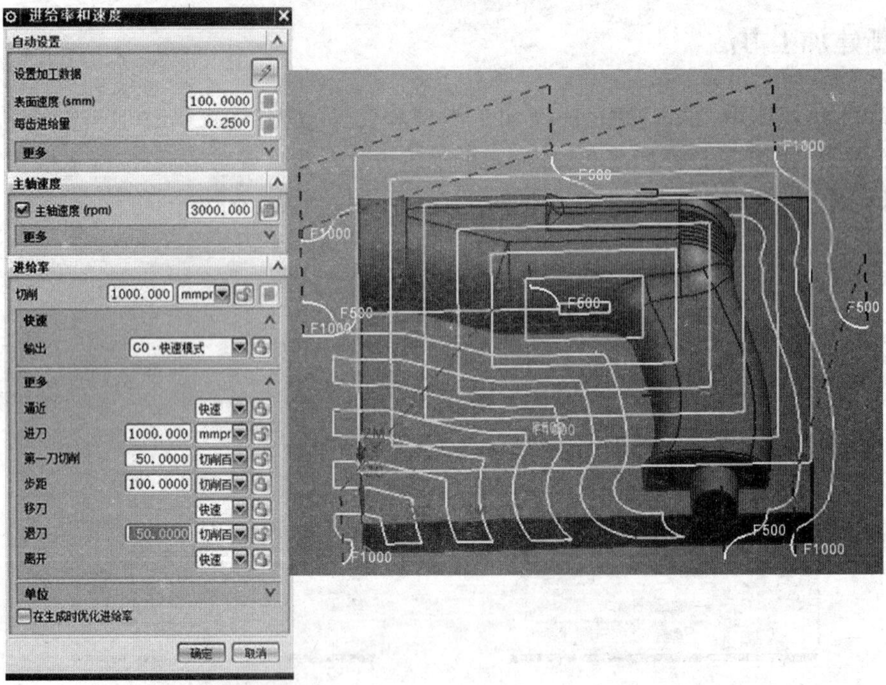

图 2-31

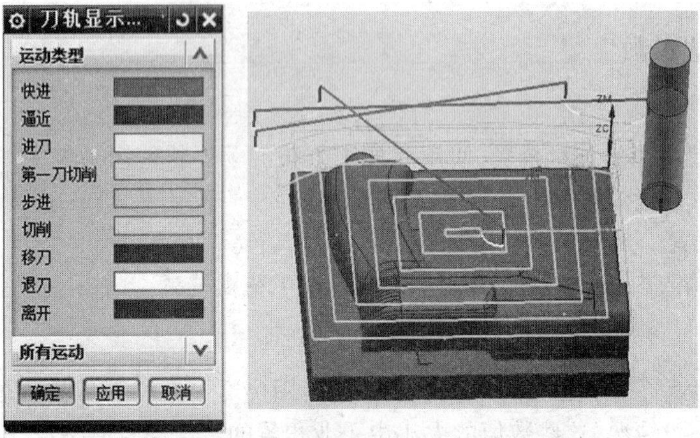

图 2-32

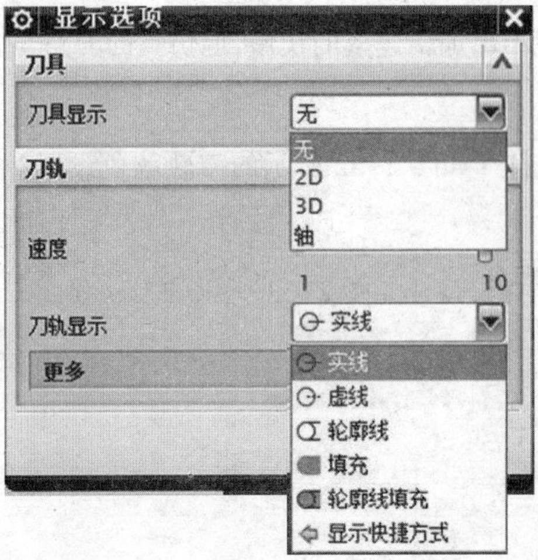

图 2-33

任务六　创 建 工 序

以创建型腔铣工序为例编写加工程序,不论创建型腔铣工序或其他任何一种工序,其具体步骤均如图 2-1 所示。

练习 2.3

【目的】创建工序,体会创建工序的过程。

Step 1 Open→x:\parts\second\2_5.prt。

Step 2 运行加工模块:开始→加工。

Step 3 创建型腔铣工序:

(1)单击,选择如图 2-34 所示的工序子类型和父节点。

(2)单击“确定”,打开如图 2-35 所示的工序参数设置对话框,所有参数均使用默认值。

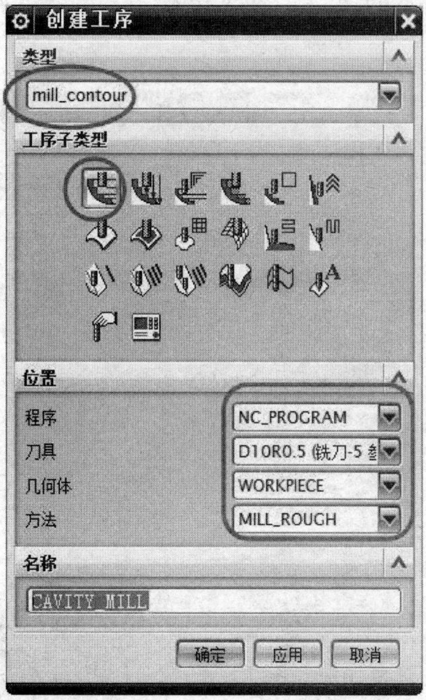

图 2-34

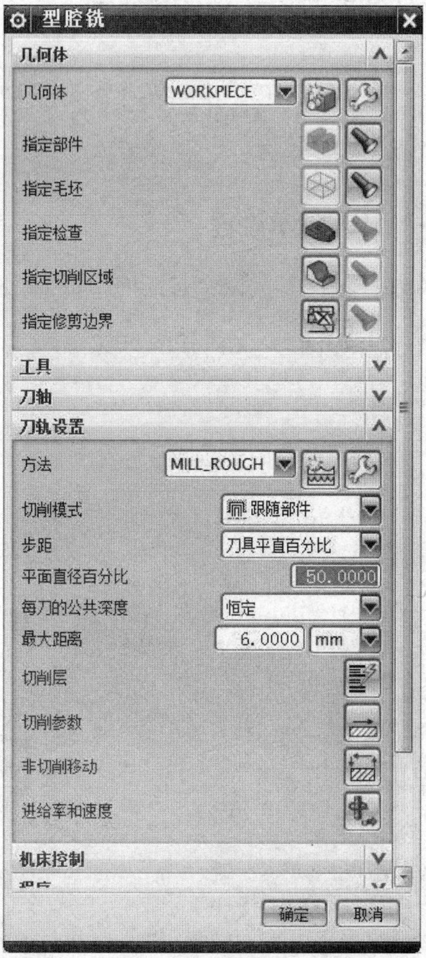

图 2-35

(3)单击生成按钮,生成如图 2-36 所示的刀轨。

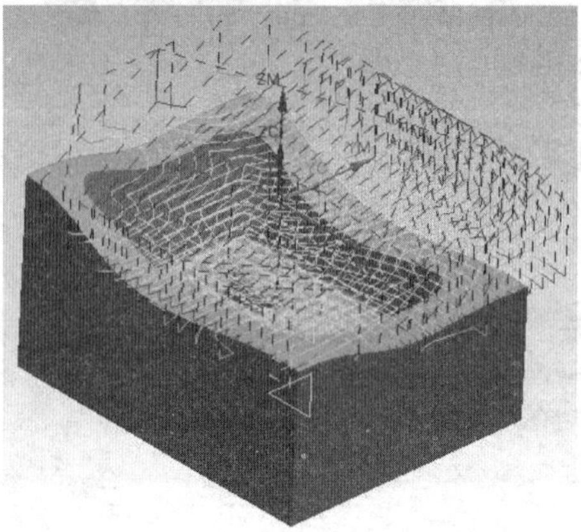

图 2-36

(4)单击“确定”完成工序创建。

任务七　刀轨显示、生成及验证

一、刀轨显示设置

在任一工序参数设置对话框中,都有如图 2-37 所示的“选项”显示设置。单击编辑显示图标,打开如图 2-38 所示的刀具、刀轨显示设置对话框。

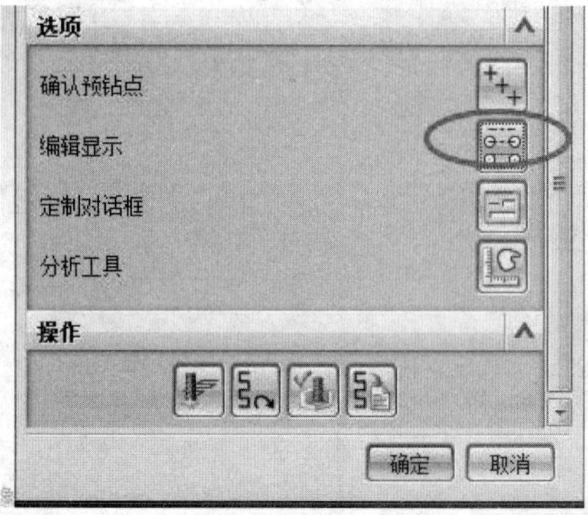

图 2-37

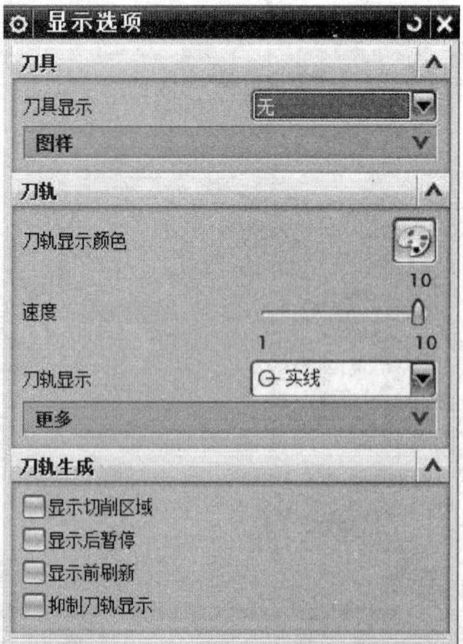

图 2-38

单击分析工具图标 ,打开如图 2-39 所示的层刀轨显示设置对话框。

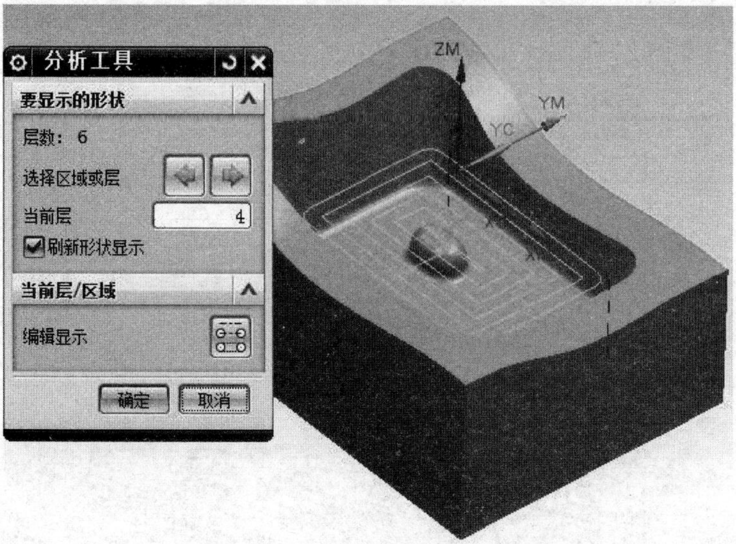

图 2-39

(1)显示切削区域:在每个切削层上显示刀轨之前,先显示切削区域的轮廓。

(2)显示后暂停:在每个切削层上显示刀轨之后暂停,否则连续显示切削层刀轨。

(3)显示前刷新:在显示每一个切削层刀轨之前刷新,即清除之前显示的刀轨。

(4)抑制刀轨显示:生成刀轨时不显示。

二、刀轨生成

在任一工序参数设置对话框中,都有如图 2-40 所示的刀轨生成及验证按钮,各图形说明如下。

图 2-40

 生成刀轨:每当切削参数被编辑后,单击此功能重新生成刀轨。

 重新显示已生成的刀轨。

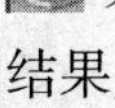 刀轨验证:可视化刀轨验证能让用户直观地观察刀具切除材料的运动过程,从而判断切削结果是否正确、零件有无过切或欠切等现象。

 刀轨信息显示:对于已生成刀轨的工序,显示其刀轨信息。

三、刀轨可视化验证

单击 ,打开如图 2-41 所示的对话框。

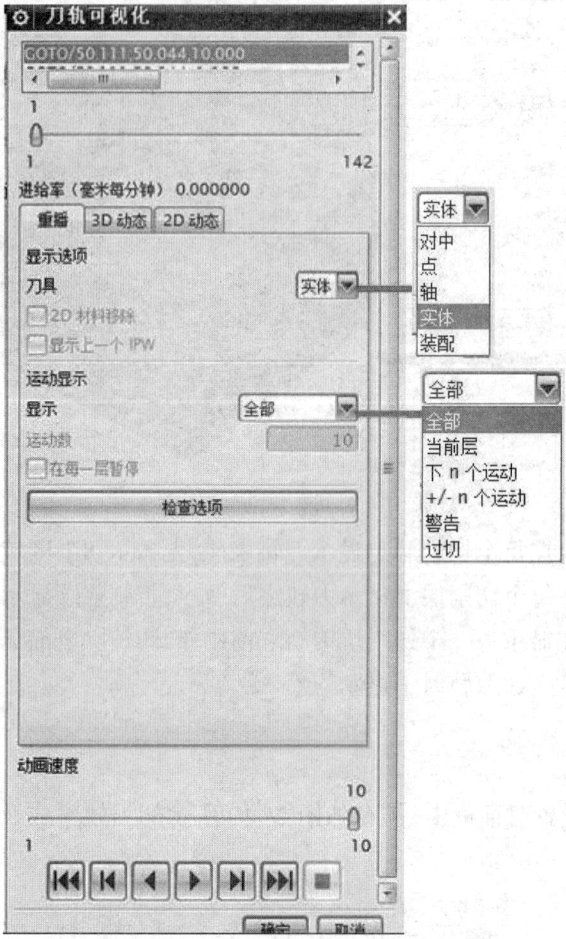

图 2-41

1.重播

刀轨回放即重新显示刀轨,显示时可指定刀具显示方式、运动显示方式以及过切检查内容,同时还可选择回放某一段刀轨。

(1)刀具显示。

对中:3D 线框显示。

点:用一个位于刀具参考点上的点象征刀具。

轴:用一条直线象征刀具的轴线。

实体:用 3D 实心体形式显示刀具。

装配:用装配件显示刀具,但若使用的刀具没有刀柄,则以实心体显示。

(2)刀轨运动显示。

全部:显示当前刀轨的所有刀轨段。

当前层:显示当前层的所有刀轨段。

下 n 个运动:显示当前位置点后 n 个刀轨段,n 值在 Number of Motions 栏中输入。

+/- n 个运动:显示当前位置点的前 n 个和后 n 个共 $2n$ 个刀轨段。

警告:当出现过切时发出警告信息。

过切:若检查出过切,则只显示过切刀轨段。

(3)检查选项,如图 2-42 所示。

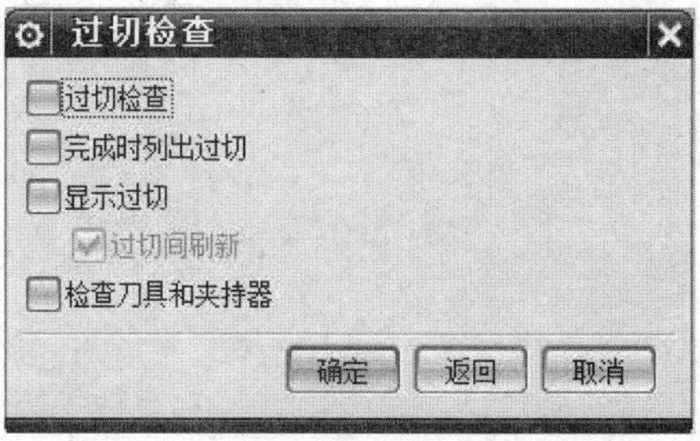

图 2-42

过切检查:若选此项,在刀轨验证过程中进行过切检查。

完成时列出过切:刀轨验证结束后,显示过切信息。

显示过切:以亮显方式显示过切刀轨段。若有多段过切出现,则只显示最后出现的过切段。若选中“过切间刷新”,在显示下一过切刀轨之前进行刷新,前面的过切刀轨不再显示。

检查刀具和夹持器:检查刀柄是否与工件相撞。

2.3D 动态

在刀轨动态验证过程中,零件和毛坯均可以透明方式显示,适用于观察复杂刀轨的生成过程。

3.2D 动态

以三维实体方式显示切除材料过程,验证结束,可使用“比较”把加工结果与被加工零件进行比较,从而可预知加工结果:红色表示有过切,灰色表示有余量,绿色表示加工到位。图 2-43 为生成刀轨的验证结果,零件内表面有灰色表示还有余量。

图 2-43

思考题

1.创建工序的步骤?

2.如何高效地定义加工坐标系、设置安全平面?

3.如何定义刀具名称?

4.如何简单显示刀轨的轨迹?

模块三　型　腔　铣

［任务导读］

1.掌握型腔铣工序的创建;

2.掌握切削层参数设置;

3.掌握三种二次粗加工方法。

任务一　认识型腔铣

一、型腔铣概述

1.型腔铣(CAVITY MILL)的加工原理

型腔铣定义的加工几何体是3D的三维实体模型,系统按照零件在不同深度的水平层状截面自动“计算”刀轨,切削层垂直于刀具轴线,每一切削层切削到零件轮廓。例如,图3-1是零件使用型腔铣的粗加工过程,其最终加工结果接近于零件形状。

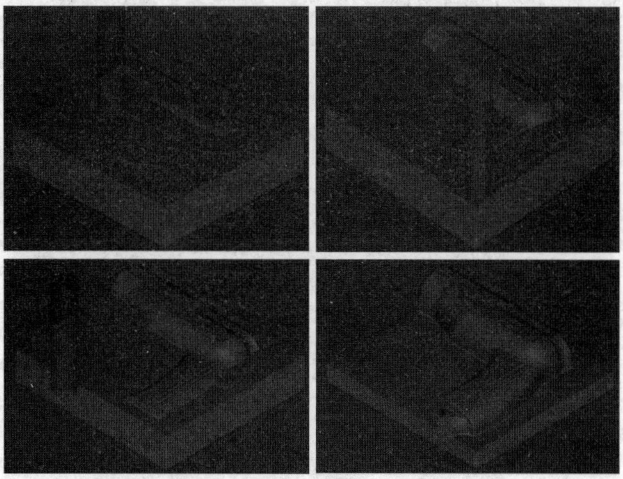

图 3-1

打个比喻:在一个由轮廓组成的封闭容器中,由曲面或实体组成容器中的堆积,在容器内注满液体,在每一个高度上,液体存在的位置上均为切削的范围。随着液体不断下降流失,就相当于材料被不断地一层一层地去除。

2.型腔铣定义的加工几何体

通常有零件几何、毛坯几何和检查几何,同时也可使用边界、表面和曲线定义加工区域。

3.型腔铣的加工对象

型腔铣主要用于零件粗加工。对有曲面或斜度的壁和轮廓的型腔、型芯，以固定刀轴快速而高效地进行粗加工，可用于所有零件的粗加工，例如图 3-2 和图 3-3 所示的典型模具零件等。粗加工切除大量的毛坯材料，为半精加工和精加工做准备。

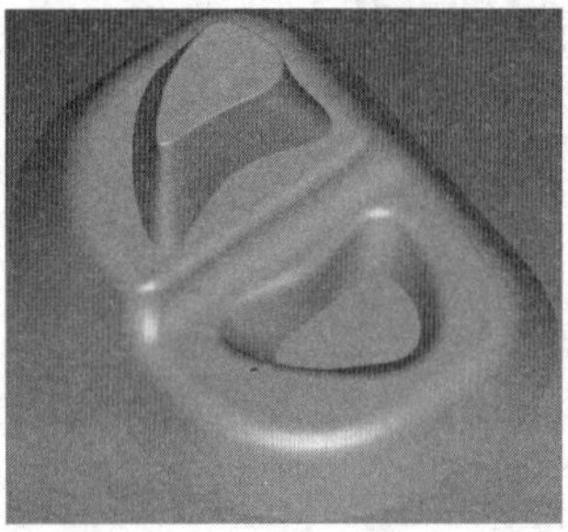

图 3-2

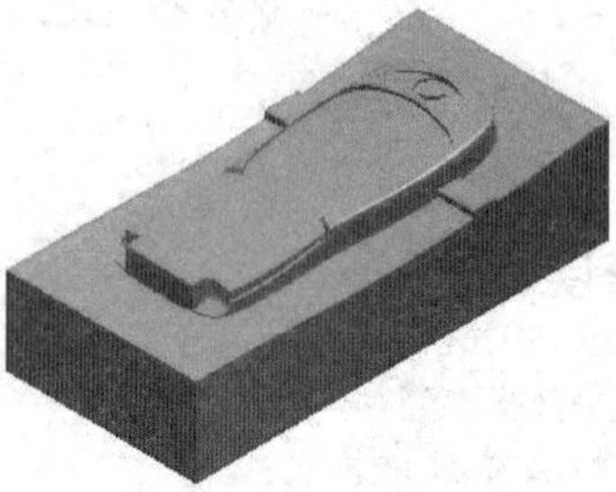

图 3-3

二、型腔铣工序子类型

型腔铣工序有如图 3-4 所示的 4 种工序子类型，每一种工序子类型都有其特点和用法，用户可根据以下介绍和零件的加工要求，选择一种较为合适的工序子类型创建工序。若这些工序子类型不能满足要求，用户还可以根据自己的加工特点，创建新的工序子类型。

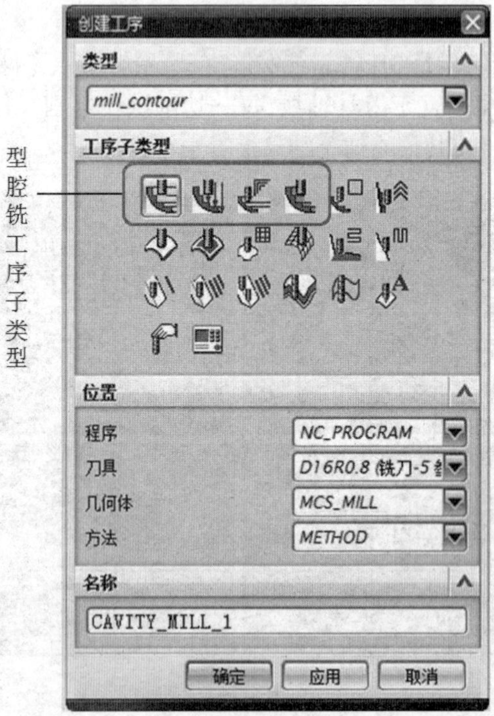

图 3-4

注意：在创建工序时，工序子类型一旦选定就不能再更改，所以选择时要仔细。

CAVITY_MILLING：型腔铣工序基本子类型，主要用于粗加工。

PLUNGE_MILLING：插削，在 NX 中新增加的一种工序子类型，粗加工效率极高，切削工件时，刀具径向受力，要求高强度的数控机床，国内较少使用。

CORNER_ROUGH：拐角粗加工，可使用参考刀具加工前一工序中因刀具尺寸太大而在拐角处留下的余量。

REST_MILLING：残料加工，用于切削粗加工中前一刀具未切削到的剩余材料。

任务二　创建型腔铣工序

一、创建型腔铣工序步骤

创建型腔铣工序的步骤如图 3-5 所示，主要内容包括创建/编辑父节点、创建工序（选择工序子类型和指定父节点）以及设置工序参数。

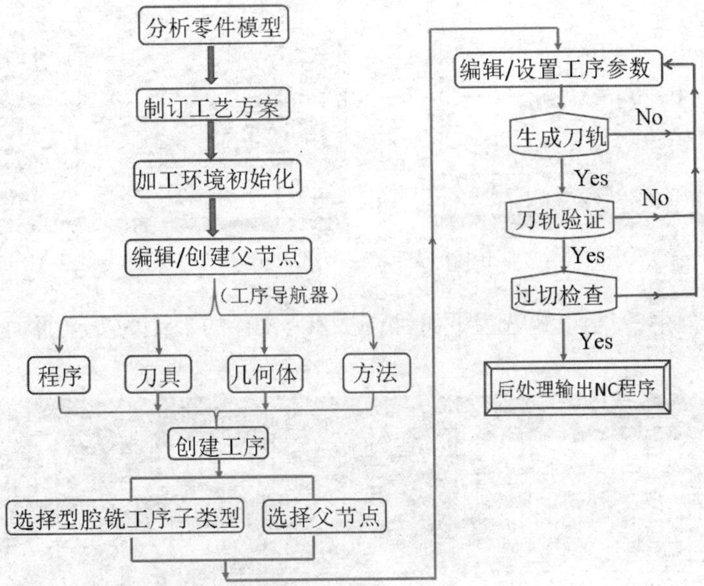

图 3-5

二、创建型腔铣工序过程

练习 3.1

【目的】创建简单的型腔铣工序，体会易学、易用的特点。

Step 1 启动 NX，打开文件 X 盘，打开零件。

Open→x：\parts\third\cavity_milling_1.prt。

Step 2 运行加工模块。

选择“开始”→“加工”。弹出加工环境对话框，选择如图 3-6 所示的设置后，点击“确定”进入加工环境。

Step 3 创建加工几何体。

在视图工具条中，单击几何按钮，切换到几何视图，把 WCS 定位在工件的最高点中心位置，双击“MCS_MILL”，定义 MCS 与 WCS 重合，如图 3-7 所示。

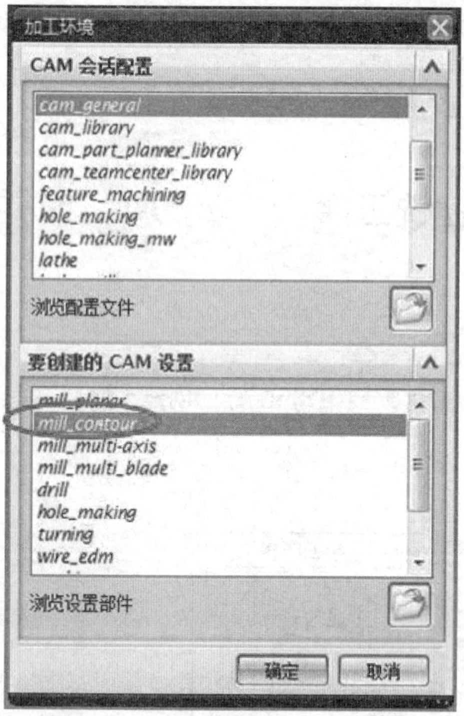

图 3-6

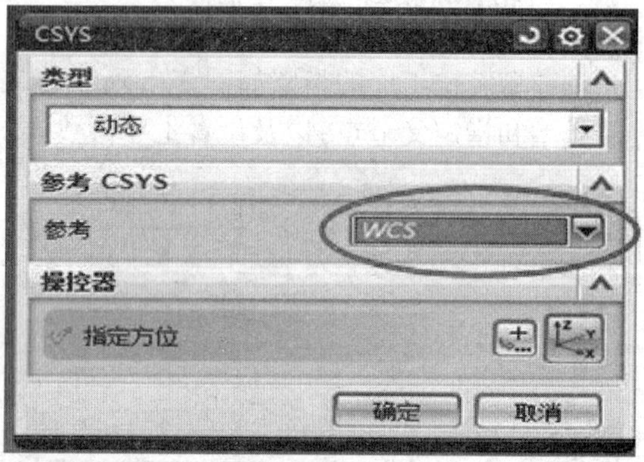

图 3-7

在 MCS 对话框中，安全设置选为平面，指定“ZC = 10”的平面为安全平面，如图 3-8 所示，单击“确定”。

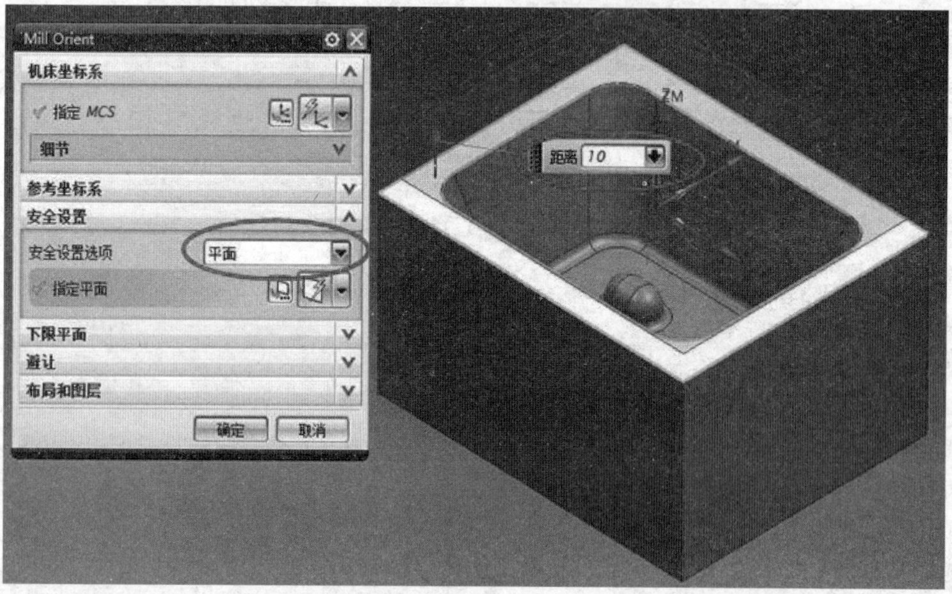

图 3-8

双击“WORKPIECE”，打开铣削几何体定义对话框，单击[icon]，点击工件作为加工的指定部件，如图 3-9 所示，单击“确定”结束选择。

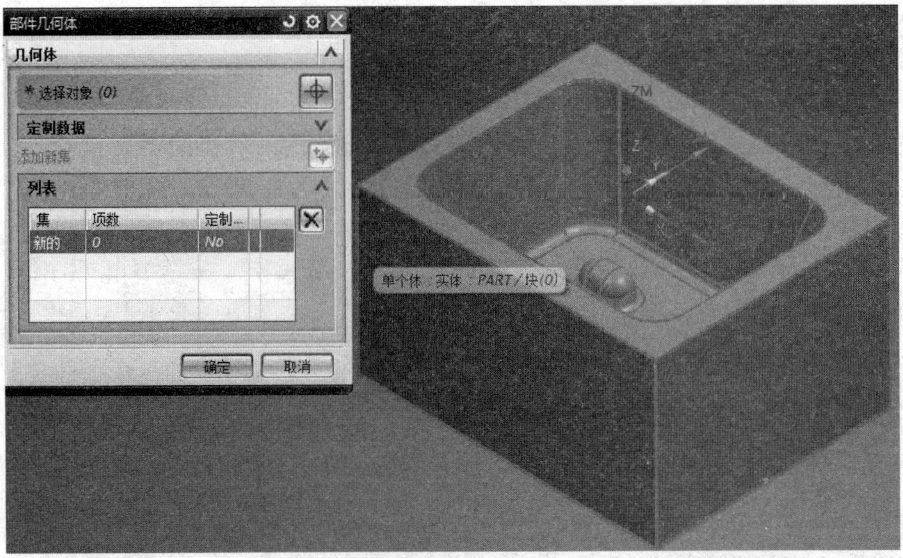

图 3-9

单击，指定毛坯选用“包容块”，参数设置如图 3-10 所示，单击“确定”。

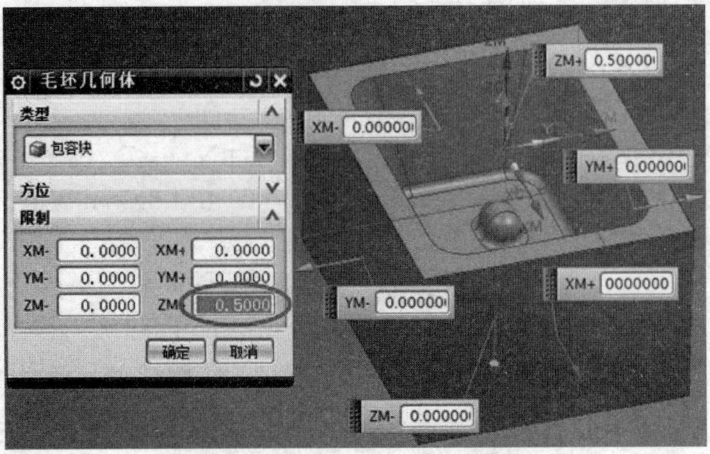

图 3-10

若要指定零件的材料，可单击，选择一种材料（如图 3-11 所示的合金钢材料），单击“确定”，再次单击“确定”结束加工几何体定义。

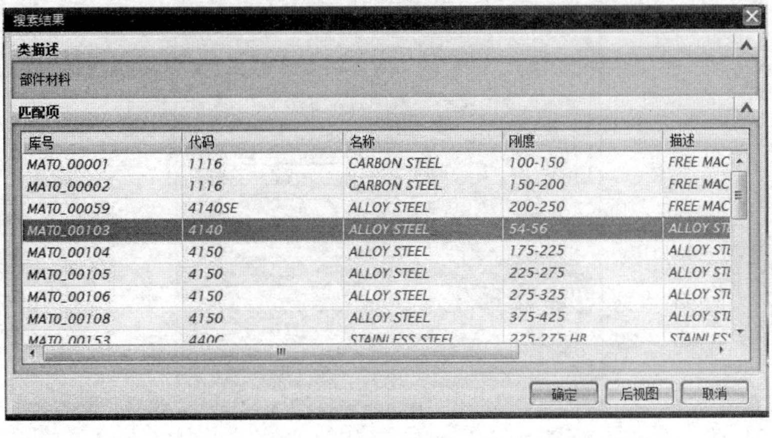

图 3-11

Step 4 创建刀具。

创建 D16R0.8 立铣刀,具体过程请参考练习 2.2 中的相关内容。

Step 5 创建型腔铣工序:步骤如图 3-12 所示。

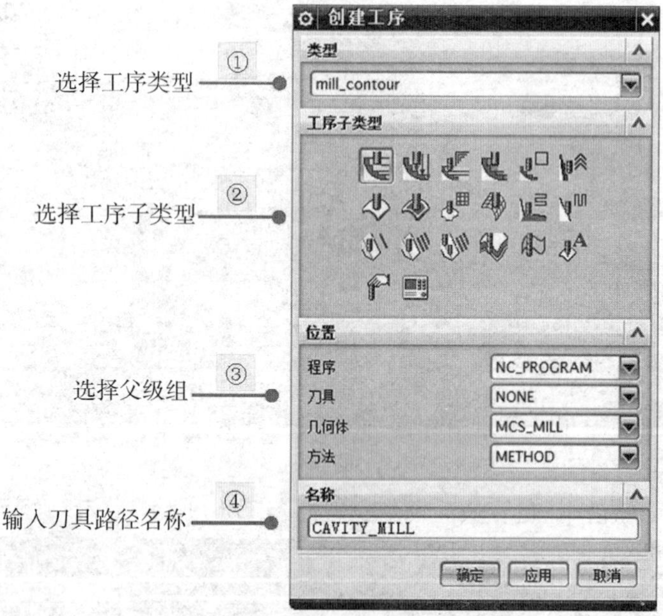

图 3-12

单击,打开创建工序对话框:选择工序模板类型(mill_contour);选择点击第一个图标;选择父级组:程序(PROGRAM)、刀具(D16R0.8)、几何体(WORKPIECE)、方法(MILL_ROUGH 粗加工);名称可以采用默认(CAVITY_MILL),如图 3-13 所示。

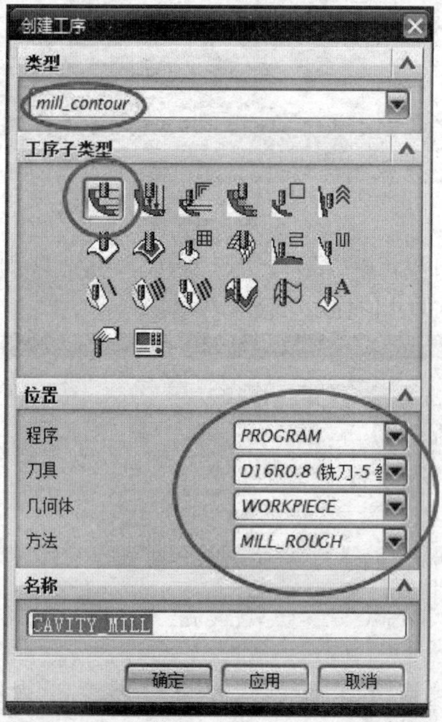

图 3-13

单击“确定”,进入型腔铣对话框如图 3-14 所示。

图 3-14

在对话框中,可以看到:指定部件、指定毛坯的手电筒已经变亮了,这说明工序继承了几何体 WORKPIECE 中的信息。即是说工序已经定义了零件几何体和毛坯几何体。这时直接点击图标生成刀轨(出现如图 3-15 所示的警告,单击“取消”,在后面 Step 8 作解释),这是一个没做任何参数调整的最原始的刀轨,如图 3-16 所示。实体的模拟结果如图 3-17 所示。这完成了粗加工,但刀路不是最简洁的、最优化的。

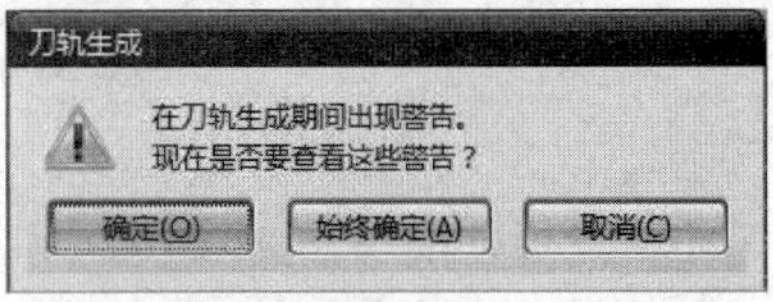

图 3-15

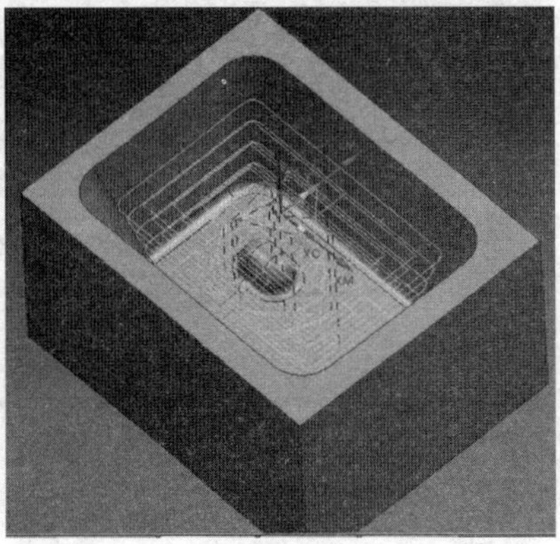

图 3-16

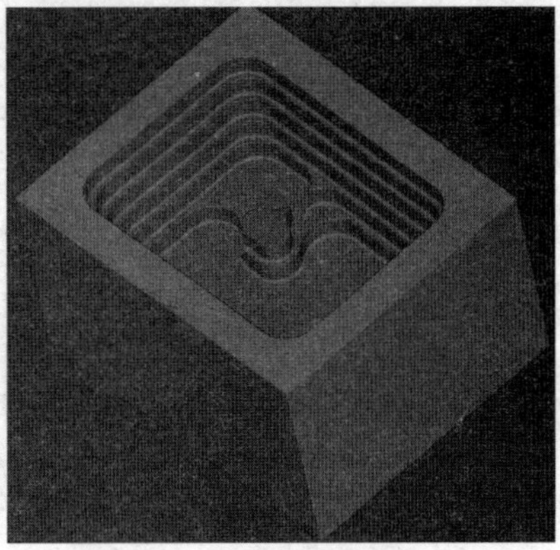

图 3-17

Step 6 设置工序参数。

设置如图 3-18 所示的工序参数,其他参数使用默认值。

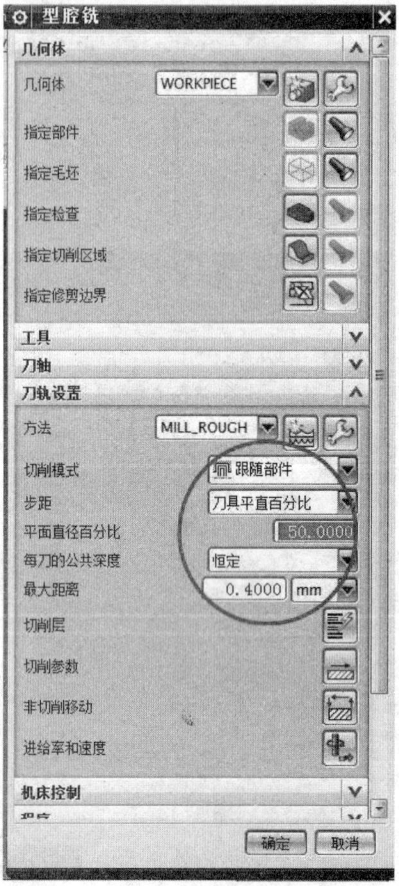

图 3-18

Step 7 设置切削运动参数。

单击设置如图 3-19、图 3-20 所示的切削运动参数,单击“确定”。

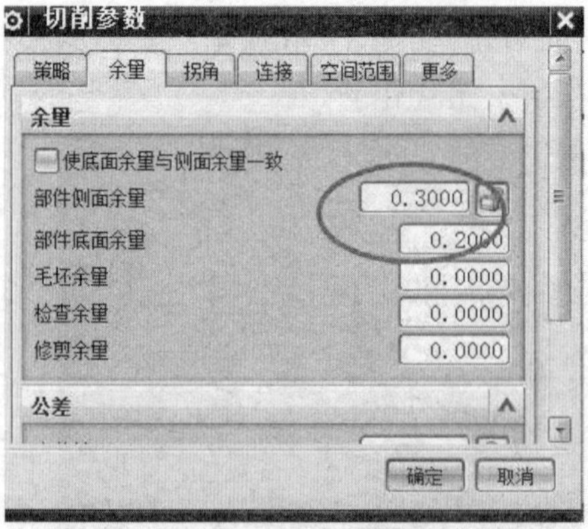

图 3-19

图 3-20

Step 8 设置非切削运动参数。

单击，设置如图 3-21（减少进刀空间，解决图 3-15 的警告）、图 3-22 所示的非切削运动参数，单击“确定”。

图 3-21

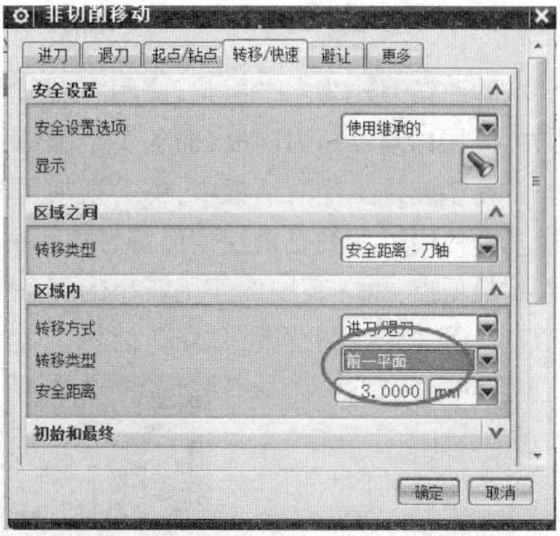

图 3-22

Step 9 刀轨生成及验证。

在工序对话框中，单击，生成如图 3-23 所示的刀轨，不会出现如图 3-15 所示的警告，单击“确定”。

单击验证刀轨，单击 2D 动态，单击，单击 比较 ，显示如图 3-24 所示的加工结果，单击，保存工序，完成了一次粗加工。

图 3-23

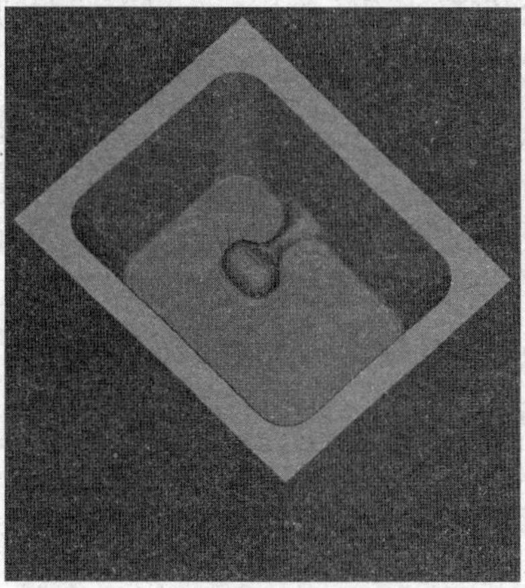

图 3-24

任务三　切削层范围定义及厚度

一、切削层(Cut Levels)概述

型腔铣刀轨为水平层状,使用“切削层”选项可以将一个零件划分为若干个范围,在每个范围内使用相同的每刀深度,而各个范围则可以采用相同的或不同的每刀深度。

在型腔铣工序对话框中,单击切削层图标,系统自动根据零件几何和毛坯几何产生一个或多个使用较大的直角三角形符号表示的切削范围,总的切削范围为零件或毛坯几何上的最高点到最低点,每一范围内使用较小的三角形符号表示每一切削层。例如,在图 3-25 中,系统自动定义了 3 个切削范围,且默认的每个切削范围内的切削层厚度相等。

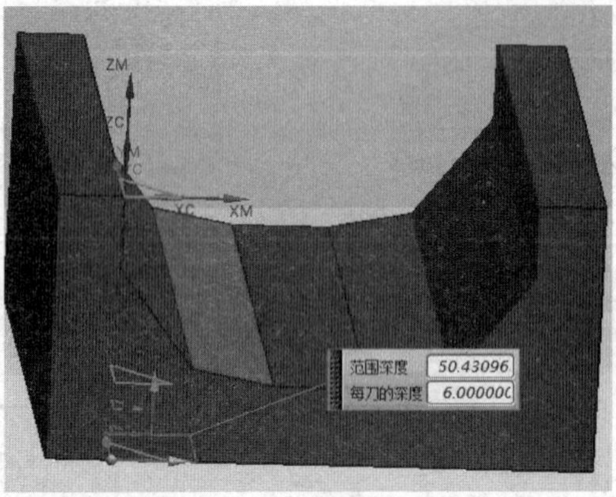

图 3-25

型腔铣必须有一个或一个以上的切削范围。在实际应用中,可根据被加工零件的特点,按需要定义切削范围,并且在每一个切削范围内使用不同的切削层厚度,以使被加工零件的余量较为均匀,以方便后续加工,特别是在高速加工,保证表面的加工质量。

理论上,每一切削范围内的切削层厚度应这样确定:被加工区域越陡峭,切削层厚度就越大(当然还必须考虑切削条件的限制)。反之,被加工表面越平坦,切削层厚度就越小,这样才能保证零件被加工后的余量比较均匀。然实体上,在加工时经常设置所有的切削层厚度相等,且厚度值较小,这样也能获得比较均匀的加工余量,如图 3-18 中“每刀深度”设置。

二、切削层范围定义

在型腔铣工序对话框中,单击,打开如图 3-26 所示的切削层的参数设置对话框。

1.范围

(1)范围类型(Range Type)。

Auto Generate:自动,系统根据零件和毛坯几何的特点自动划分切削范围,且所有切削范围内的切削层厚度相同。

User Defined:用户自定义,用户可以根据零件几何等因素自定义切削范围及每个范围的切削层厚度。

Single:单个,只有一个切削范围,且每一切削层厚度相等。

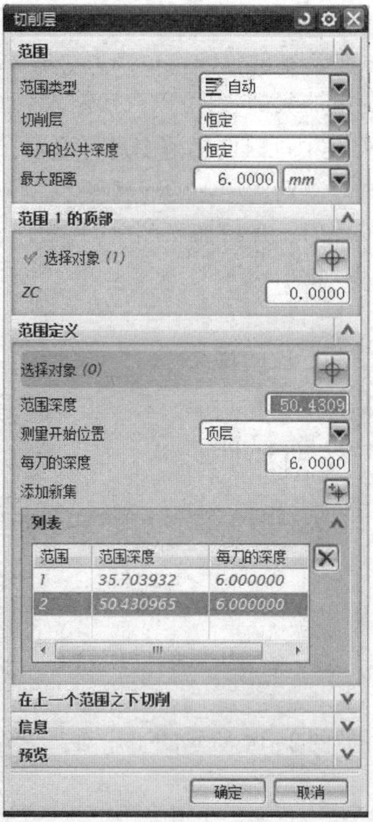

图 3-26

(2)切削层(Cut Levels)。

恒定：将切削深度保持在全局每刀深度值。

仅在底部范围切削：只在每一切削范围的底面生成刀轨，例如一个零件被划分了 3 个切削范围，则只在每一范围底面生成刀轨，只生成 3 个切削层。

(3)每刀的公共深度。

恒定：指设定最大距离值。

残余高度：设置残余高度值来确定切削深度。

若与型腔铣的工序对话框中的“每刀的公共深度”同设置为“恒定”，则以后一个值为准。

2.范围 1 的顶部

通过点击工件某位置或输入 ZC 值来指定切削层的最高处。系统默认以部件或者毛坯的最高点作为范围 1 的顶部，需要局部加工时，可以直接指定一个位置作为范围 1 的顶部。先点击“选择对象”，再连续点击工件上的两个点，作为切削层的顶部和底部，如图 3-27。

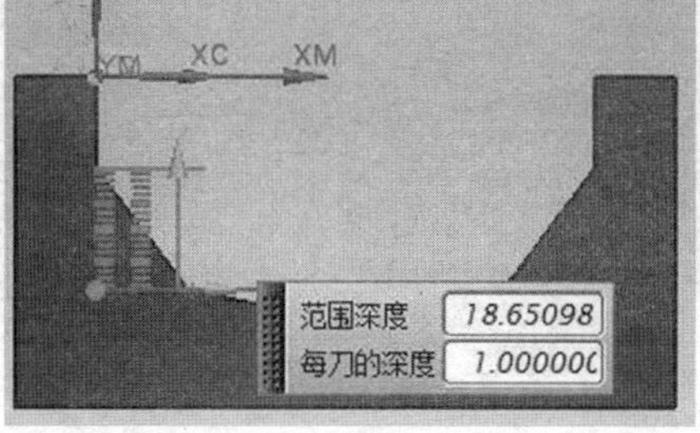

图 3-27

3.范围定义

当前的范围定义是针对列表中选定的范围。范围大小的编辑可以通过在图形上选择对象，以选择的对象所在位置为当前范围的底部，也可以直接输入数值来指定范围深度。

添加新集，删除。在列表中可以选择范围进行编辑，或者新建、删除一个范围。

4.在上一个范围之下切削

在指定范围之下再切削一段距离。在精加工侧壁时，为保证底部不留残余，可以增加一个延伸值来增加切削层。

练习 3.2

【目的】学习切削范围及切削层厚度的定义。

Step 1 打开零件。

Open→x：\parts\third\cavity_milling_2.prt。

Step 2 运行加工模块。

选择开始→加工，弹出加工环境对话框，选择如图 3-6 所示的设置后，点击“确定”进入加工环境。

Step 3 打开工序导航器。

单击，切换到机床视图，单击，打开工序导航器对话框，如图 3-28 所示。

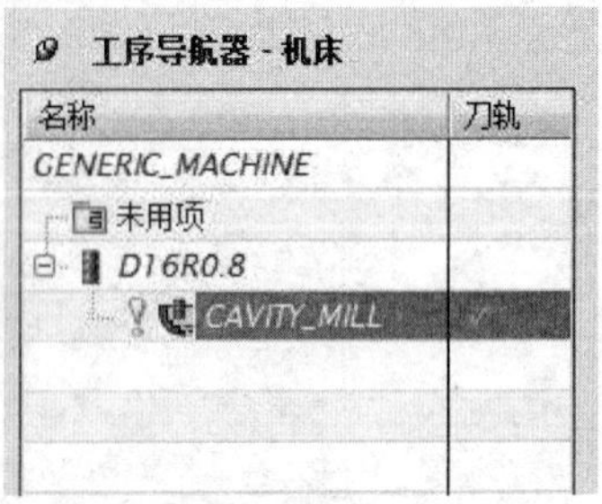

图 3-28

双击“CAVITY_MILL”，打开如图 3-14 所示的工序对话框。

Step 4 定义切削范围。

在“定向视图”项中选择“前视图”。单击，显示系统自动定义的切削范围，如图 3-29 所示。

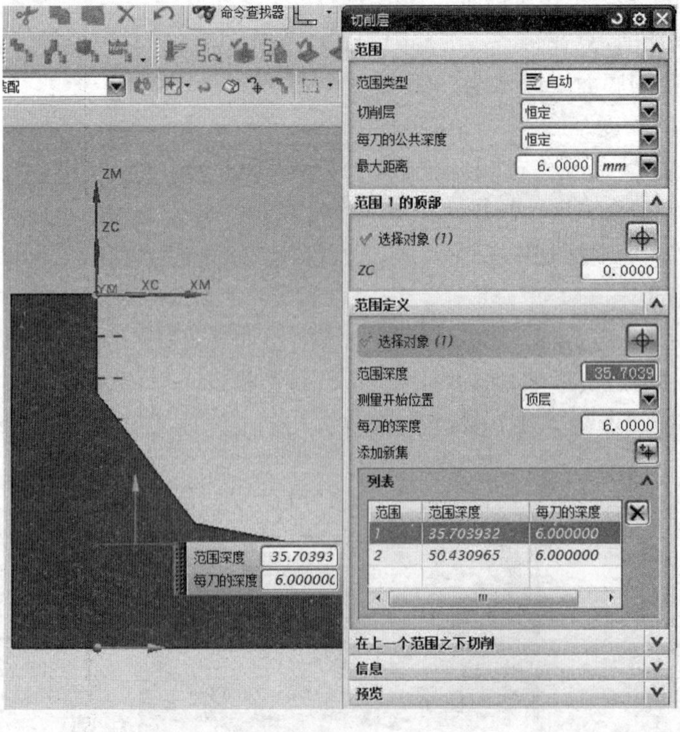

图 3-29

在列表对话框中，单击 删除现有的切削范围。注意，这时范围类型变为“用户定义”。选择“点 1”作为“层 1”的底部，每刀深度输入“2”。

单击 增加新范围，选择“点 2”作为“层 2”的底部，每刀深度输入“1”。再单击 增加新范围，选择“点 3”作为“层 3”的底部，每刀深度输入“0.5”，如图 3-30 所示。

单击“确定”，结束切削范围定义。

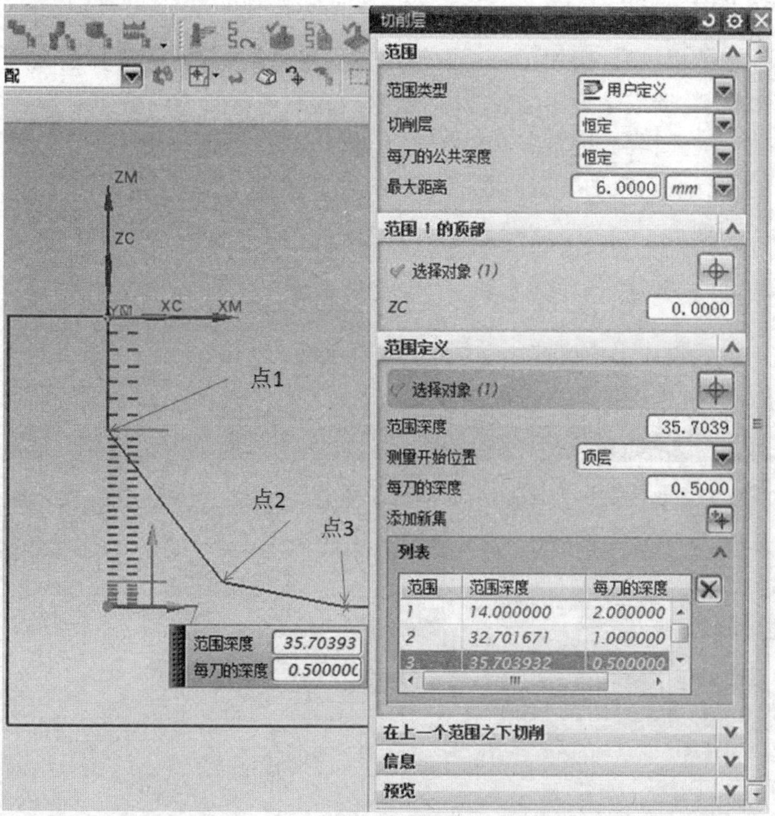

图 3-30

Step 5 刀轨生成及验证。

单击 重新生成刀轨。

单击 验证刀轨，单击 2D 动态，单击 ，单击 比较 ，显示如图 3-31 所示的加工结果，余量比较均匀。单击 ，保存工序，完成了粗加工。

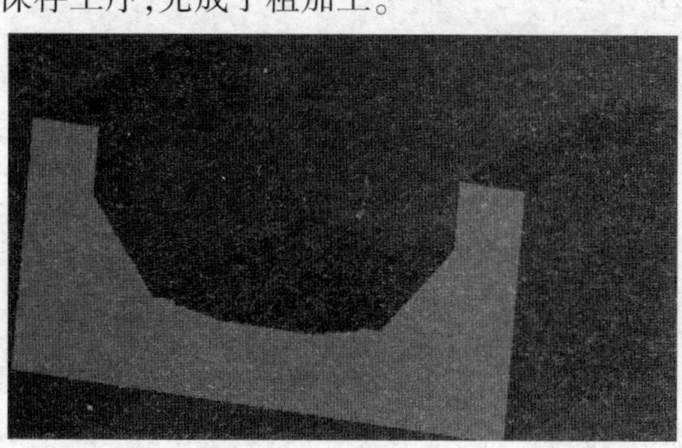

图 3-31

任务四　二次粗加工

一、二次粗加工概述

为了提高加工效率,零件粗加工时通常使用较大尺寸的刀具,但这样会在工件的拐角处或凹角处留下较多材料,造成余量不均匀,从而影响后续的半精加工或精加工。

为了解决留下的残料,需进行二次粗加工,二次粗加工也称拐角粗加工或残料加工。是指使用较小尺寸的刀具切除粗加工后留在凹角处的较多材料,使工件获得比较均匀的加工余量,以利于后续工序的加工。

二、二次粗加工方法

拐角粗加工或残料加工均可使用如图 3-32 所示的 3 种方法之一完成,它们分别是使用 3D 过程工件、基于层的过程工件和参考刀具方法。

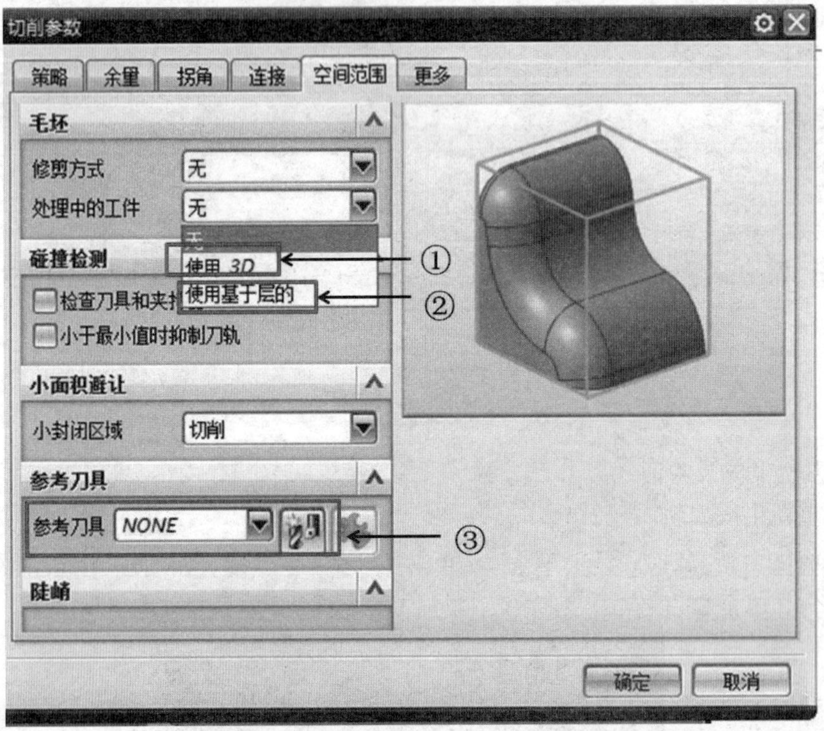

图 3-32

1.参考刀具法

参考刀具法是:以前一把刀具为参考对象来加工前一把刀具未能加工的区域。在粗加工时,上一个刀具未达到的剩余材料,可能是由于刀具的拐角半径而遗留在壁和底面之间的材料,也可能是由于刀具直径而遗留在壁之间的材料,如图 3-24。选用一把较小尺寸的刀具,并在切削参数参考刀具选项中选用前一工序中使用的刀具或新建一把刀具作为参考刀具,这样在生成刀轨时,系统会自动计算使用参考刀具时没有切削到的材料作为加工余量进行加工。在实际加工中,参考刀具的尺寸可选择比前一工序使用的刀具稍大一些,以增大切削范围,防止过切。这种方法在清理余量残料方面,特别是在清理拐角残料方面有着广泛的运用。

使用拐角粗加工工序子类型或残料加工工序子类型创建工序时,它们的工序参数设置相同,只是工序参数设置界面略有差异:图 3-33 和图 3-34 分别为拐角粗加工和残料加工工序参数设置对话框,注意其区别在于拐角粗加工工序参数设置对话框中有参考刀具选项,而残料加工工序参数设置对话框中没有。然而,实际上在它们的切削参数对话框中均有 3 种残料加工方式,所以两种工序子类型均可完成拐角粗加工和残料加工。

图 3-33

图 3-34

2.3D 过程工件法

使用 3D 是指前一个工序所加工后留下的残料,并以此剩余材料为下一个工序的毛坯,可以根据工件的当前真实状态来加工,可避免切削已加工过的区域,且不必考虑角部残料的大小,刀具未切削区域等状况。

这种残料加工方法能够最大限度地切除不均匀材料,但刀轨生成时间较长。特别注意使用 3D 过程工件法的条件:刀轨要按顺序产生,从第一个工序到最后一个工序,都在同一个几何体组中,且刀轨必须是成功地产生,并已接受的。

通常在连续的等高轮廓铣工序中产生和使用。

使用此选项后,毛坯几何图形被图标所代替,如图 3-35 所示。

3.使用基于层的过程工件法

使用基于层的 IPW(In Process Workpiece)时,首先在主菜单点击首选项(P)弹出“加工首选项”对话框,在“几何体”选项卡,“处理中的工件”中启用:基于层的 IPW,如图 3-36 所示(系统默认为启用)。基于层的过程工件的用法与 3D 过程工件相似,只是在指定层上切除未切削的材料,生成刀轨速度快,切削效率更高,同样只能在连续的等高轮廓铣工序中产生和使用。

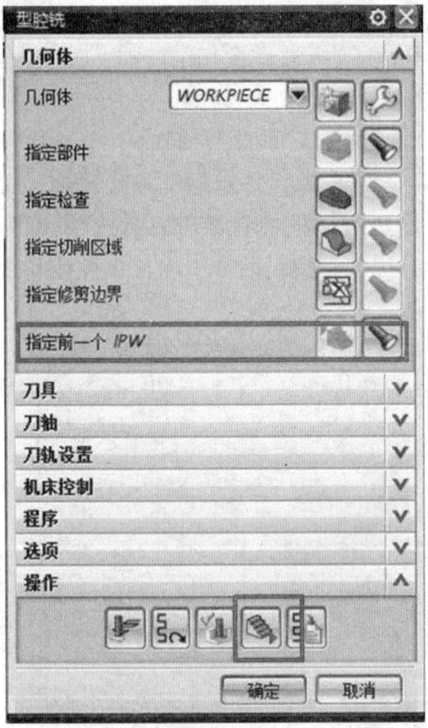

图 3-35

图 3-36

4.各种方法的优、缺点

相比“参考刀具”法，“使用 3D”的确考虑到了前一个工序所留残料的真实状况，从而避免很多扎刀动作，以及一些忽略的区域，具有很高的安全性。特别是零件比较复杂，我们很难判断残料的时候，在开粗完成后“使用 3D”做一个二次粗加工，是个不错的选择。但是对于复杂零件的加工计算，使用 3D 运算的时间就会变得相当的长。“使用基于层的 IPW”方法在全面继承使用 3D 优点的基础上，进一步地极大地提高了运算的速度，相比使用 3D 而言速度可提高到 4~5 倍。这就是保证加工质量的前提下，大大地提高了加工的效率。

练习 3.3

【目的】学习和领会二次粗加工工序的创建和用法。

Step 1 打开零件。

Open→x：\parts\third\cavity_milling_3.prt。

Step 2 运行加工模块。

选择开始→加工，弹出加工环境对话框，选择如图 3-6 所示的设置后，点击“确定”进入加工环境。

Step 3 打开工序导航器，切换到机床视图，建立两把刀具：一把 D50R3，用于一次粗加工；另一把 D16R0.8，用于二次粗加工。

Step 4 切换到几何视图，将工作坐标系定位在零件的最高中心位置，加工坐标系与工作坐标重合，指定安全平面 Z=10；选择零件图形作为指定部件，定义指定毛坯为“包容块”。

Step 5 创建型腔铣工序，单击，设置工序对话框，（详情见练习 3.1）；设置如图 3-37、图 3-38、图 3-21、图 3-22 所示的工序参数，其他参数使用默认值。

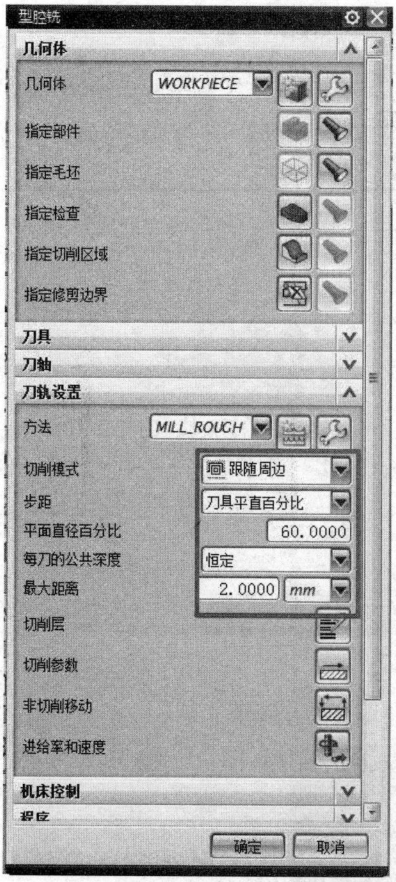

图 3-37

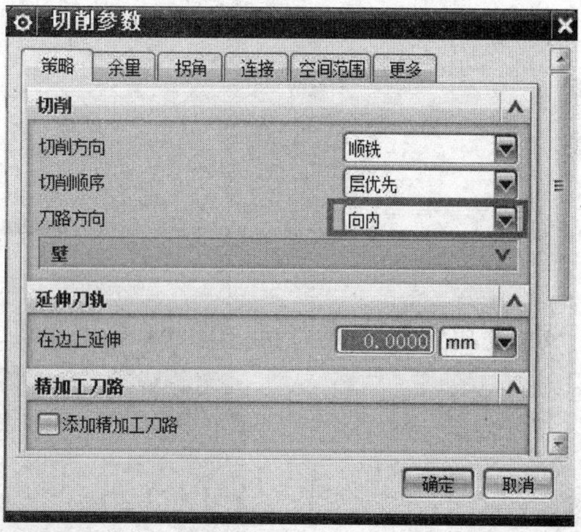

图 3-38

Step 6 单击生成刀轨，单击验证刀轨，显示结果如图 3-39 所示。

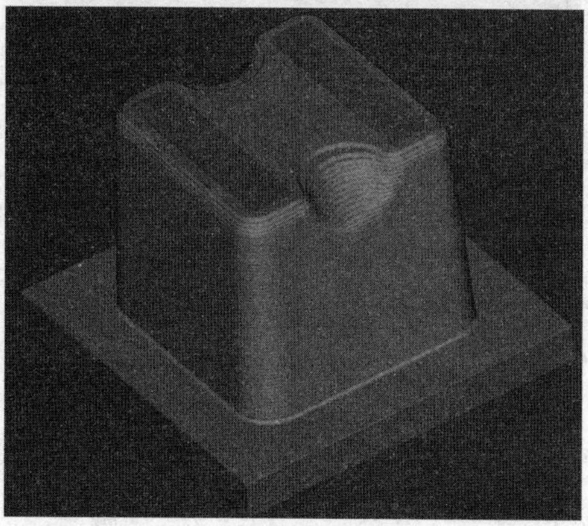

图 3-39

Step 7 切换到机床视图，右键单击“CAVITY_MILL”，单击“复制”，再次右键单击 D16R0.8，左键单击“内部粘贴”，在 D16R0.8 刀具下创建 CAVITY_MILL_COPY 的工序，在工序对话框中设置，如图 3-40 所示。

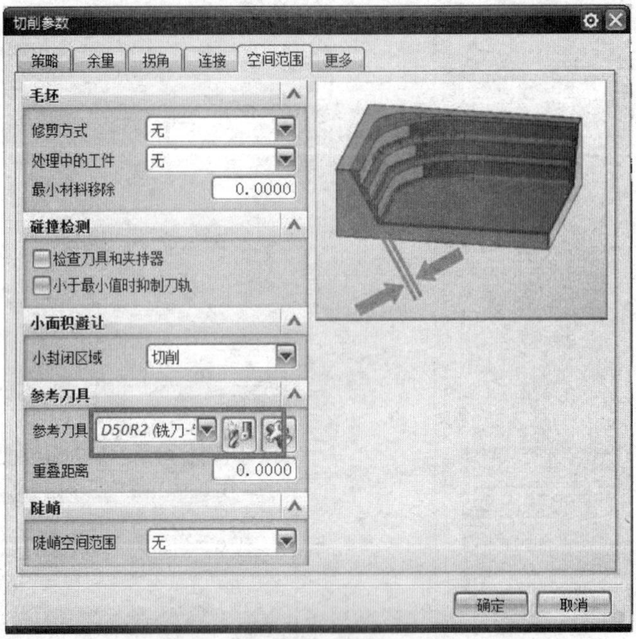

图 3-40

Step 8 单击生成刀轨,单击验证刀轨,显示结果如图 3-41 所示。

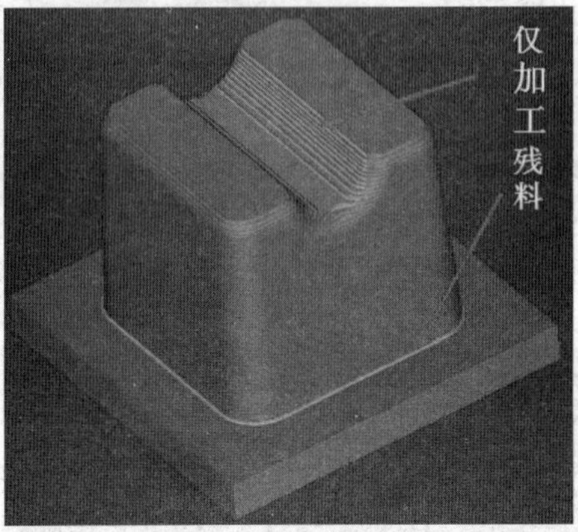

图 3-41

练习 3.4

【目的】使用过程工件(IPW)加工残料。

Step 1 打开零件。

Open→x:\parts\third\cavity_milling_1finish.prt。

Step 2 单击机床视图,单击,打开工序导航器对话框,创建一把 D6 立铣刀。

Step 3 右键单击“CAVITY_MILL”,左键单击“复制”,再次右键单击 D16R0.8,左键单击“内部粘贴”,在 D16R0.8 刀具下创建 CAVITY_MILL_COPY 的工序,在工序对话框中设置,如图 3-42 所示。

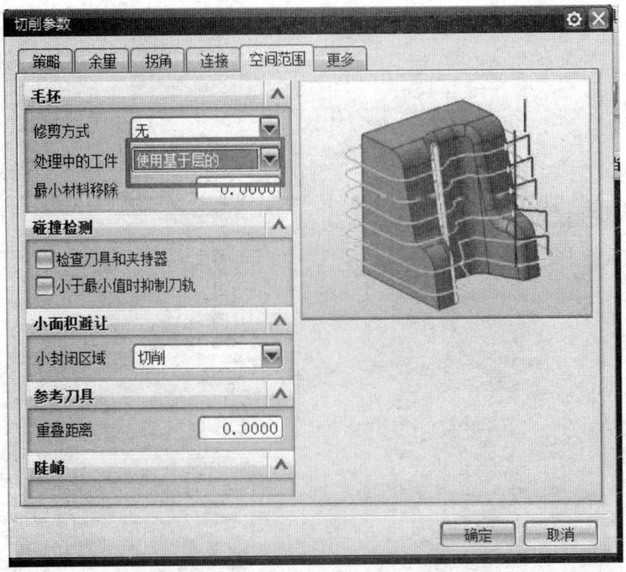

图 3-42

Step 4 单击生成刀轨，单击验证刀轨，显示结果如图 3-43 所示。

图 3-43

练习 3.5

【目的】使用拐角粗加工残料。

Step 1 打开零件。

Open→x:\parts\third\cavity_milling_4.prt。

Step 2 运行加工模块。

选择"开始"→"加工"，弹出加工环境对话框，选择如图 3-6 所示的设置后，点击"确定"进入加工环境。

Step 3 单击，打开工序导航器对话框，双击"CAVITY_MILL"，打开工序对话框。

单击，单击验证刀轨，显示如图 3-44 所示的加工结果，拐角余量较多。

图 3-44

Step 4 创建拐角粗加工工序，单击，设置工序对话框，如图 3-45 所示。

Step 5 打开工序参数设置对话框，设置如图 3-46 所示的参数。其他参数使用默认值。

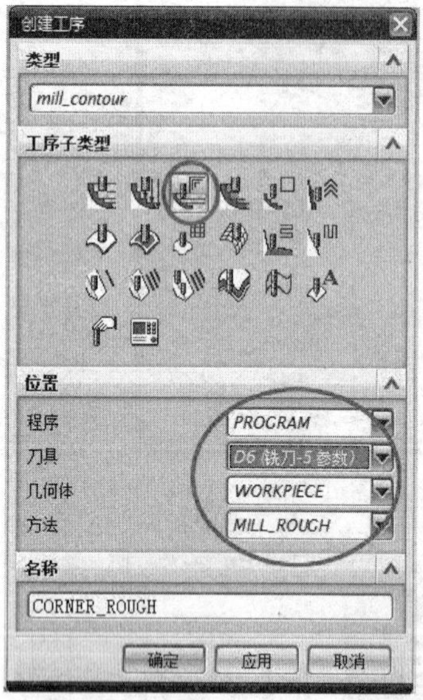

图 3-45

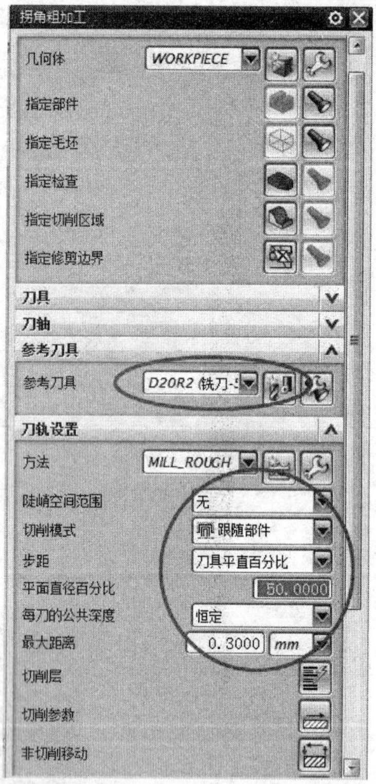

图 3-46

Step 6 单击生成刀轨，单击验证刀轨，显示结果如图 3-47 所示。

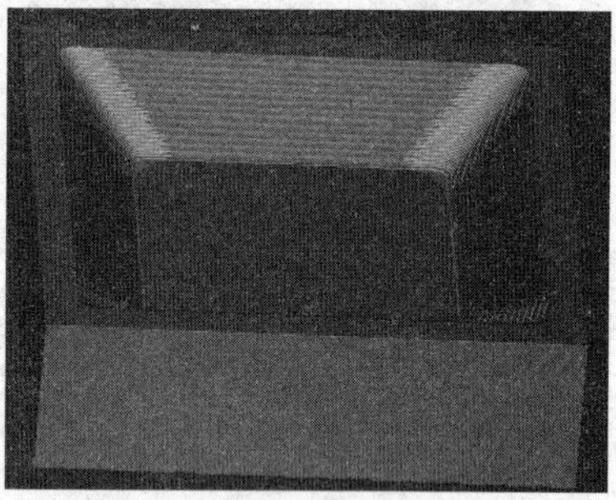

图 3-47

练习 3.6

【目的】练习一次粗加工，二次粗加工。

Step 1 打开零件。

Open→x:\parts\third\cavity_milling_5.prt。

Step 2 运行加工模块。

选择“开始”→“加工”，弹出加工环境对话框，选择如图 3-6 所示的设置后，点击“确定”进入加工环境。

Step 3 创建 D16R0.8 和 D6 立铣刀，D8R4 球头刀。

Step 4 将工作坐标系定位在零件的最高中心位置，加工坐标系与工作坐标重合，指定安全平面 Z=10；选择零件图形作为指定部件，定义指定毛坯为“包容块”。

Step 5 创建型腔铣工序。

单击,打开工序对话框,选择如图 3-48 所示的工序子类型和父节点,单击“确定”。

图 3-48

Step 6 定义切削范围。

切换到左视图,“渲染样式”,选择“静态线框”。在工序对话框中,单击,切削层设置如图 3-49 所示。

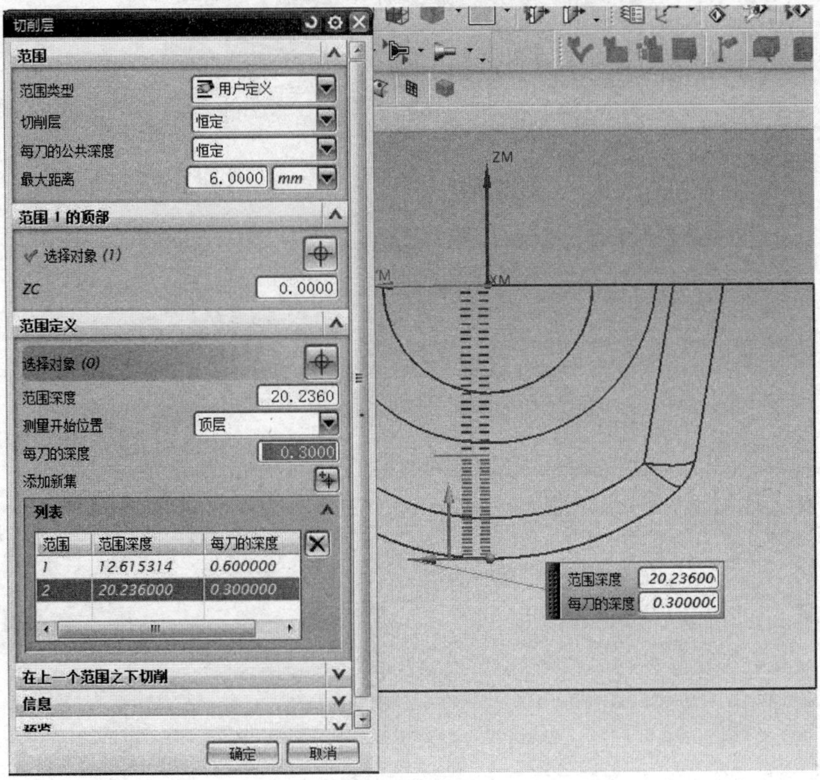

图 3-49

Step 7 设置切削参数。

单击按钮,设置如图 3-50 所示参数,单击“确定”。

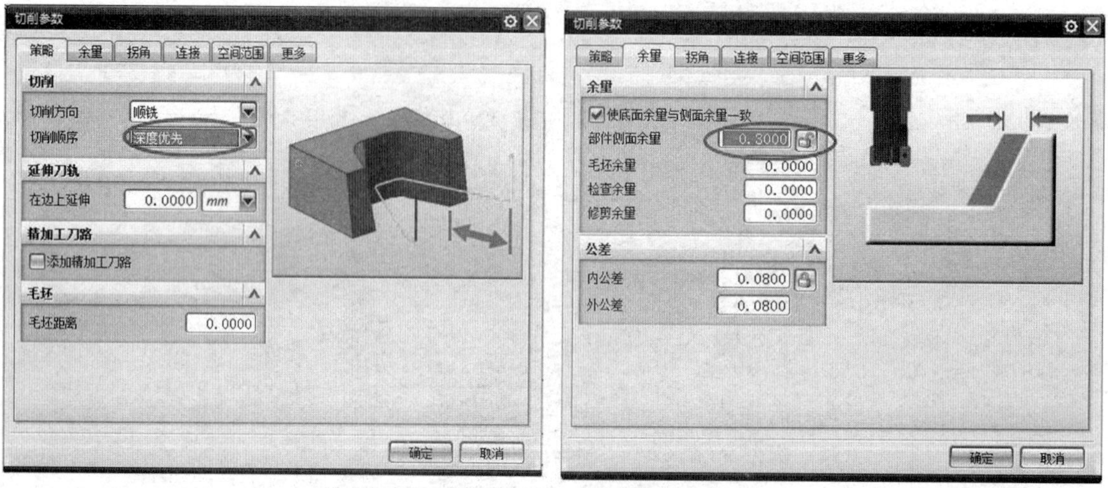

图 3-50

Step 8 设置非切削运动参数。

单击,设置如图 3-21、3-22 所示参数,单击“确定”。

Step 9 刀轨生成及验证。

单击,生成如图 3-51 所示的刀轨。

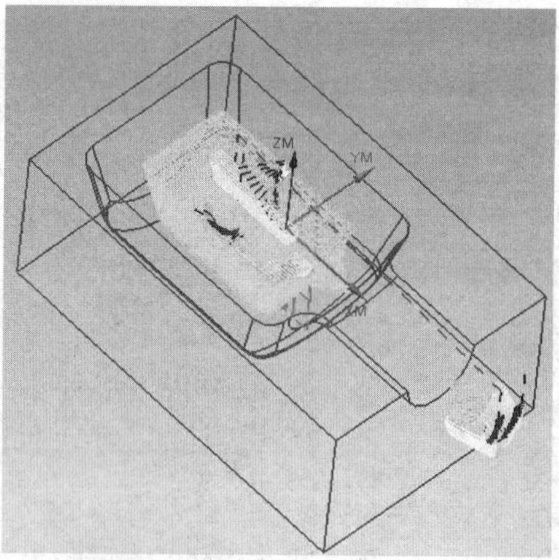

图 3-51

Step 10 在工序对话框中,单击,定义如图 3-52 所示的修剪边界,删除边界外的刀轨。

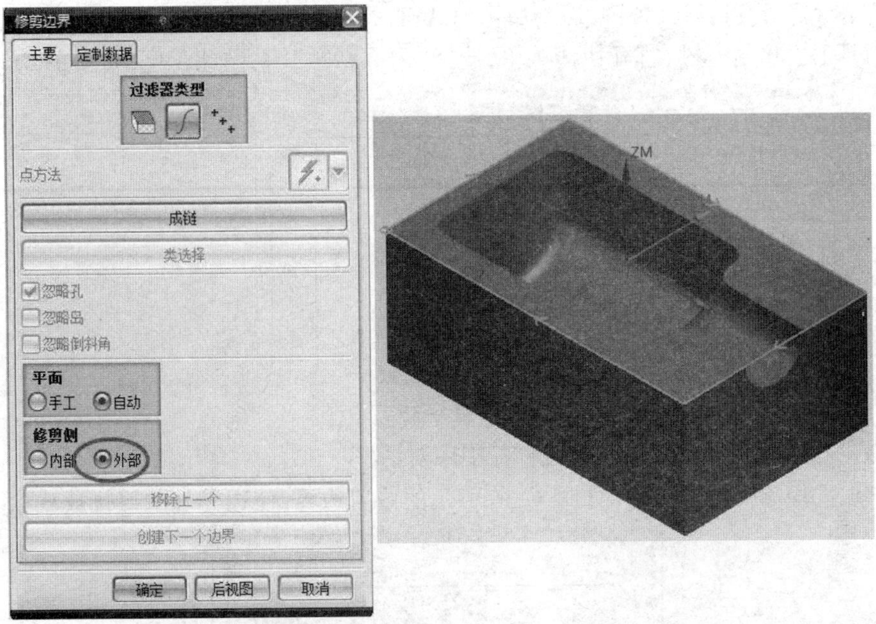

图 3-52

Step 11 单击重新生成刀轨。单击验证刀轨,加工结果如图 3-53 所示。由于刀具尺寸较大,有区域未切削到,单击“确定”继续。

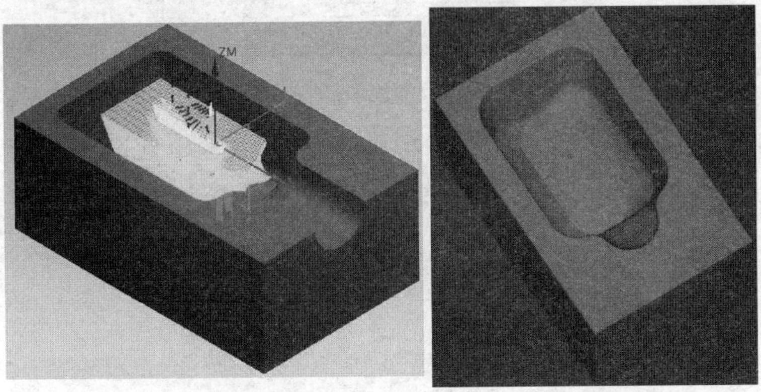

图 3-53

Step 12 未切削区域加工。

方法 1

(1) 切换到俯视图。使用“曲线”→“矩形”功能,画出矩形框,如图 3-54 所示。

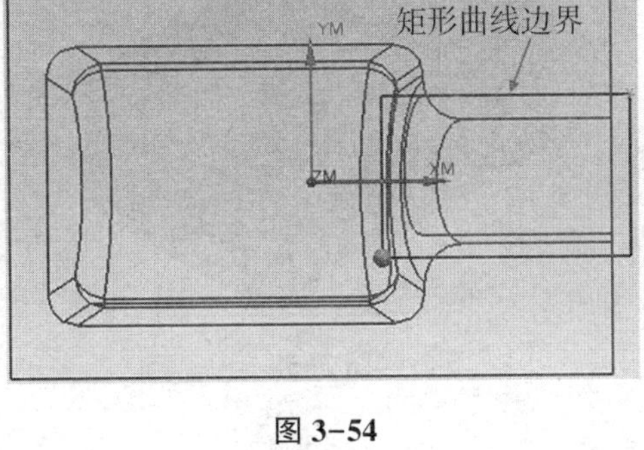

图 3-54

(2)单击，切换到刀具视图，右键单击“CAVITY_MILL”工序，左键单击“复制”，复制此工序，单击刀具 D6，单击右键，打开快捷菜单，选择“内部粘贴”，粘贴此工序，如图 3-55 所示。

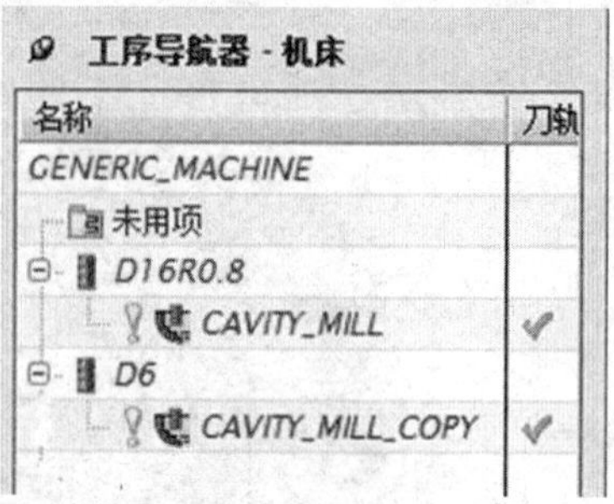

图 3-55

(3)双击“CAVITY_MILL_COPY”，打开工序对话框。

单击，选择附加按钮，选择如图 3-56 所示的修剪边界，使边界外的刀轨被截除。

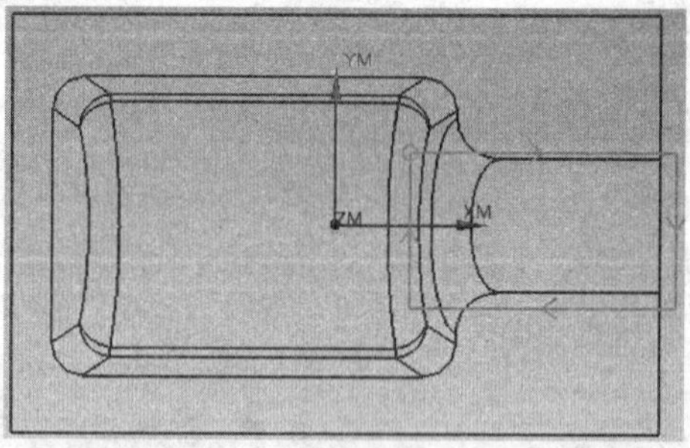

图 3-56

(4)在工序对话中，设置如图 3-57 所示参数。

图 3-57

(5)单击生成刀轨，单击“确定”保存。

验证已创建的 3 个刀轨，并选择比较按钮，则显示如图 3-58 所示的加工结果。

图 3-58

Step 13 未切削区域加工。

方法 2

(1)进入建模环境,拉伸矩形曲线成为实体毛坯,如图 3-59 所示。

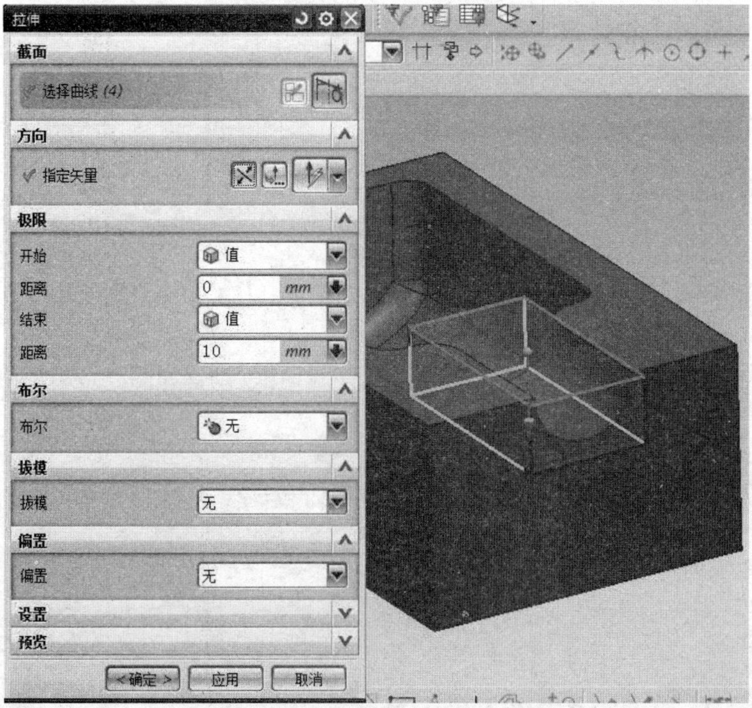

图 3-59

(2)选择"开始"→"加工",返回加工模块。

切换到几何视图,创建几何体"WORKPIECE_1",定义如图 3-60 所示零件和毛坯。

图 3-60

(3)选择"CAVITY_MILL"工序,单击右键,打开快捷菜单,选择复制,复制此工序,单击"WORKPIECE_1",单击右键,打开快捷菜单,选择"内部粘贴",粘贴此工序,则生成 CAVITY_MILL_COPY_1 工序,如图 3-61 所示。

图 3-61

(4)单击切换到刀具视图,拖动工序“CAVITY_MILL_COPY_1”到刀具 D8R4 下,使其成为 D8R4 的子节点,如图 3-62 所示。

双击工序“CAVITY_MILL_COPY_1”,打开工序对话框,设置如图 3-57 所示的切削参数,单击“确定”。

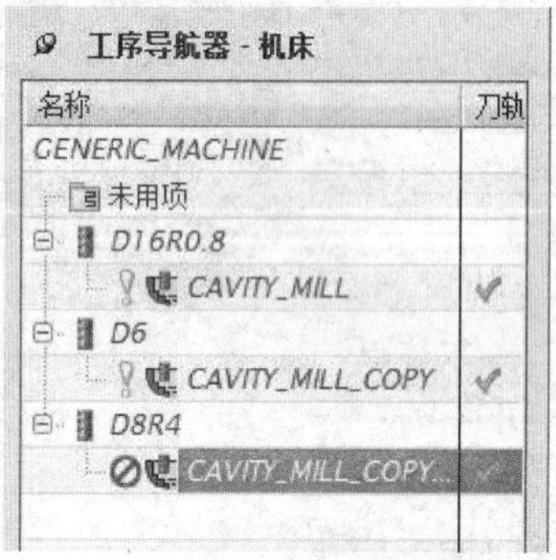

图 3-62

(5)单击重新生成刀轨。单击验证刀轨,加工结果如图 3-63 所示,单击“确定”并保存刀轨。

图 3-63

思考题

1.型腔铣有哪些特点?

2.型腔铣能用于精加工吗?

3.型腔铣必须定义毛坯吗？

4.二次粗加工有几种方法？各有什么特点？

练习题

3.1 打开如图 3-64 所示模型零件(x:\parts\third\cavity_milling_ex1.prt),使用型腔铣完成粗加工,再分别使用 3 种残料加工方法完成二次粗加工。

3.2 打开如图 3-65 所示模型零件(x:\parts\third\cavity_milling_ex2.prt),使用型腔铣完成粗加工,再分别使用 3 种残料加工方法完成二次粗加工。

图 3-64

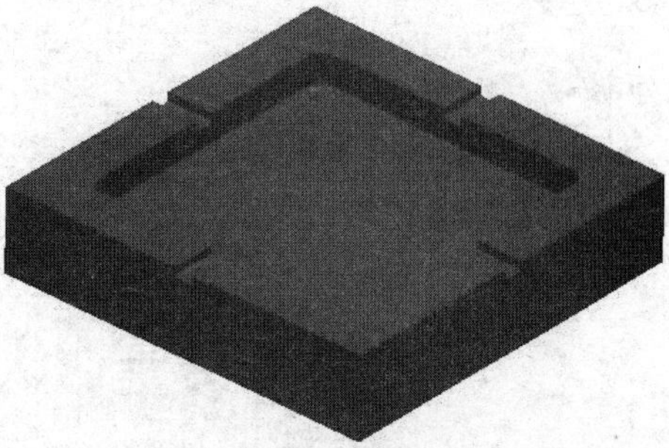

图 3-65

模块四　等高轮廓铣

[任务导读]

1.掌握等高轮廓铣的原理;
2.掌握各切削区域,陡峭角,混合等参数设置;
3.掌握等高轮廓铣工序应用。

任务一　认识等高轮廓铣

1.等高轮廓铣(Zlevel Profile Milling)概述

等高轮廓铣与型腔铣一样,在与 XY 平面平行的平面上创建刀轨,刀轨为水平层状,切削层垂直于刀具轴线,每一切削层都切削到零件轮廓,其主要特点如下:

(1)等高轮廓铣用于切除零件表面上的少许余量,以达到零件的半精加工要求或最终精加工要求。

(2)等高轮廓铣可以指定陡峭空间范围,限定只加工陡峭区域。

(3)等高轮廓铣可以设置更加丰富的层间连接策略。

(4)等高轮廓铣不需要毛坯,可以直接针对部件几何体生成刀轨。

等高轮廓铣可以加工任意表面轮廓,通常用于半精加工和精加工"陡峭"模型。它通过多个切削层来加工零件实体轮廓与表面轮廓。图 4-1、图 4-2 是典型零件等高轮廓铣刀轨示意图。

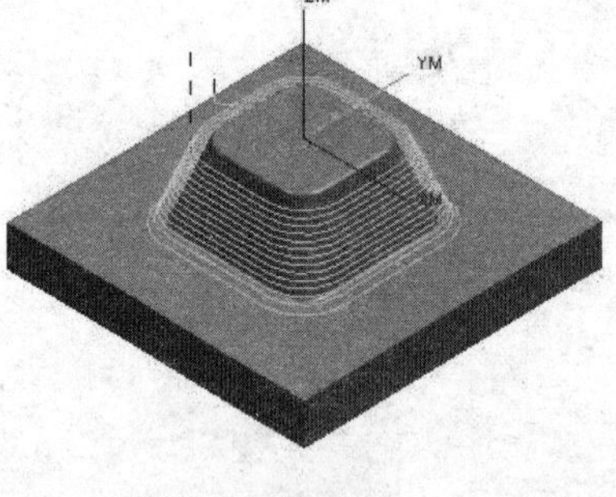

图 4-1

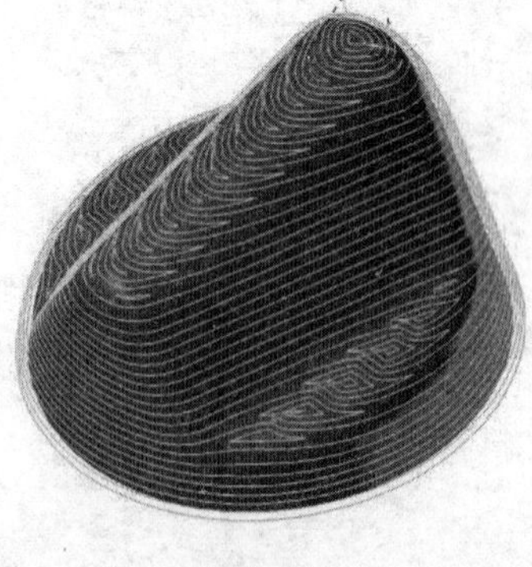

图 4-2

等高轮廓铣创建工序可使用球刀、圆角立铣刀或平底立铣刀,如图 4-3、图 4-4 所示。

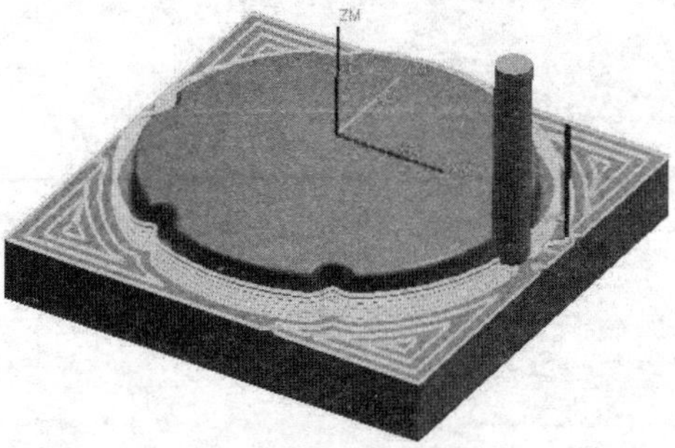

图 4-3

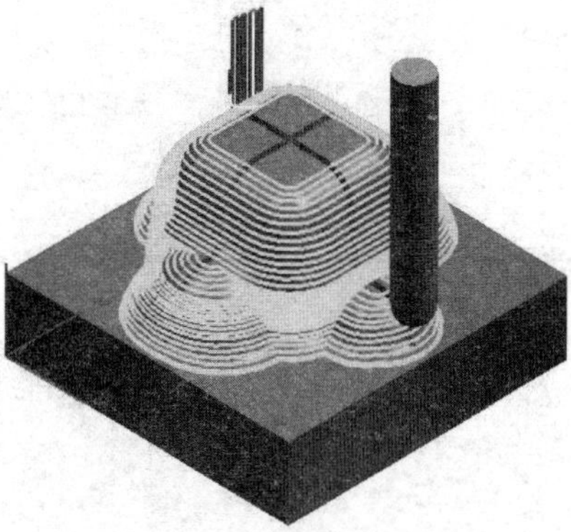

图 4-4

2. 等高轮廓铣工序子类型

等高轮廓铣工序有两种子类型，如图 4-5 所示，每一种都有其特点和用法，用户可根据以下介绍和零件的加工要求，选择一种较为合适的工序子类型创建工序。另外，如果这些工序子类型不能满足要求，用户还可以根据自己的加工特点，创建新的工序子类型。

图 4-5

ZLEVEL_PROFILE：等高轮廓铣，以等高层状刀轨加工零件表面，可加工零件所有表面，也可通过指定切削区域只加工部分表面，还可通过设置切削参数只加工陡峭表面或非陡峭表面。

ZLEVEL_CORNER：拐角等高精加工，清理角落部位的深度加工轮廓。可以设置参考刀具和陡峭角度，精加工大于陡峭角度指定的拐角表面。

任务二　等高轮廓铣创建与应用

1.创建等高轮廓铣工序步骤

与创建型腔铣工序的步骤相同，其主要内容包括创建/编辑父节点、创建工序（选择工序子类型和指定父节点）以及设置工序参数，如图 4-6 所示。其中父节点包括程序、刀具、几何体和方法。若父节点没有预先创建或编辑，这并不影响工序的创建，因为在工序对话框中父节点仍可创建或编辑。

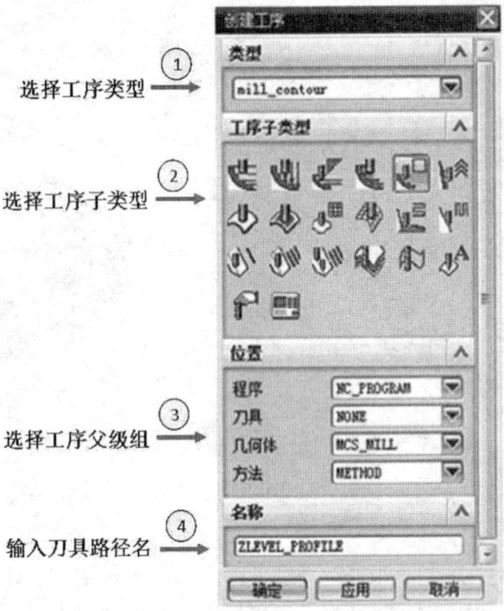

图 4-6

2.设置工序参数

如图 4-7、图 4-8 所示,从工序对话框看,等高轮廓铣的大部分选项与型腔铣是相同的,在几何体中,没有“指定毛坯”项。而在刀轨设置中,不需选择“切削模式”,增加了“陡峭空间范围”“合并距离”“最小切削长度”等选项。另外在切削参数的选项中也有部分选项有所不同。

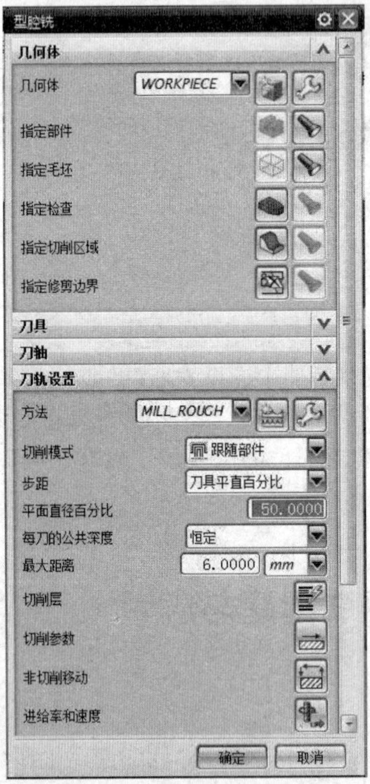

图 4-7

图 4-8

(1)切削区域:是指零件上的一部分区域或者是零件的全部区域。指定切削区域的主要目的在于:可以实现局部的粗加工或者局部的精加工以及局部的清角加工。可以使用片体、小平面体、面方式进行选择,一般使用默认的面来定义。如果没有定义部件几何体,而直接定义指定切削区域,生成刀轨时,系统就会弹出如图 4-9 所示的报警对话框。

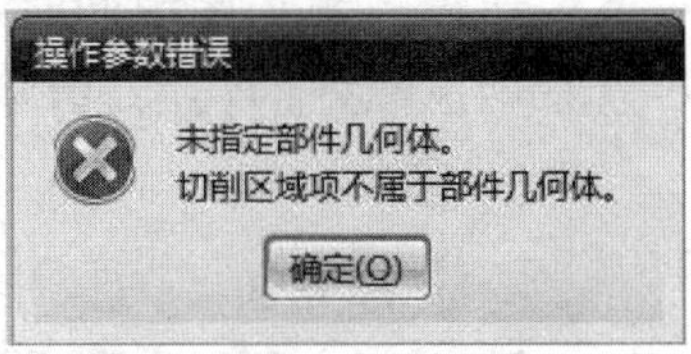

图 4-9

(2)陡峭空间范围:为了提高工件表面加工质量,使陡峭面和曲面分开各自使用最适合的方法进行加工,等高轮廓铣设置"陡峭空间范围"。零件上一点的陡峭角度,是由刀轴与零件表面法向夹角来定义,陡峭区域是指零件上陡峭度大于等于指定陡峭度的区域,及陡峭度把切削区域分割成陡峭区域与非陡峭区域,如图 4-10 所示。陡峭空间范围选择"仅陡峭的"只加工大于或等于此角度的区域表面,选择"无" 即加工整个零件或者选定的区域中的所有大于零度轮廓曲面,但不会加工零度的平面。65°是系统默认的,在实际加工中,一般会根据工件的具体要求来设定。一般可设为 47°~65°之间。

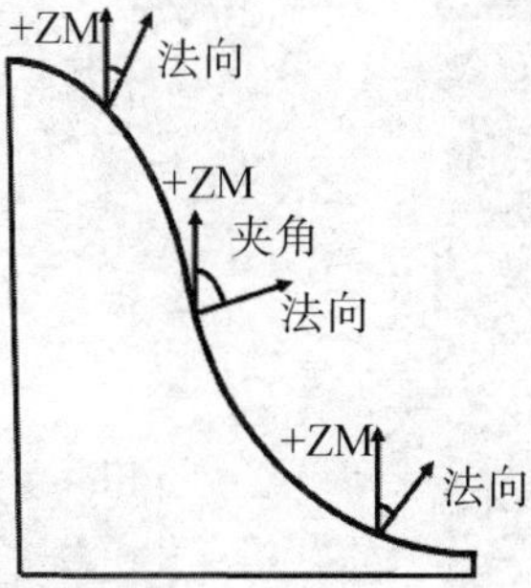

图 4-10

(3)合并距离:如果两个相邻的陡峭区的边界接近点之间的距离小于在此处输入的合并距离,这两个区域被融合为一个区域。可以消除小的不连续的和不必要的间隙,在练习 4.1 中如图 4-19、图 4-20 所示。注意,合并距离值不能大于加工所用的刀具直径的 100%,否则生成的刀轨将不可靠或者根本不起作用。

(4)最小切削长度:是指如果在切削的区域内,存在其长度小于此处输入的长度值的刀轨段,系统就不会在此处生成这段刀轨。

(5)混合:混合铣是顺铣和逆铣互相交替进行,减少抬刀,同时配合使用深度优先的切削顺序,可以大大地提高了加工的效率。这种加工策略对工件的表面质量产生一定影响,在表面质量要求特别高的情况下,不提倡这种策略。

(6)使用传递的方法:传承使用非切削移动中的进退刀参数,一般情况下在粗加工中使用,因为有毛坯料的存在,所以传递的方法比较安全。

(7)直接对部件:直接从上层移刀到下一层,对部件直接下刀。因为直接下刀会在零件的表面留下刀痕,直接对部件使用在半精加工中,没有表面质量的要求,只是加工出均匀的余量以给精加工做准备;直接对部件不适合开粗加工,也不适合封闭的区域,一般仅用于开放的区域。

(8)在层之间切削:可以在一个等高轮廓铣工序中同时对陡峭区域和非陡峭区域加工。在等高加工中的切削层间存在间隙时创建额外的切削,消除留在浅区域中的非常大的残余高度。

任务三　等高轮廓铣刀轨设置

练习 4.1

【目的】创建等高轮廓铣工序,理解和掌握基本工序参数的设置。

Step 1 打开零件。

Open→x:\parts\ fourth \Zlevel_Profile_1.prt。

Step 2 单击,打开工序导航器对话框,单击,打开创建工序对话框,选择如图 4-11 所示设置。单击“确定”,进入深度加工轮廓对话框,单击,生成如图 4-12 所示刀轨。

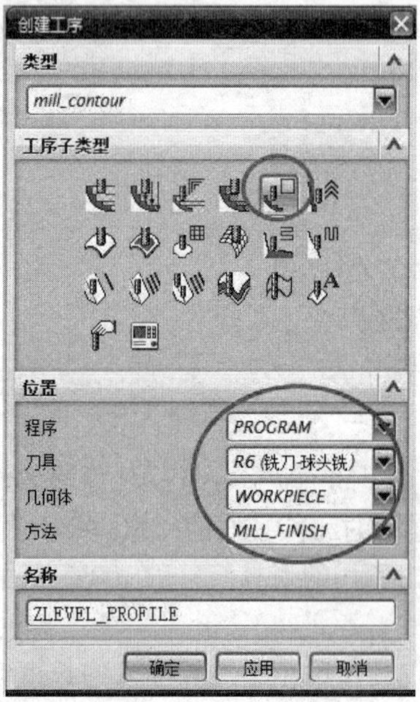

图 4-11

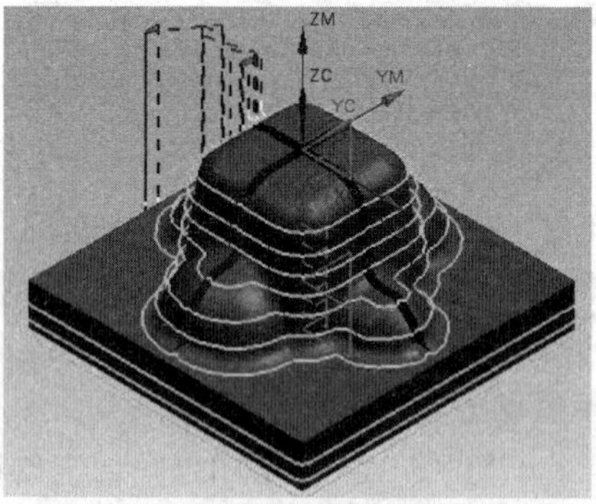

图 4-12

Step 3 单击,框选如图 4-13 所示区域,单击“确定”。在“刀轨设置”中的“最大距离”设置“0.3 mm”,如图 4-14 所示。

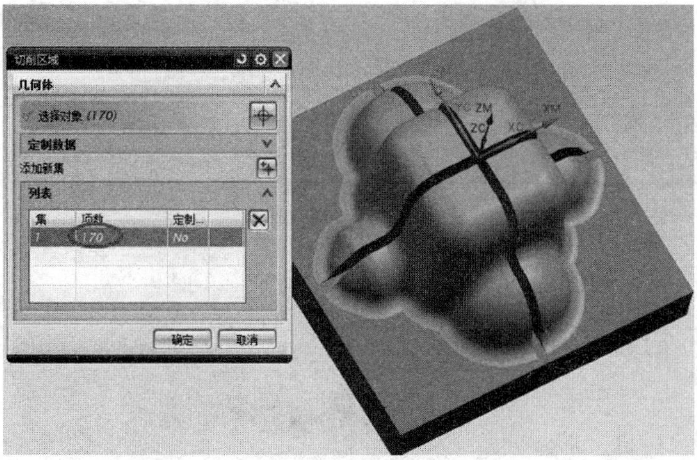

图 4-13

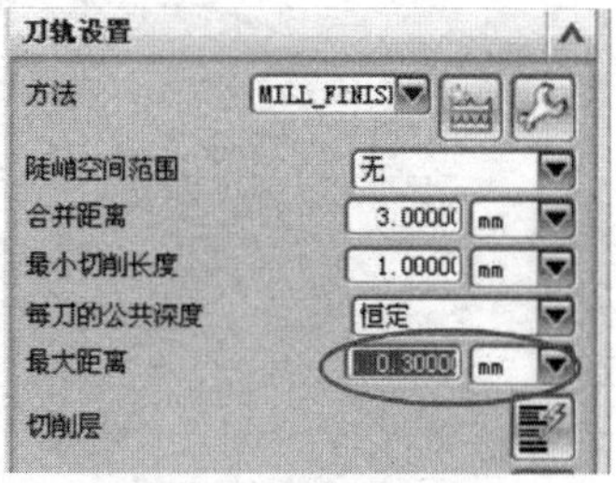

图 4-14

Step 4 设置切削参数。单击，设置如图 4-15 和图 4-16 所示的切削参数，单击“确定”。

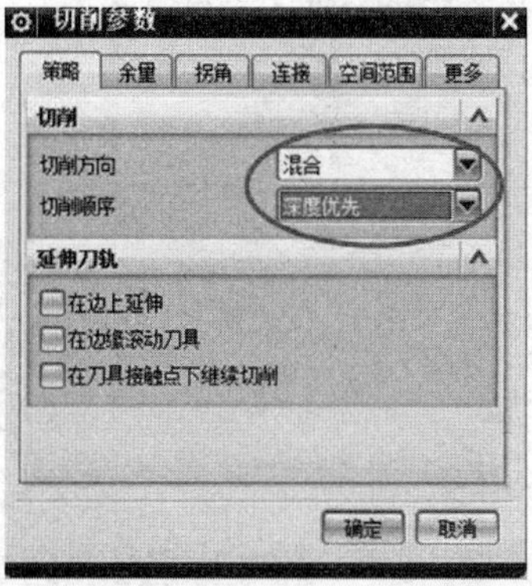

图 4-15

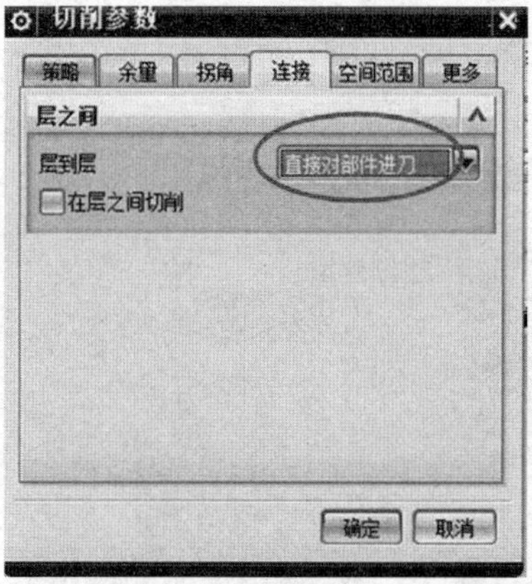

图 4-16

Step 5 设置非切削参数。单击，设置如图 4-17 和图 4-18 所示的非切削参数，单击“确定”。

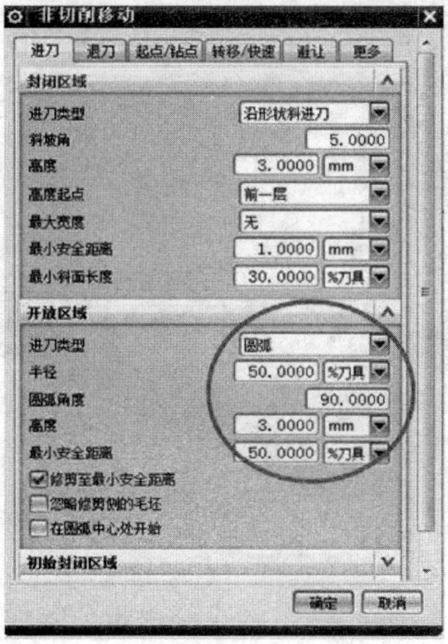

图 4-17

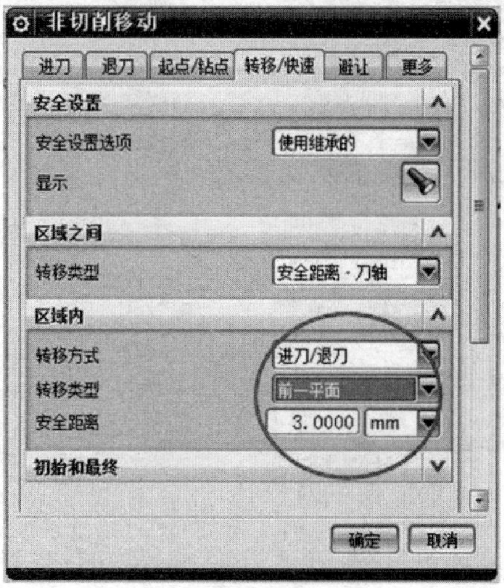

图 4-18

Step 6 生成刀轨。单击 ,生成如图 4-19 所示的刀轨。注意观察可见刀轨不连续,若在工序对话框中,把“合并距离”设置为“4”,重新生刀轨,结果如图 4-20 所示,刀轨连续。

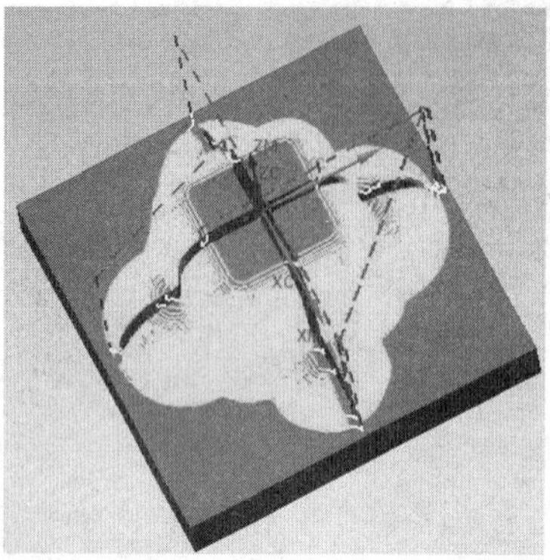

图 4-19

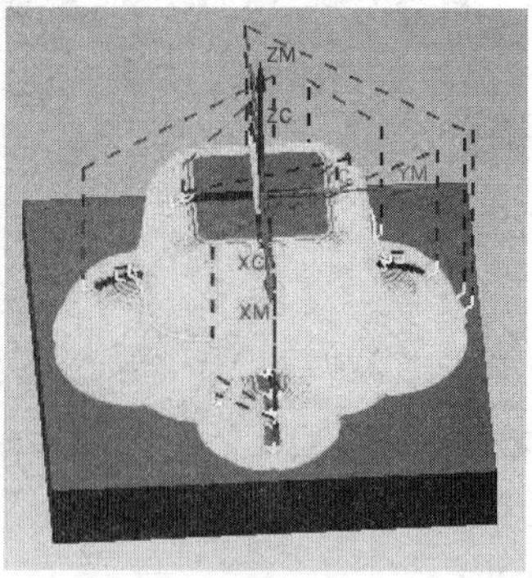

图 4-20

Step 7 设置切削层参数。在工序对话框中,单击 ,打开切削层对话框,设置如图 4-21 所示的参数,单击 ,重新生成如图 4-22 所示的刀轨,在平坦的表面(箭头所指)增加了刀轨数量,这样加工结果更好。

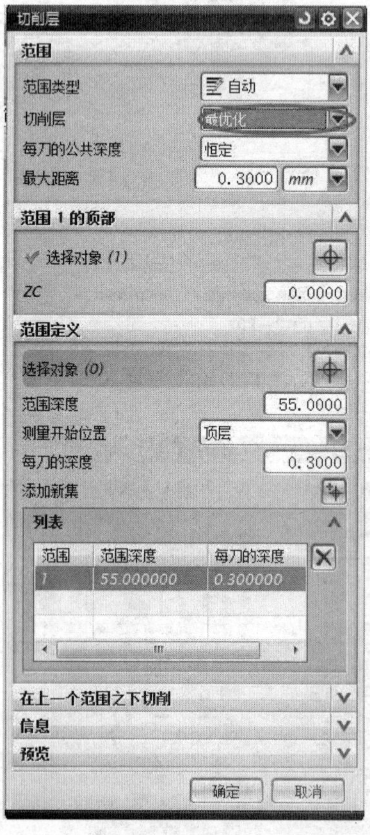

图 4-21

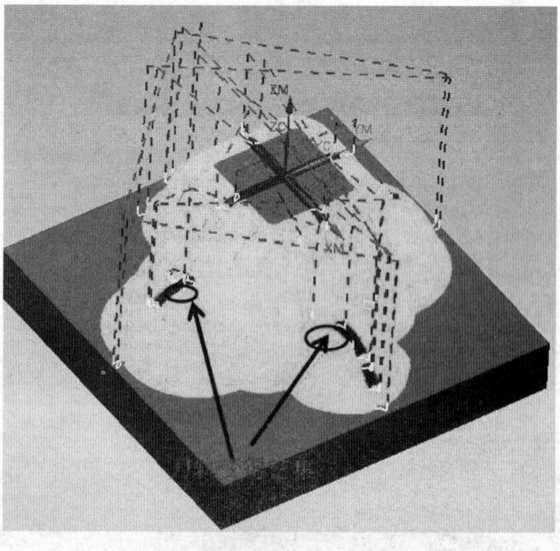

图 4-22

Step 8 单击 ,验证刀轨,显示如图 4-23 所示的加工结果:红色的点是由于公差设置引起的。单击 ,保存工序。

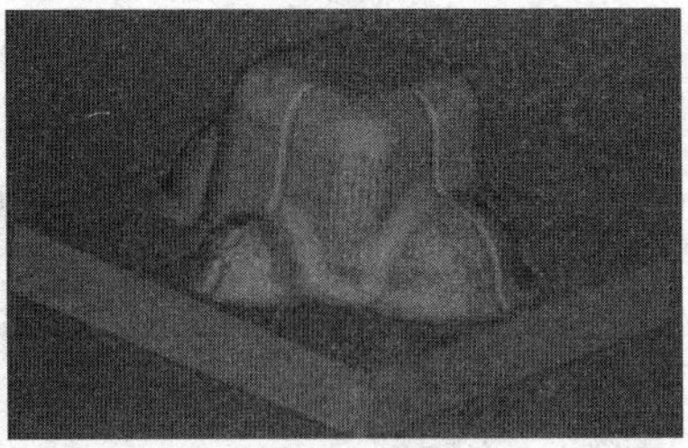

图 4-23

练习 4.2

【目的】使用等高轮廓铣工序子类型加工陡峭曲面,掌握陡峭角的设置。

Step 1 打开零件。

Open→x:\parts\ fourth \zlevel_profile_2.prt。

Step 2 运行加工模块,进入到型腔铣加工环境。

Step 3 切换到几何视图,将工作坐标系定位在零件的最高中心位置,加工坐标系与工作坐标重合,指定安全平面 Z=10;选择零件图形作为指定部件,定义指定毛坯为“包容块”,如图4-24所示。

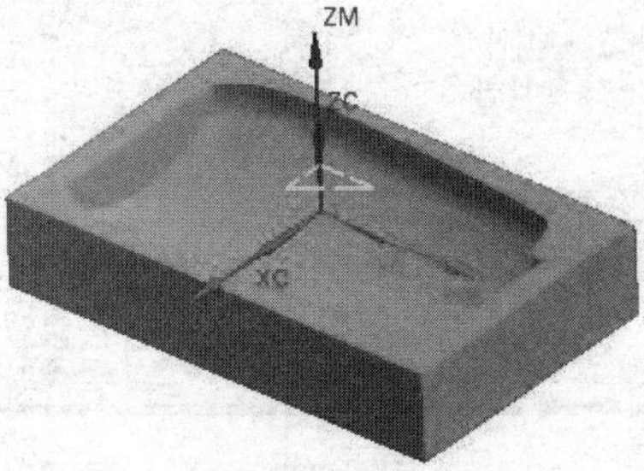

图 4-24

Step 4 创建型腔铣工序,单击,设置如图 4-25 和 4-26 所示的工序参数。

图 4-25

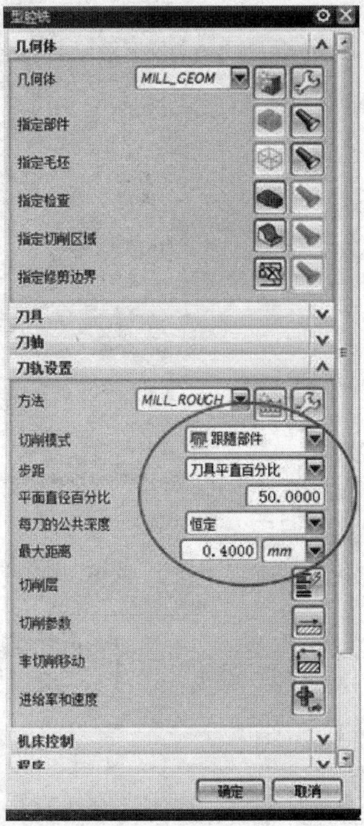

图 4-26

Step 5 单击"确定",设置如图 4-27、图 4-28、图 4-29 所示的切削与非切削参数,"余量"选项设置,其他参数使用默认值。

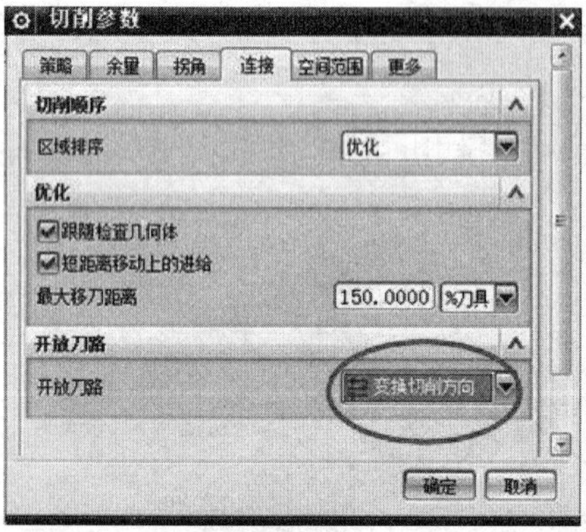

图 4-27

图 4-28

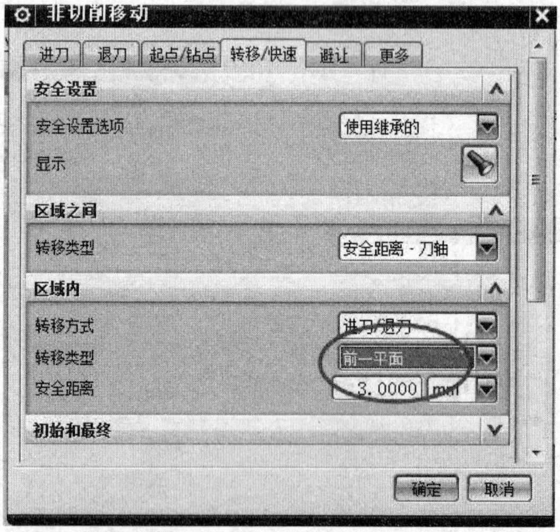

图 4-29

Step 6 单击生成刀轨,显示如图 4-30 所示,完成粗加工。

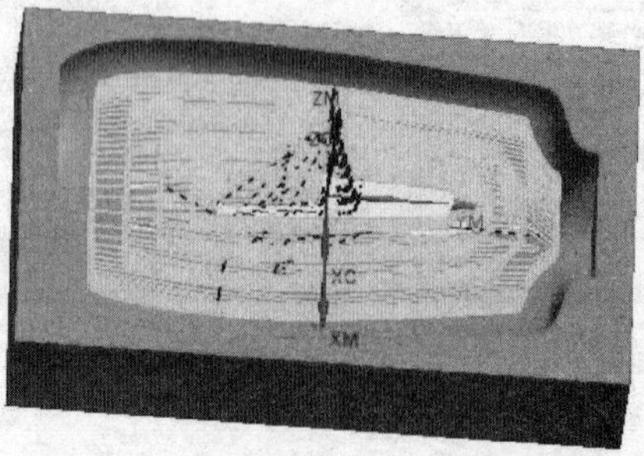

图 4-30

Step 7 单击，创建如图 4-31 所示的几何体，单击“确定”。

图 4-31

单击“指定切削区域”，选择如图 4-32 所示的加工表面，再单击“确定”。

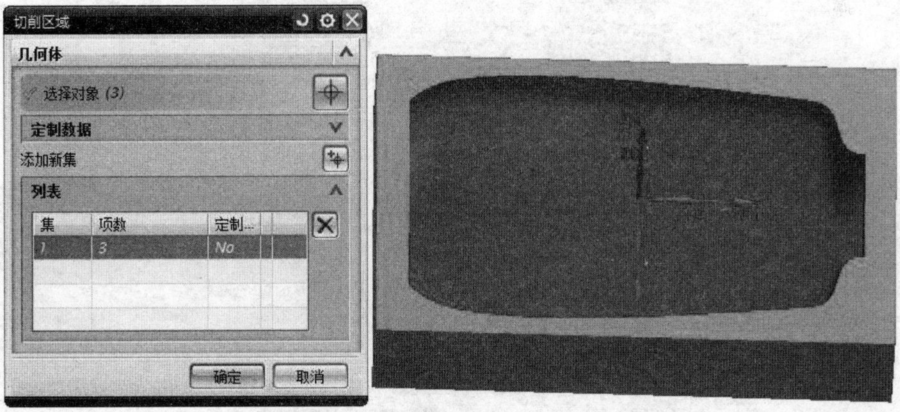

图 4-32

Step 8 创建加工陡峭轮廓区域工序。

单击，选择如图 4-33 所示的工序子类型和父节点。

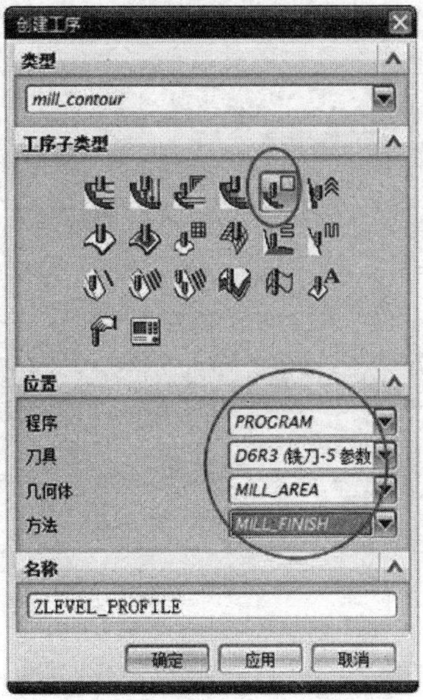

图 4-33

单击“确定”,打开创建工序对话框,设置如图 4-34 所示的参数。

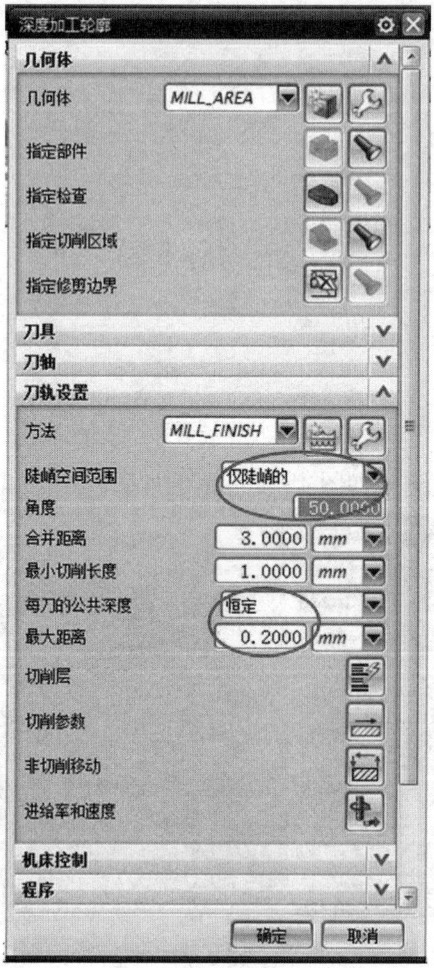

图 4-34

Step 9 生成刀轨。单击生成刀轨,结果如图 4-35 所示。试改变陡峭角大小并生成刀轨,观察其切削范围的变化情况。

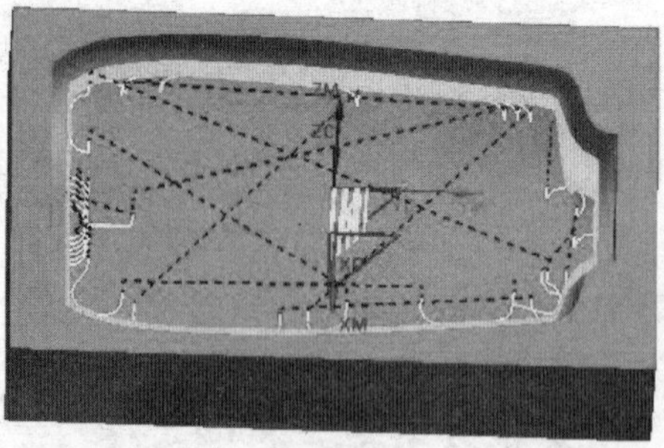

图 4-35

练习 4.3

【目的】创建拐角加工工序,掌握粗精加工拐角 2 种工序子类型的用法及区别。

Step 1 打开零件。

Open→x:\parts\fourth\zlevel_profile_3.prt。

Step 2 验证刀轨。单击,打开工序导航器对话框,双击“CAVITY_MILL”,打开工序对话框。

单击验证刀轨,显示如图 4-36 所示的加工结果:拐角余量较多。

图 4-36

Step 3 创建拐角精加工工序。

单击,选择如图 4-37 所示的工序子类型和父节点。

Step 4 单击“确定”,打开工序参数设置对话框,设置如图 4-38 所示的参数,注意比较与粗加工拐角的不同。

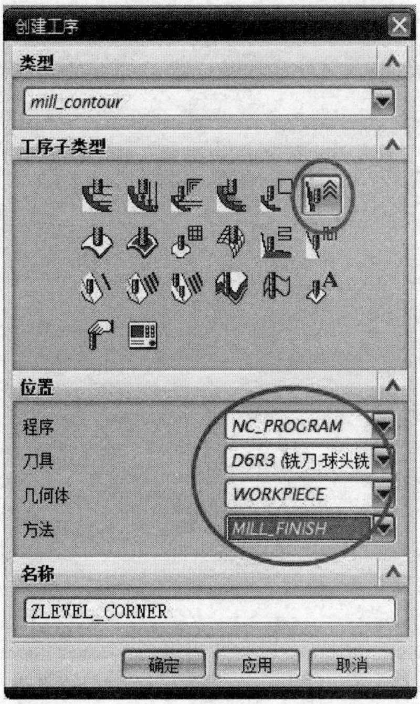

图 4-37

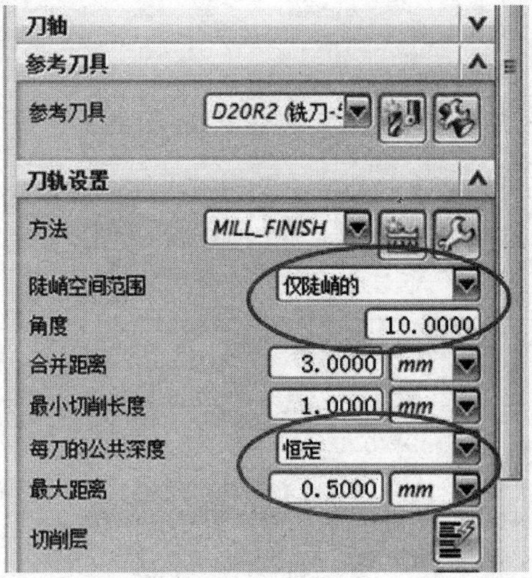

图 4-38

Step 5 生成刀轨。单击生成刀轨,如图 4-39 所示,单击“确定”,再保存工序。

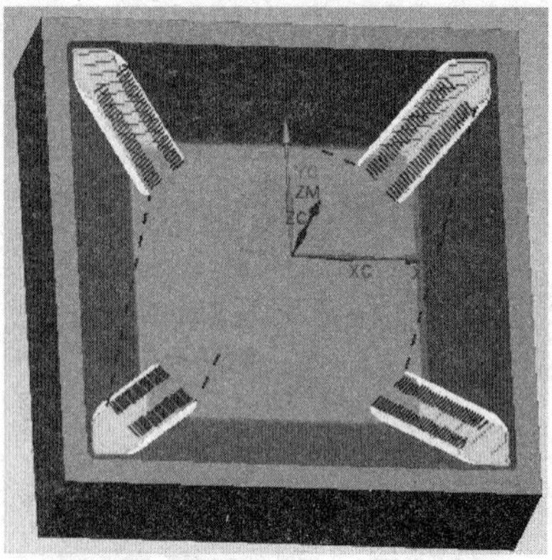

图 4-39

练习 4.4

【目的】创建型腔铣和等高轮廓铣工序,掌握参数设置。

Step 1 打开零件。

Open→x:\parts\ fourth\Zlevel_Profile_4.prt。

Step 2 切换到几何视图,将工作坐标系定位在零件的最高中心位置,加工坐标系与工作坐标重合,指定安全平面 Z=10;选择零件图形作为指定部件,定义指定毛坯为“包容块”,如图 4-40所示。

Step 3 创建型腔铣工序,单击,设置如图 4-41 所示父级组参数。

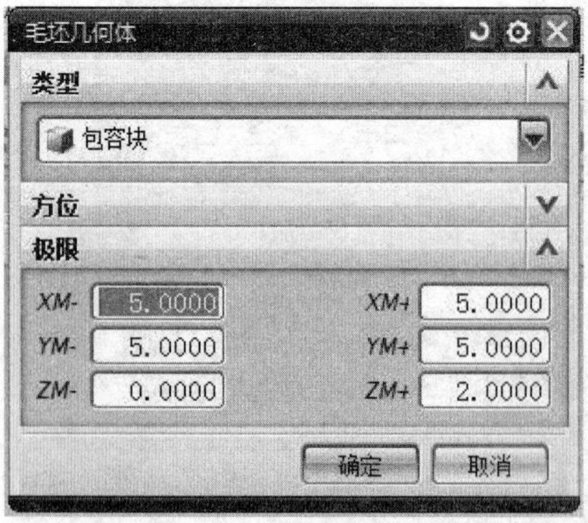

图 4-40

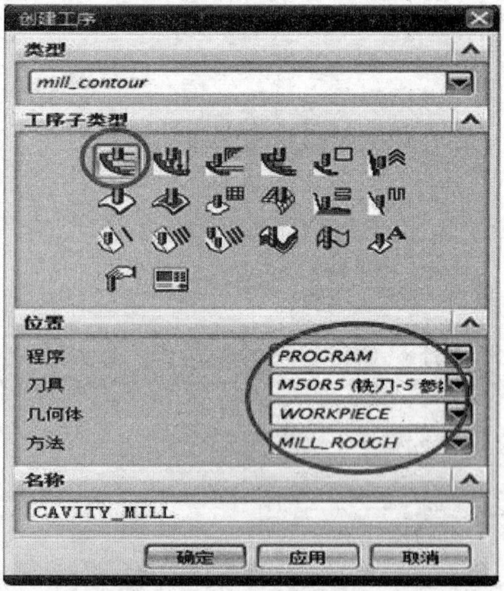

图 4-41

单击“确定”进入工序对话框,设置如图 4-42 所示参数。

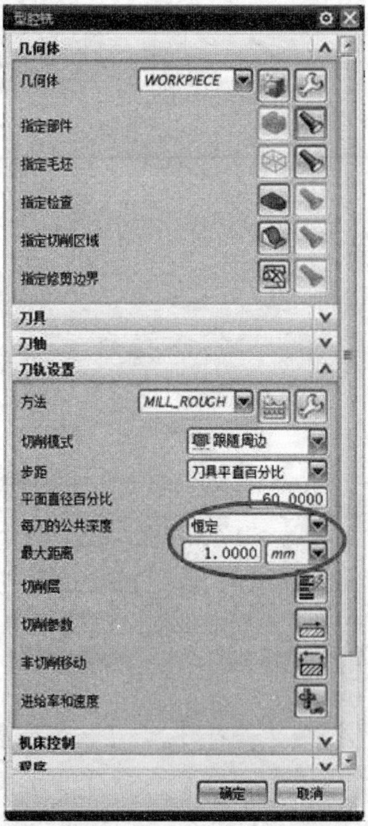

图 4-42

Step 4 单击“确定”,设置如图 4-43、图 4-44 所示的切削与非切削参数,其他参数使用默认值。

图 4-43

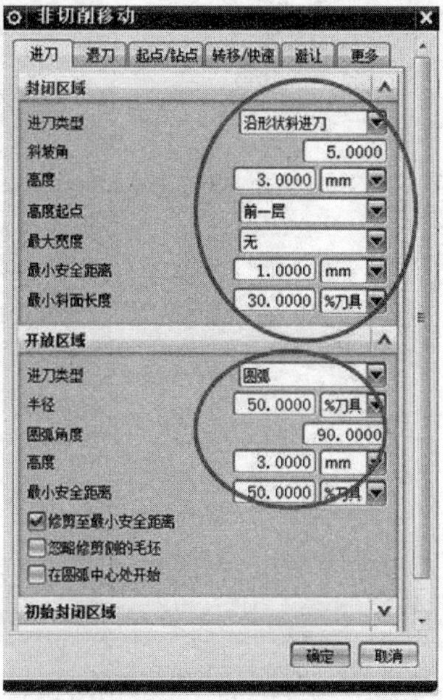

图 4-44

Step 5 生成刀轨。单击生成刀轨，显示如图 4-45 所示，完成粗加工。

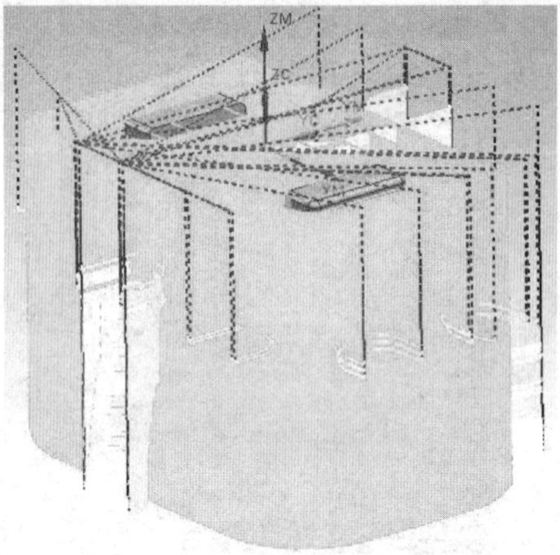

图 4-45

Step 6 切换到机床视图，右键单击“CAVITY_MILL”，左键单击“复制”，右键再次单击 M16R1，左键再次单击“内部粘贴”，在 M16R1 刀具下粘贴，创建“CAVITY_MILL_COPY”的工序。双击“CAVITY_MILL_COPY”工序，打开工序对话框，设置如图 4-46 所示参数。

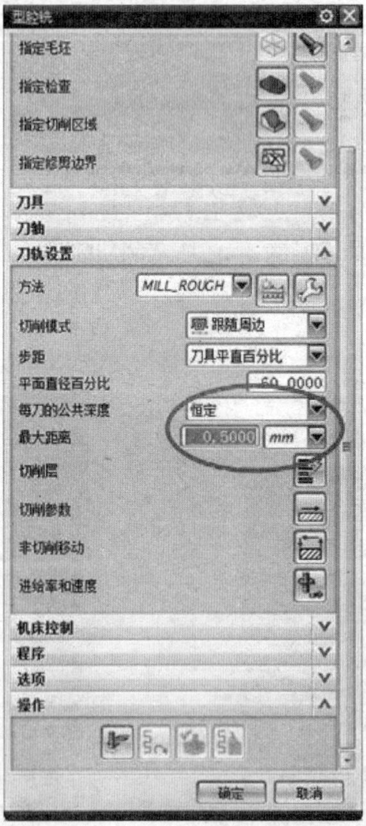

图 4-46

Step 7 单击“确定”，设置如图 4-47、图 4-48、图 4-49 所示的切削与非切削参数，其他参数使用默认值。单击“确定”。

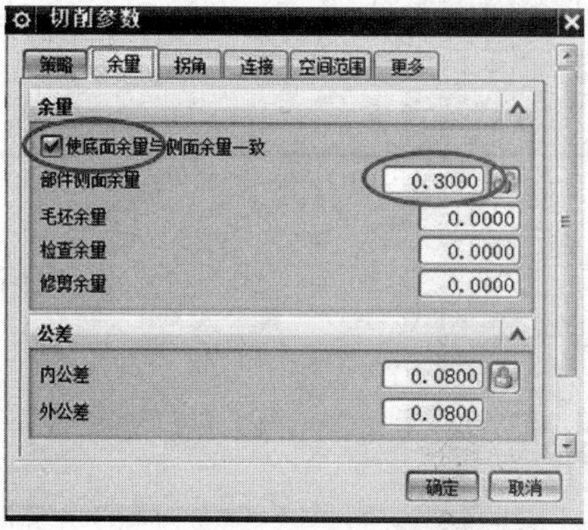

图 4-47

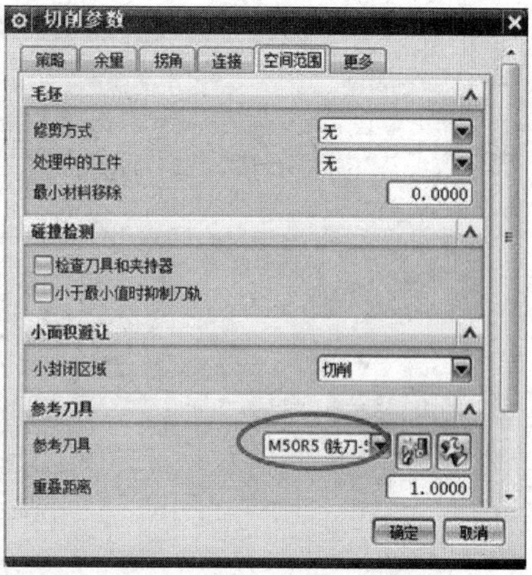

图 4-48

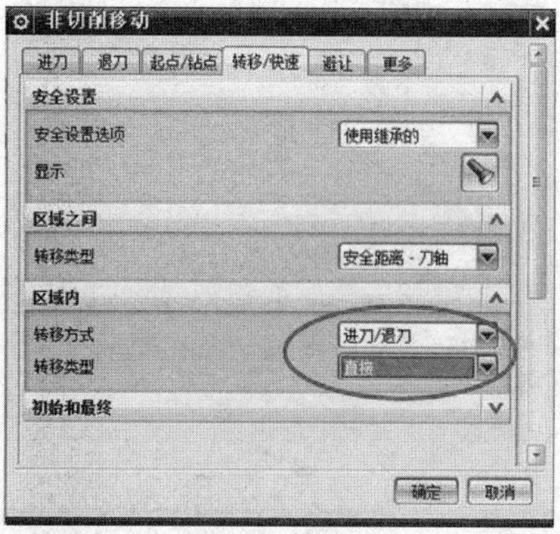

图 4-49

Step 8 生成刀轨。单击生成刀轨,显示结果如图 4-50 所示,完成二次粗加工。

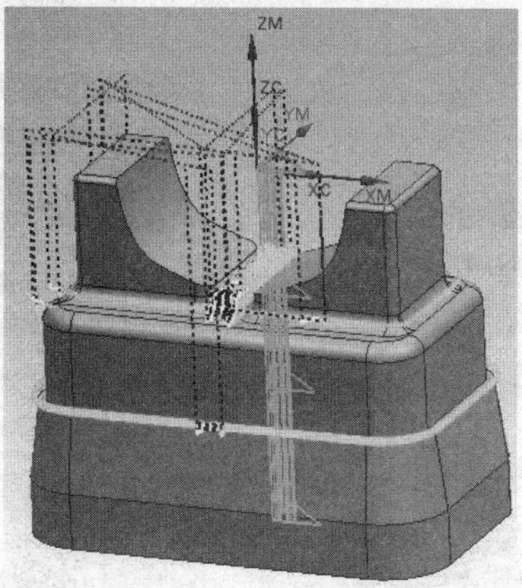

图 4-50

Step 9 切换到机床视图,单击,使用“M16R1”刀具创建等高轮廓铣。单击“确定”,进入深度加工轮廓对话框,设置如图 4-51 所示。

图 4-51

Step 10 设置切削参数、非切削参数。单击,设置如图 4-52、图 4-53、图 4-54 所示的切削参数,单击“确定”。

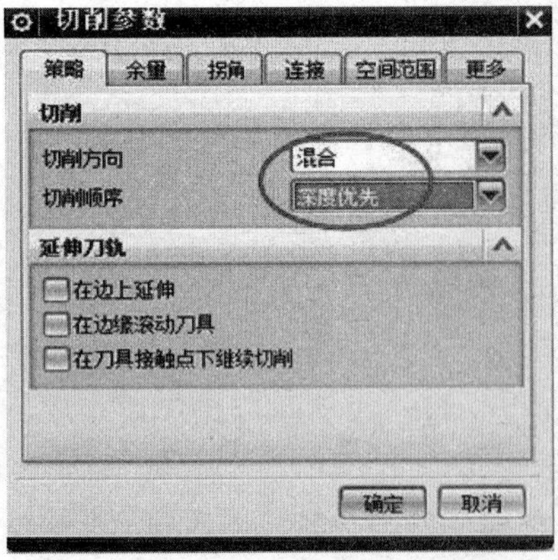

图 4-52

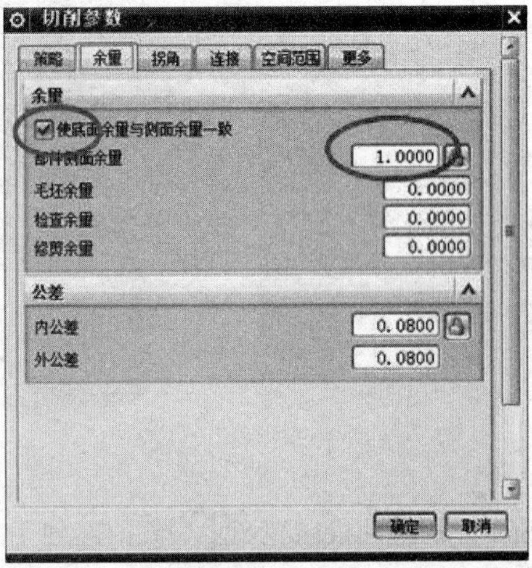

图 4-53

单击，设置如图 4-55 的非切削参数，单击“确定”。

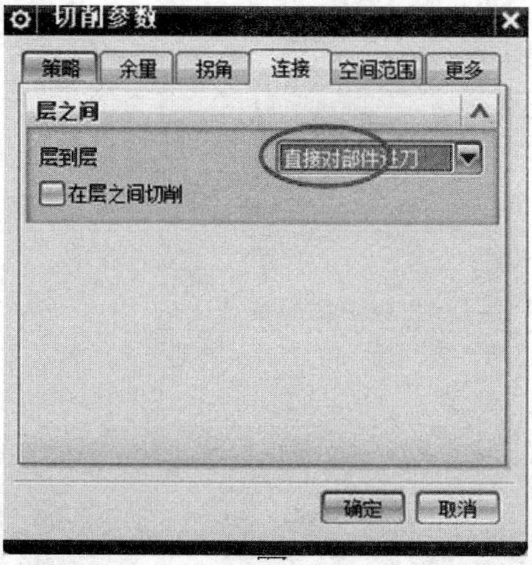

图 4-54

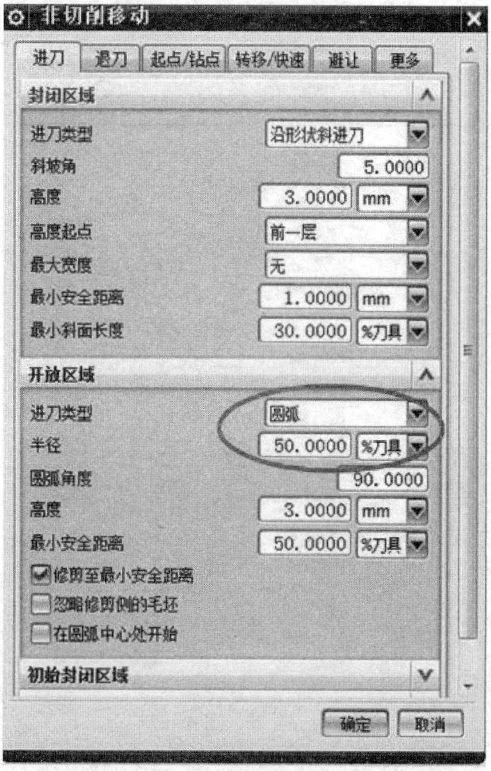

图 4-55

Step 11 单击，单击，验证刀轨，如图 4-56 所示，完成半精加工。

图 4-56

Step 12 单击，使用“M6”刀具创建等高轮廓铣。单击“确定”，进入深度加工轮廓对话框，设置如图 4-57 所示的参数。单击，打开切削层对话框，设置如图 4-58 所示的参数。

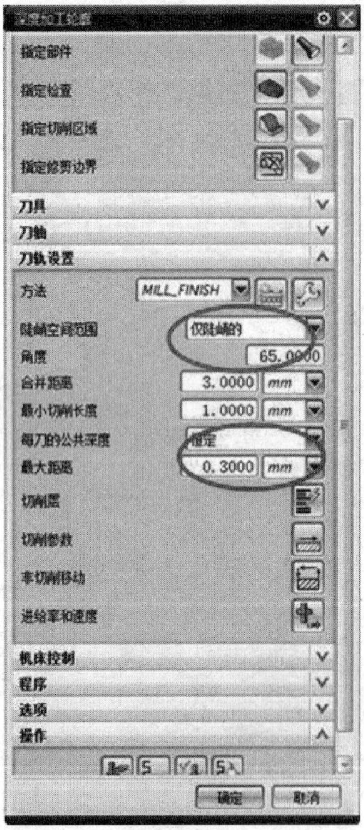

图 4-57

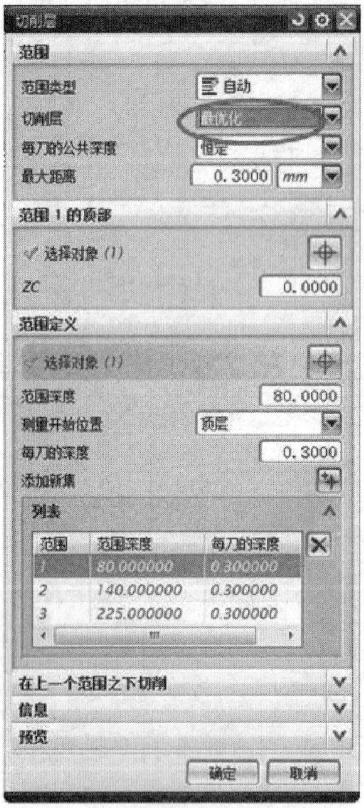

图 4-58

Step 13 设置切削参数、非切削参数。

单击，设置如图 4-52、图 4-54 所示的切削参数，单击“确定”。单击，设置如图 4-55 的非切削参数，单击“确定”。

Step 14 单击，生成如图 4-59 所示刀轨，单击验证刀轨，如图 4-60 所示，完成精加工。但图中部分区域没有加工到位，这些区域的加工要利用“固定轴轮廓铣”和“平面铣”，单击，保存工序。

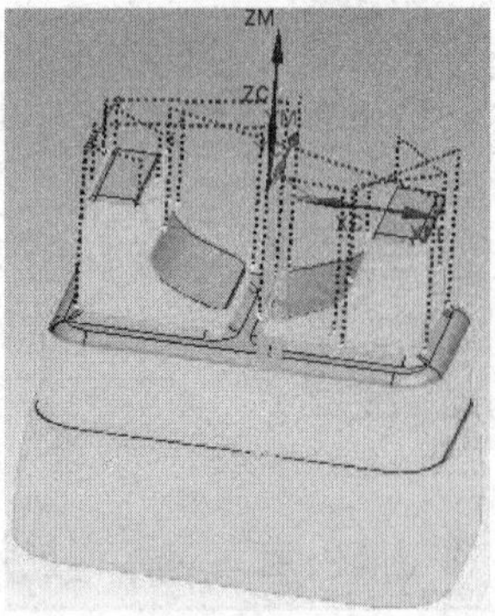

图 4-59

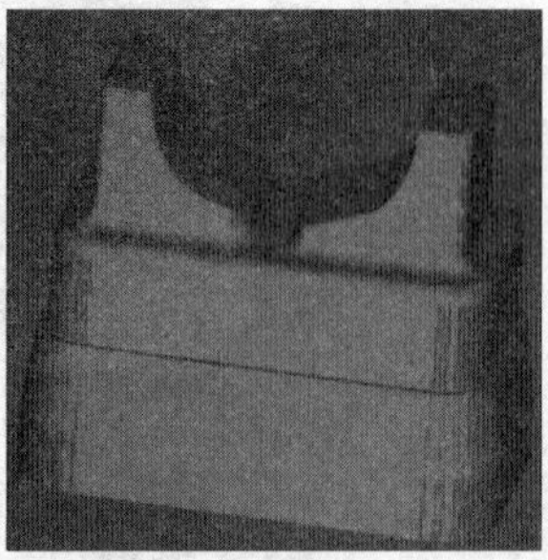

图 4-60

思考题

1. 等高轮廓铣有哪些特点？

2.等高轮廓铣能用于粗加工吗？

3.定义等高轮廓铣的几何体时，必须指定毛坯吗？

4.等高轮廓铣中层之间切削的含义是什么？把图 4-54 中的“在层之间切削”打上“√”，观察重新生成的刀轨，比较有什么不同？

5.等高轮廓铣工序中的最小切削长度和合并距离各是什么含义？

练习题

4.1 打开如图 4-61 模型零件（Open→x：\parts\ fourth\Zlevel_Profile_ex1.prt），使用型腔铣完成粗加工，再使用等高轮廓铣完成半精加工和精加工。

4.2 打开如图 4-62 模型零件（Open→x：\parts\ fourth\Zlevel_Profile_ex2.prt），使用型腔铣完成粗加工，再使用等高轮廓铣完成半精加工和精加工。

图 4-61

图 4-62

模块五　固定轴曲面轮廓铣

[任务导读]

1.掌握固定轴曲面轮廓铣的原理;

2.掌握区域驱动,边界驱动,曲线驱动,螺旋驱动,径向驱动,清根驱动,流线驱动,刻字驱动各种工序的创建方法;

3.掌握各种驱动工序的刀轨参数设置;

4.掌握固定轴曲面轮廓铣的应用。

任务一　认识固定轴曲面轮廓铣

一、固定轴曲面轮廓铣概述

1.固定轴曲面轮廓铣原理

固定轴曲面轮廓铣属于三轴联动加工,是固定轴三轴铣削中的最高级的加工方式。刀具轴方向始终为固定矢量方向,在复杂曲面上产生精密的刀具路径,刀轨随曲面而变化,精确地沿着几何的轮廓切削,有效地去除多余的材料。不同于型腔铣和平面铣的水平层状刀轨。图 5-1 和图 5-2 分别是典型曲面的加工刀轨和验证实例。

固定轴曲面轮廓铣主要用于曲面的半精加工和精加工,即切削零件表面上的少许余量,以达到零件的最终加工要求。

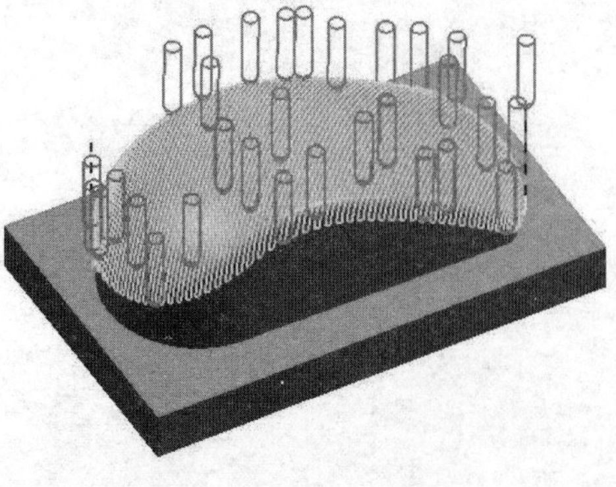

图 5-1

图 5-2

2.投影法

固定轴曲面轮廓铣是由指定的驱动方法(驱动方法决定选择使用的驱动的几何体),创建驱动几何,再由驱动几何生成驱动点产生一次刀轨,系统将驱动点沿刀具轴线方向投影到零件几何表面上,同时考虑刀具的真实形状,刀具沿投影点运动生成二次刀具轨迹,如图 5-3 所示。

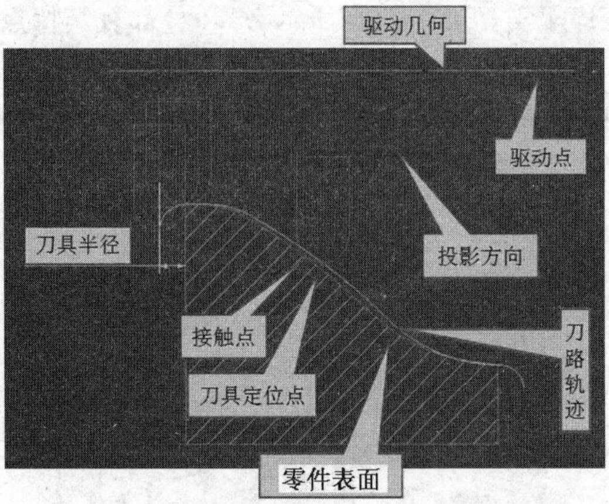

图 5-3

图 5-4 和图 5-5 是使用螺旋驱动方法创建的刀轨。螺旋驱动先建立如图 5-4 所示的螺旋线作为驱动几何,并在螺旋线上生成无数驱动点,再把驱动点沿刀轴投影到零件表面上,刀具则沿着驱动点并与零件表面接触走刀生成如图 5-5 所示的刀轨。

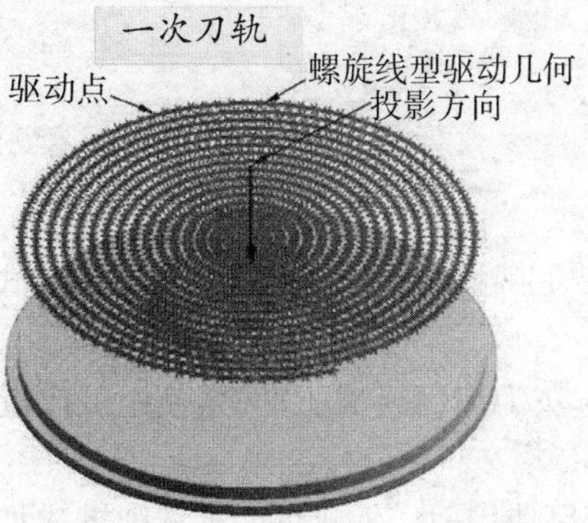

图 5-4

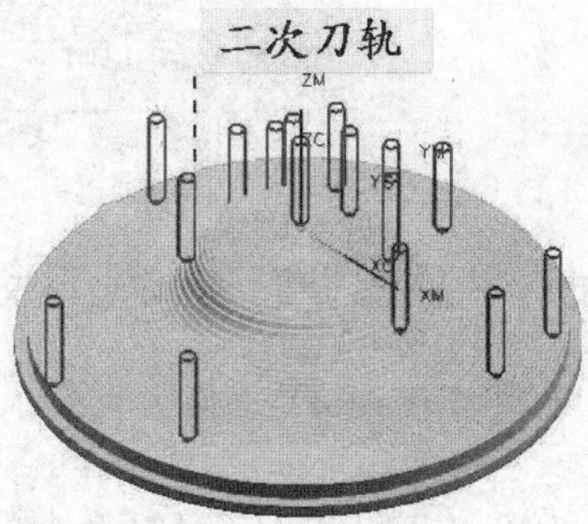

图 5-5

3.投影矢量

在固定轴铣中,默认的投影矢量是固定的“刀轴”的相反方向,而系统默认的刀轴方向是+ZM,也就是-Z 方向,如图 5-6,5-7 所示。但是投射的方向与刀轴方向不一定是一致的,投影矢量可以是刀轴方向也可以不是刀轴方向。投影矢量是用来规定驱动点如何向零件表面上投射,同时决定刀具接触的是零件的哪一侧,如图 5-3,5-4 所示。若投影矢量设置错误,可能产生错误的加工区域,甚至生成不了刀轨。

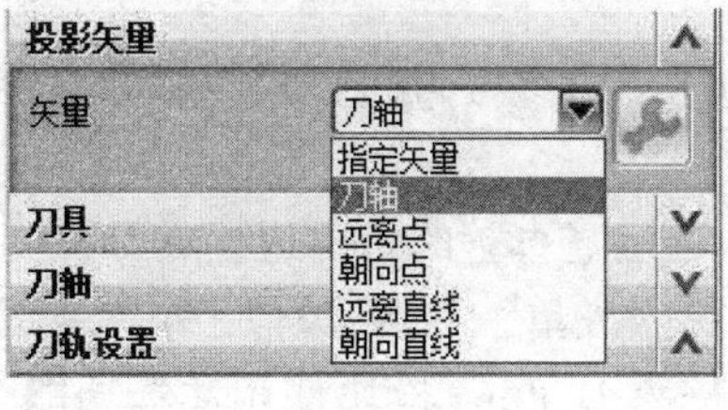

图 5-6

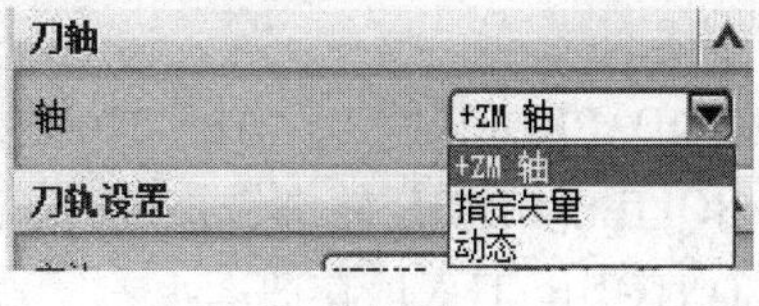

图 5-7

二、固定轴曲面轮廓铣工序子类型

固定轴曲面轮廓铣工序子类型如图 5-8 所示,每一种都有其特点和用法,用户可根据以下的介绍和零件的加工要求选用。若这些工序子类型不能满足要求,用户还可以根据自己的加工特点,创建新的工序子类型。

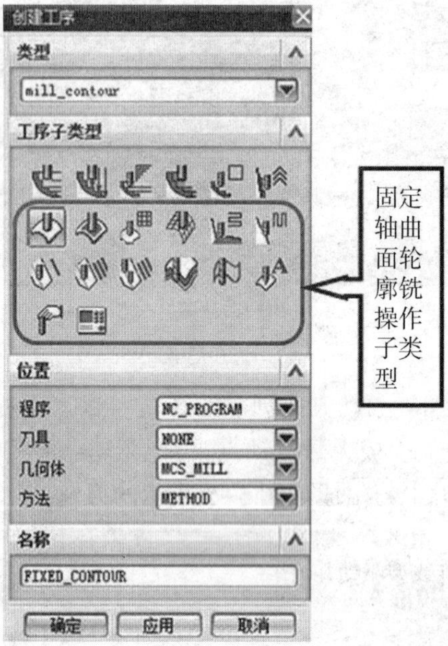

图 5-8

FIXED_CONTOUR:固定轴曲面轮廓铣削,默认的驱动方法为边界驱动,在该模式下可切换到任何一种驱动方式。

CONTOUR_AREA:表面区域驱动,默认驱动方法为表面区域驱动,是使用最广泛的一种驱动方式。

CONTOUR_SURFACE_AREA:曲面区域驱动,可使用固定轴或可变轴铣削方式加工复杂零件。

STREMLINE:流线驱动,用于加工不规则的表面。

CONTOUR_AREA_NON_STEEP:非陡峭区域铣削,默认的驱动方法为表面区域驱动,可指定非陡峭角度(默认 Non Steep=65),用于加工非陡峭区域。

CONTOUR_AREA_DIR_STEEP:方向陡峭区域铣削,与非陡峭相反,用于加工陡峭区域。

FLOWCUT_SINGLE:单次走刀清根,只沿凹角生成单一清根刀轨。

FLOWCUT_MULTIPLE:多次走刀清根,可设置走刀次数(默认走刀次数 Number of Offsets=4),沿凹角生成清根刀轨。

FLOWCUT_REF_TOOL:参考刀具法清根,走刀次数由参考刀具直径等参数决定,是最常用的一种清根方法。

SOLID_PROFILE_3D:3D 实体轮廓加工,沿着选定竖直壁的轮廓边生成刀轨。

PROFILE_3D:3D 轮廓铣加工,沿 2D 或 3D 边界生成单一刀轨,类似于单次走刀清根。

CONTOUR_TEXT:在曲面上刻字,使用时必先进入 Drafting 模块使用注释功能书写字符(包括汉字)。

三、创建固定轴曲面轮廓铣工序步骤

创建固定轴曲面轮廓铣工序的步骤如图 5-9 所示，主要内容包括编辑/创建父节点、创建工序（选择工序子类型和指定父节点）以及设置工序参数。

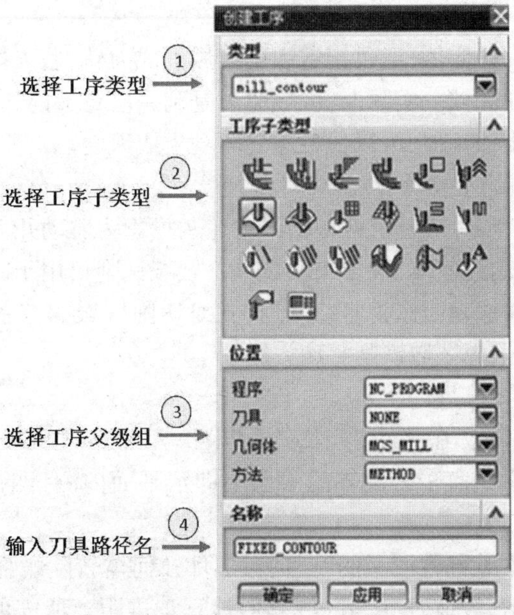

图 5-9

四、驱动方法

固定轴曲面轮廓铣有多种驱动方法：点\曲面、螺旋、边界、区域切削、流线、清根等多种方式，如图 5-10 所示。选择何种驱动方式，与加工的零件表面形状以及复杂程度有关，一旦指定了驱动方法，选择的驱动几何体的类型随着也确定。

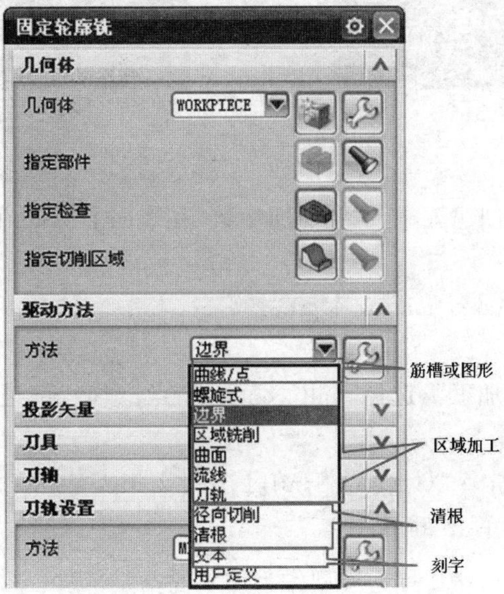

图 5-10

任务二　区域驱动方法创建与刀轨参数设置

1.区域铣削驱动原理

系统将全面检查零件几何体,通过指定切削区域生成刀轨,若未指定切削区,则使用已定义的整个零件几何作为切削区域。实际上,区域驱动是利用已定义的切削区域的外形边界定义切削范围,因此,它与边界驱动相似,可以代替边界驱动生成刀轨。

2.区域铣削驱动方法的主要特点

它系统默认以其整个零件或选定区域的最大轮廓投影为驱动几何体,并且投影矢量为固定的刀轴方向,所以没有驱动几何体,投影矢量选项。区域铣削仅用于固定轴曲面轮廓铣中。

区域驱动直接利用零件表面作为驱动几何,它对切削区域的控制方法灵活多样。因此,在进行曲面加工时,尽可能采用区域铣削驱动方法。

3.切削参数“步距已应用”设置

可以选择“在平面上”或“在部件上”来应用步距。

“在平面上”步进是在垂直于刀具轴的平面上即水平面内测量的,如图 5-11 所示,适用于坡度改变不大的零件加工。

“在部件上”步进是沿着部件测量的,增加对部件几何体较陡峭部分的刀路,维持实现更紧密的步进,如图 5-12 所示,最适合陡峭区域。但计算步进距离所需的时间比“在平面上”的更长,实际加工的时间也比较长。是否使用“在部件上”要看零件加工的精度要求。

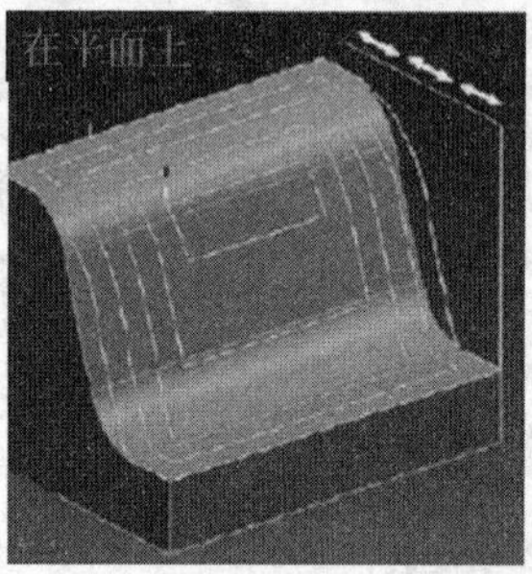

图 5-11

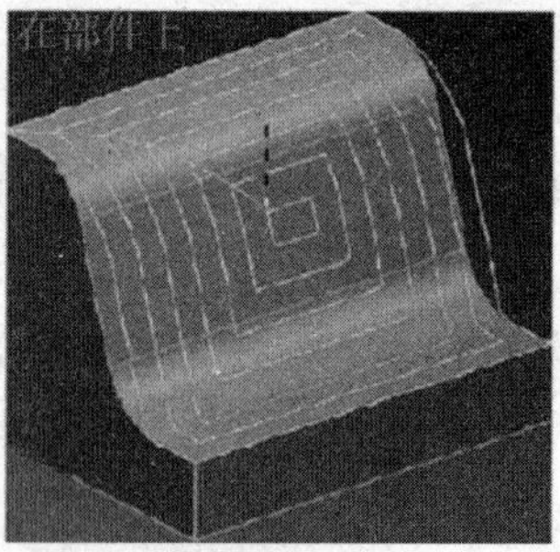

图 5-12

练习 5.1

【目的】使用区域驱动创建工序,掌握切削参数“在平面上”和“在部件上”的用法及区别。

Step 1 打开零件。

Open→X：\parts\fifth\area_milling_1.prt。

Step 2 运行加工模块。

单击“开始”,再单击“加工”,选择“mill_contour”,点击“确定”进入加工环境。

Step 3 创建加工几何体。

单击,切换到几何视图。双击“MCS_MILL”,定义 MCS 与 WCS 重合,同时安全设置选为“平面”,距离设置为“10”,单击“确定”。

双击 WORKPIECE,单击,点击模型作为加工的指定部件;单击,指定毛坯选择“包容块”,单击“确定”。

Step 4 创建刀具。

创建球刀 R6_F,具体过程请参考加工创建章节中的相关内容。

Step 5 创建区域铣削驱动工序。

单击,打开创建工序对话框,选择如图 5-13 所示的工序子类型和父节点。

Step 6 单击“确定”,打开创建工序对话框,如图 5-14 所示。

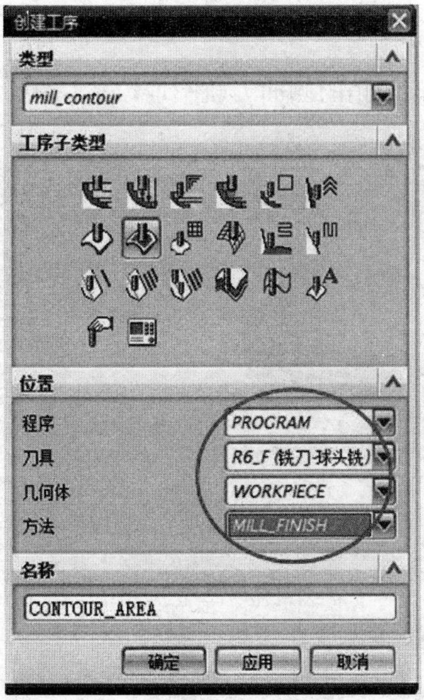

图 5-13

图 5-14

单击切削区域 ,选择如图 5-15 所示的曲面区域,单击“确定”。

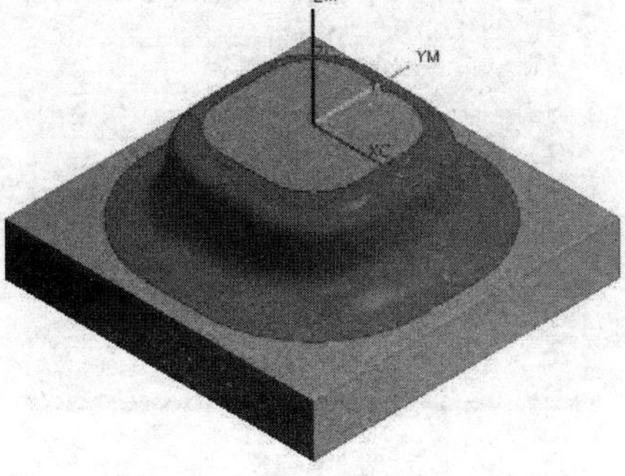

图 5-15

单击，编辑驱动参数，如图 5-16 所示，单击“确定”。

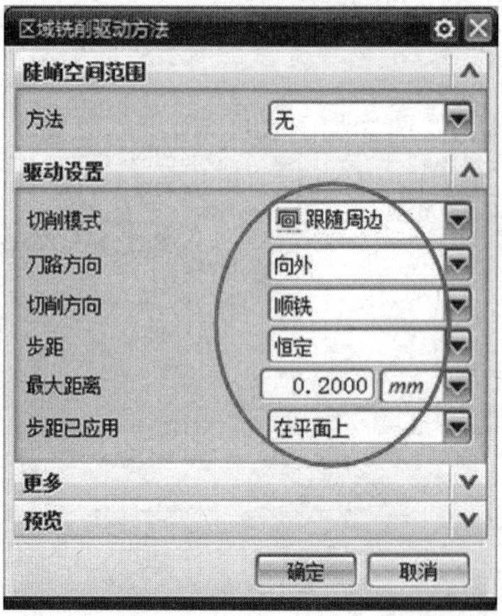

图 5-16

Step 7 生成刀轨。

单击 生成刀轨，如图 5-17 所示。观察发现比较陡峭的侧面刀轨不均匀。

图 5-17

Step 8 使用“在部件上”参数生成刀轨。

在工序对话框中，单击，设置步距已应用为“在部件上”，如图 5-18 所示，单击“确定”。

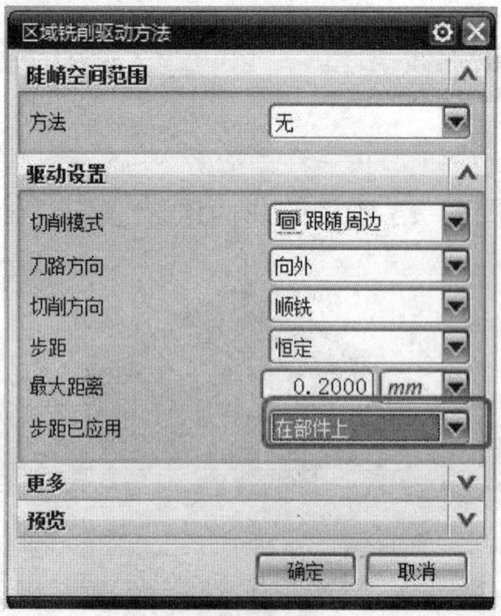

图 5-18

Step 9 单击生成刀轨,如图 5-19 所示,刀轨在陡峭区变密,所有刀轨之间步距均匀。但比起“在平面上”计算的步进距离所需的时间长,实际加工所需的时间也比较长。

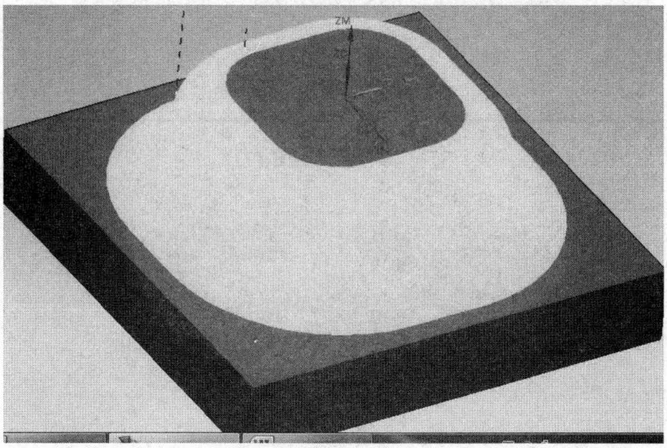

图 5-19

练习 5.2

【目的】学习非陡峭和方向陡峭轮廓区域工序子类型的使用,掌握切削角、陡峭角的定义及其用法。

Step 1 打开零件。

Open→x:\parts\ zlevel_profile\ Zlevel_Profile_1finish.prt。

Step 2 双击“ZLEVEL_PROFILE”,打开工序对话框,更改如图 5-20 所示参数设置。

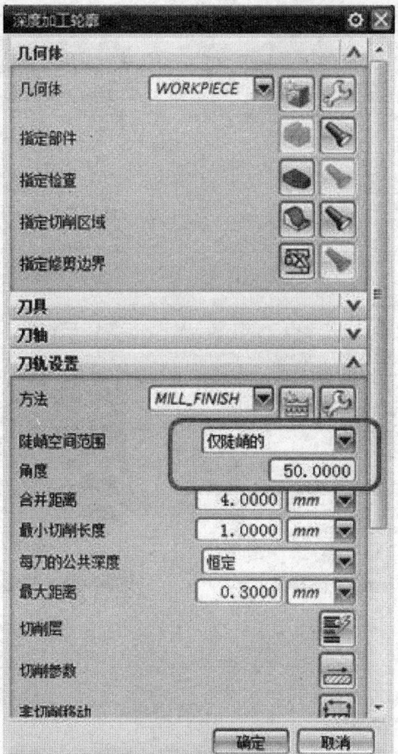

图 5-20

Step 3 单击生成刀轨，结果如图 5-21 所示，单击“确定”。

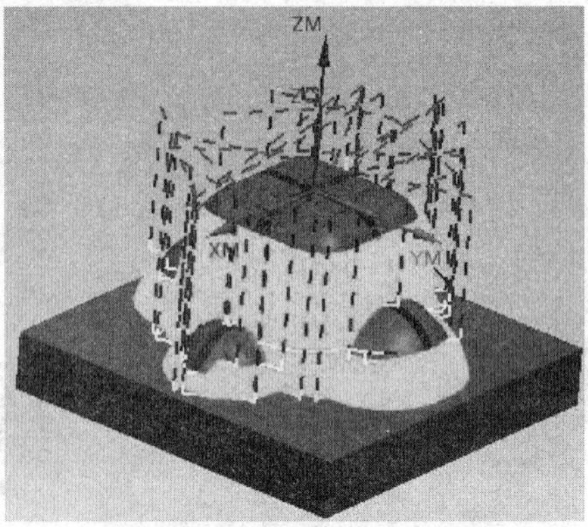

图 5-21

Step 4 单击，选择图 5-22 所示的工序子类型和父节点。单击“确定”，打开创建工序对话框。

Step 5 在工序对话框中，单击切削区域，选择比图 3-13 少最上面的四块平面的切削区域，单击“确定”。单击，设置步距已应用为“在部件上”，如图 5-23 所示，单击“确定”。

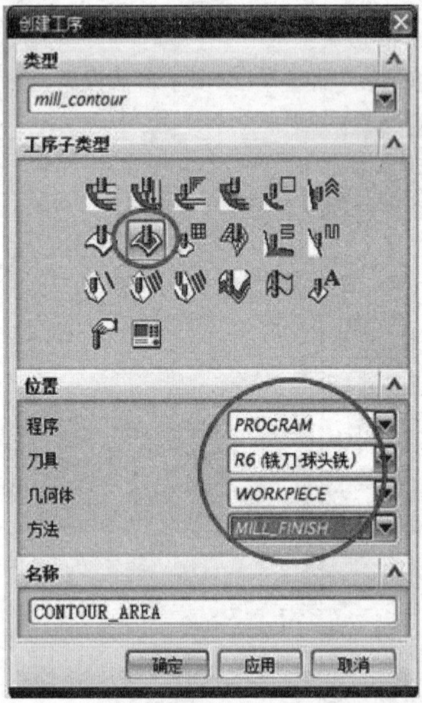

图 5-22

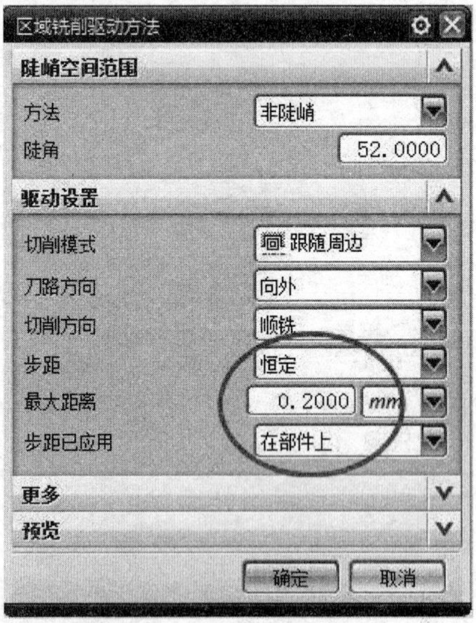

图 5-23

Step 6 生成刀轨。单击,生成如图 5-24 所示的刀轨。

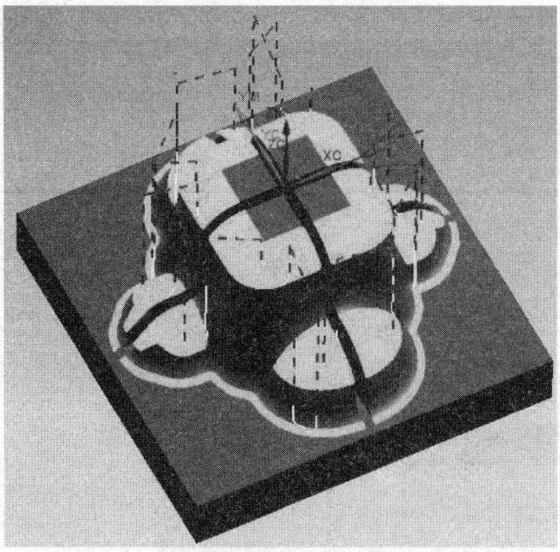

图 5-24

单击验证刀轨,显示如图 5-25 所示;单击“确定”,另存为“fixed_contour_2finish”工序。

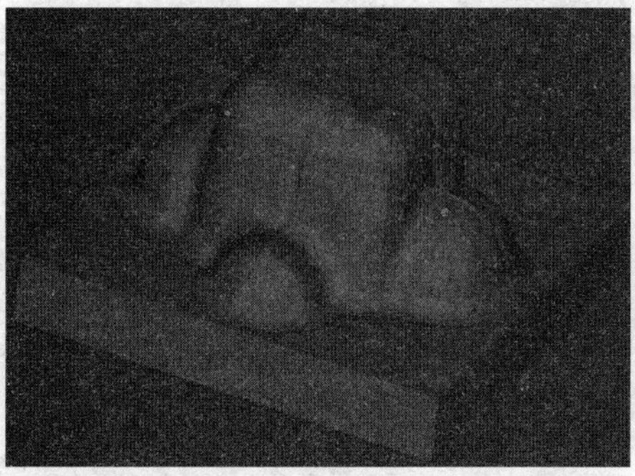

图 5-25

练习 5.3

【目的】学习方向陡峭轮廓区域工序子类型的使用,掌握切削角、陡峭角的定义及其用法。

Step 1 打开零件。

Open→x:\parts\fifth\ area_steep.prt。

Step 2 创建加工几何体。

单击,切换到几何视图。

双击“MCS_MILL”,定义 MCS 与 WCS 重合,同时安全设置选为“平面”,距离设置为“10”,单击“确定”。

双击“WORKPIECE”,单击,点击模型作为加工的“指定部件”,单击,选择包容块为“指定毛坯”,单击“确定”,结束加工几何定义。

Step 3 创建刀具。

创建球刀 R3_F,具体过程请参考加工创建章节中的相关内容。

Step 4 创建陡峭区域加工工序。单击,打开创建工序对话框,选择如图 5-26 所示的工序子类型和父节点。

Step 5 单击“确定”，打开创建工序对话框，如图 5-27 所示。

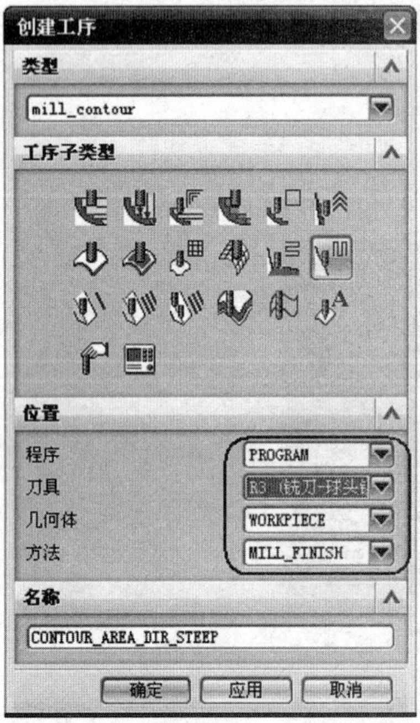

图 5-26

图 5-27

单击，设置如图 5-28 所示驱动参数，单击“确定”。

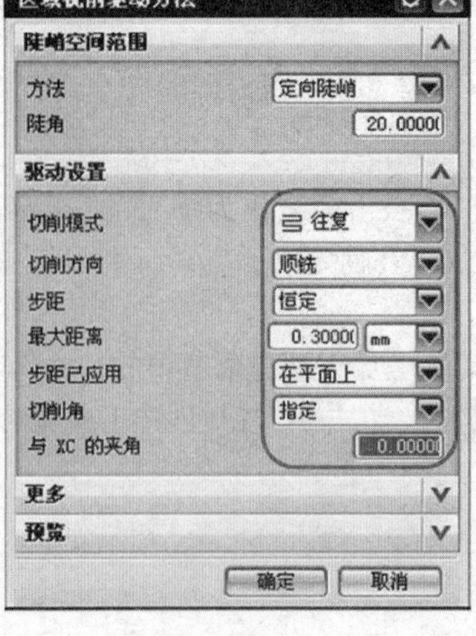

图 5-28

Step 6 生成刀轨。单击生成刀轨,如图 5-29 所示。注意观察,两侧面有多余刀轨,需要修剪。

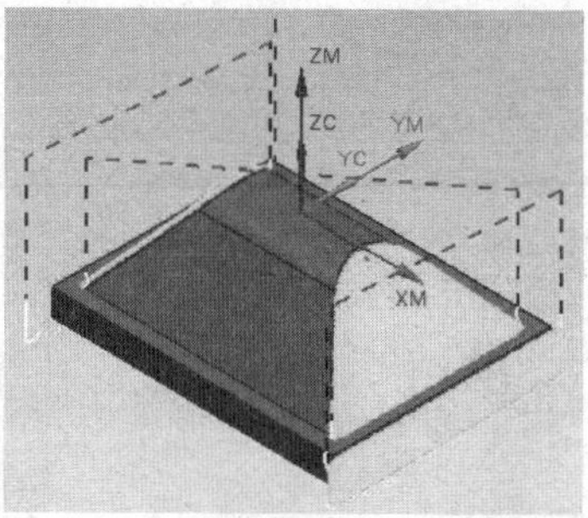

图 5-29

Step 7 工序对话框中单击,打开修剪边界定义对话框,设置如图 5-30 的修剪参数。选择零件底平面生成如图 5-31 所示的修剪边界,单击“确定”。

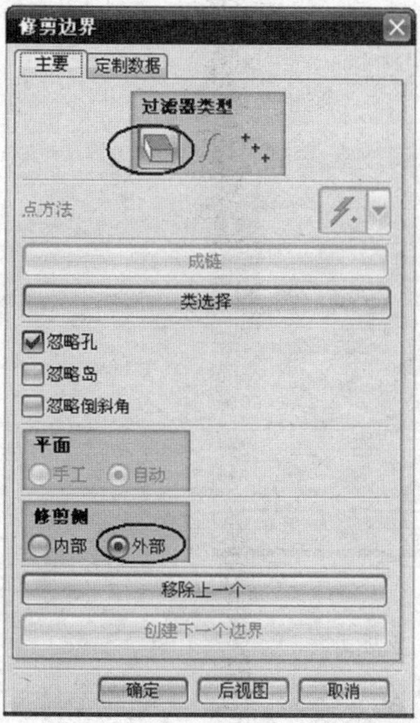

图 5-30

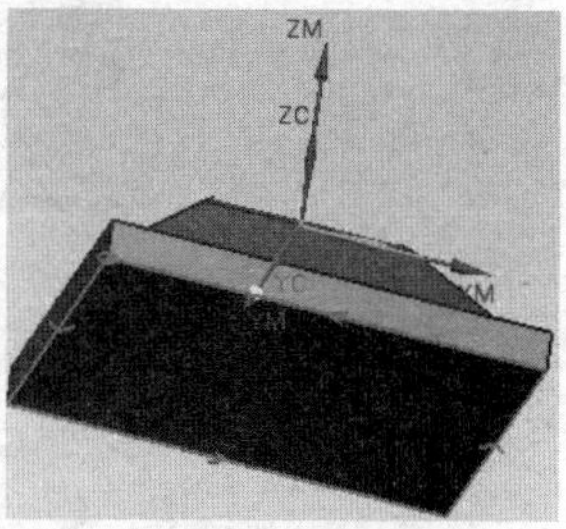

图 5-31

Step 8 单击生成刀轨,如图 5-32 所示。

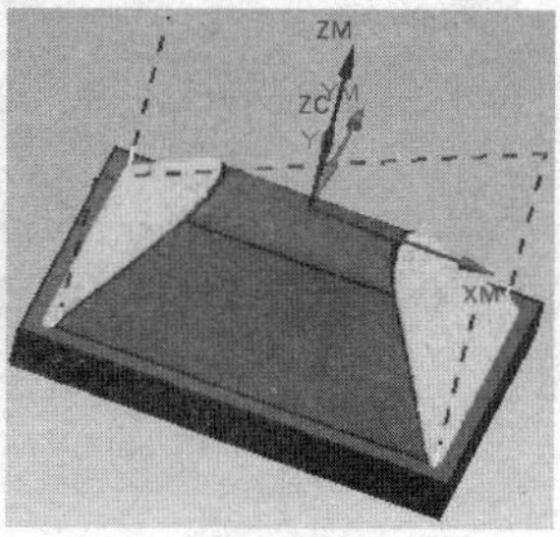

图 5-32

Step 9 创建另一侧陡峭区域加工工序：右键单击“CONTOUR_AREA_DIR_STEEP”，单击“复制”，单击“WORKPIECE”，单击“内部粘贴”，创建“CONTOUR_AREA_DIR_STEEP_COPY”工序，如图 5-33 所示。

图 5-33

Step 10 双击“CONTOUR_AREA_DIR_STEEP_COPY”工序，打开其对话框。单击，设置如图 5-34 所示驱动参数，改变“切削角”，单击“确定”。

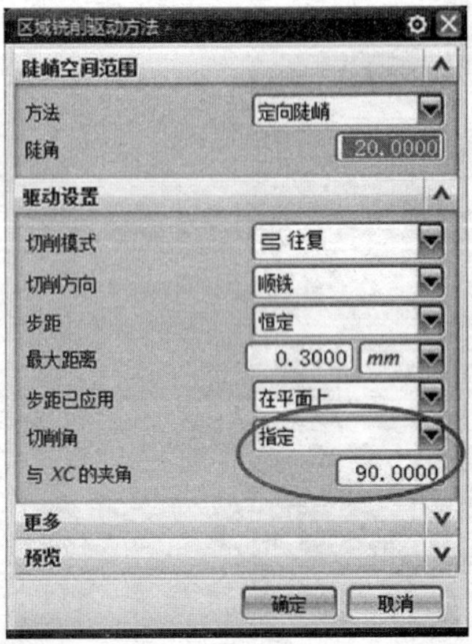

图 5-34

Step 11 生成刀轨，单击生成刀轨，如图 5-35 所示。

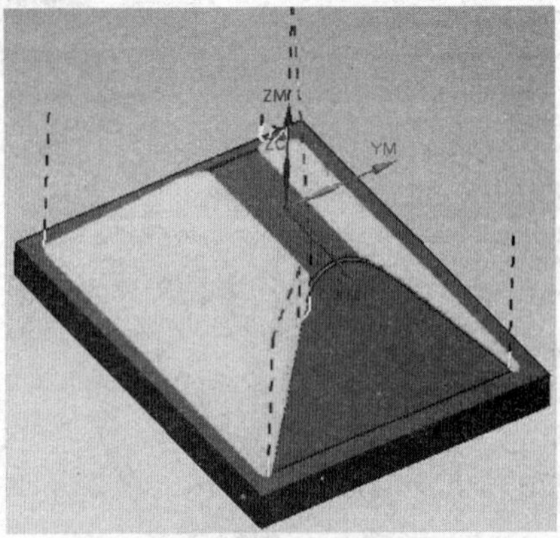

图 5-35

Step 12 单击切削区域，选择如图 5-36 所示的切削区域，单击“确定”。

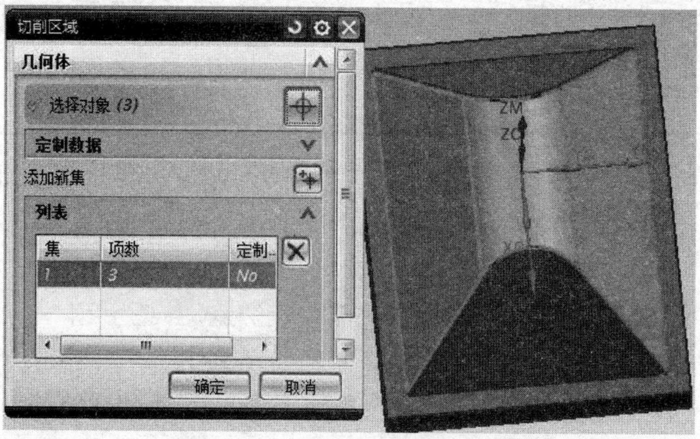

图 5-36

单击，设置如图 5-37 所示驱动参数，改变“陡峭空间范围”，单击“确定”。

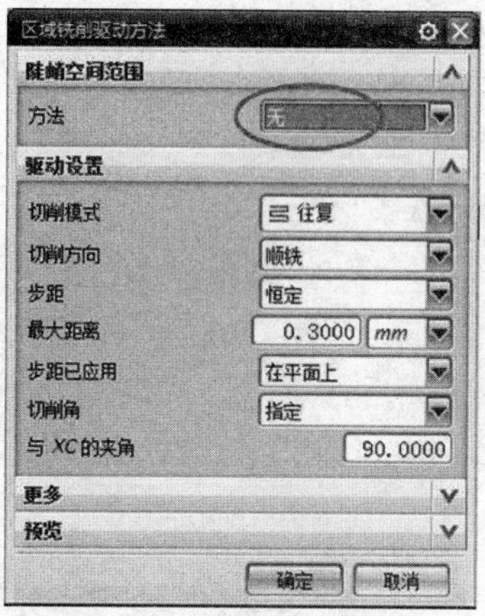

图 5-37

Step 13 单击生成刀轨，如图 5-38 所示。单击“确定”，单击，保存工序。

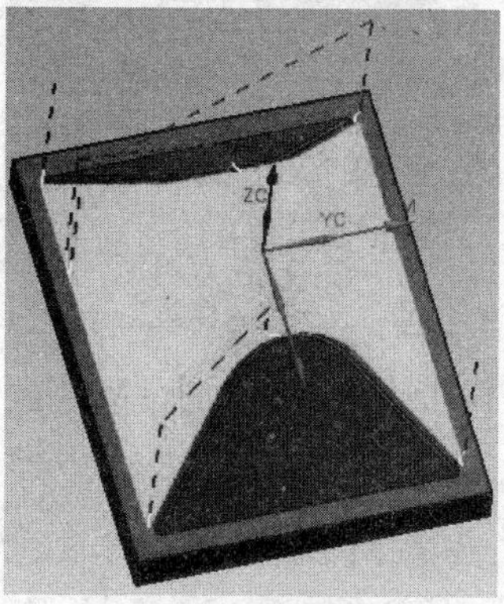

图 5-38

任务三　边界驱动方法创建与刀轨参数设置

1.边界驱动方式是进入固定轴曲面轮廓铣对话框中的默认驱动方式

边界驱动是指通过定义边界和包容环来定义切削区域。边界可以是曲线、实体边、已创建的永久边界、点或表面边缘,边界与零件表面的形状和尺寸无关,但包容环则必须符合零件表面的外边缘线。

边界驱动是由边界及其圈定的区域范围按照指定的驱动设置产生驱动点,再沿投影矢量投影至零件表面上生成刀轨。这种方法提供了丰富的走刀方式,用于复杂表面轮廓移动的精加工。

2.边界驱动与区域铣削驱动的不同

(1)边界驱动需指定驱动几何体,指定投影矢量。

(2)区域铣削是以加工干净对象为目的,而边界是以控制刀具运动范围为目的。

在大部分的情况下,区域铣削都能够代替边界方式,因为区域铣削无需定义驱动几何体又兼之功能更为强大,一般情况下能够满足曲面的精加工要求。但边界驱动能够做出开放式的刀轨,而这是区域铣削做不出来的。

练习 5.4

【目的】使用边界驱动方法创建工序,掌握投影矢量的用法,同时注意刀具与边界的 3 种关系。

Step 1 打开零件。

Open→x:\parts\fifth\boundary_1.prt。

Step 2 运行加工模块。

单击“开始”,再单击“加工”,单击“mill_contour”,点击“确定”进入加工环境。

精加工如图 5-39 所示工件的斜面。

图 5-39

Step 3 加工方法:

(1)使用 5 轴机床,用平底刀,选择平面铣方法。

指定如图 5-40 所示的刀轴矢量,产生如图 5-41 所示的刀轨,加工效果好,效率高。

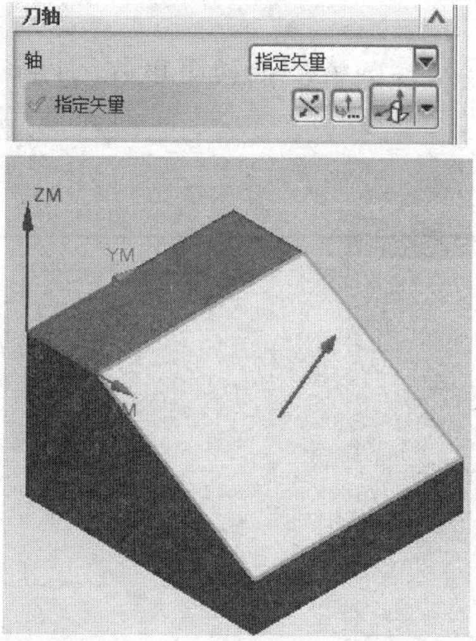

图 5-40

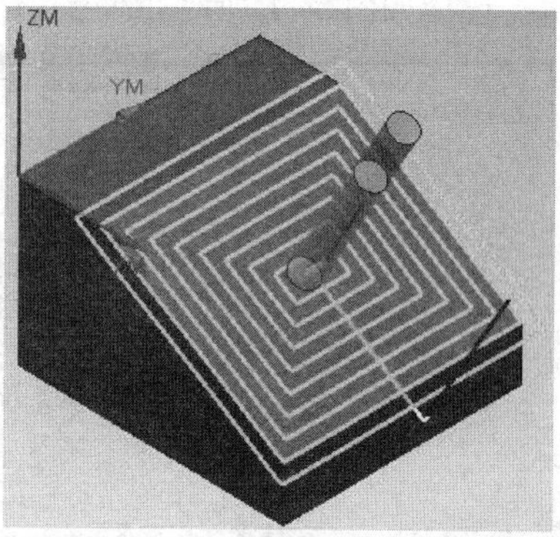

图 5-41

(2)使用 3 轴的机床,用球刀,使用等高轮廓铣。

由于斜面比较平缓(30°),加工结果会在斜面上留下,锯齿痕如图 5-42 所示,通过合理设置步距和切削层,可以减弱齿痕,但加工时间长,效率较低。

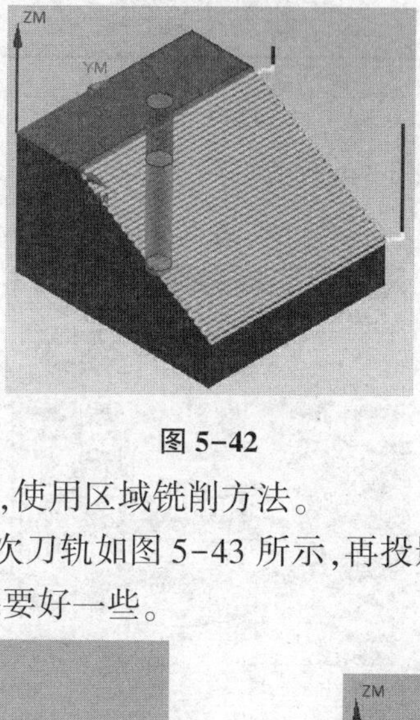

图 5-42

(3)使用 3 轴的机床,用球刀,使用区域铣削方法。

驱动几何生成驱动点产生一次刀轨如图 5-43 所示,再投影到斜面上,产生二次刀轨,如图 5-44 所示。这比等高轮廓铣效果要好一些。

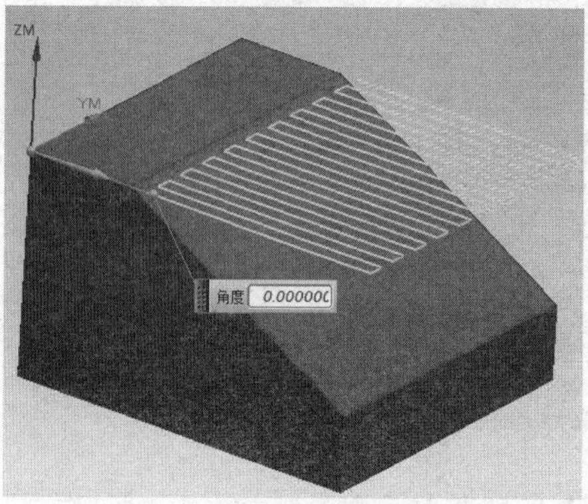

图 5-43

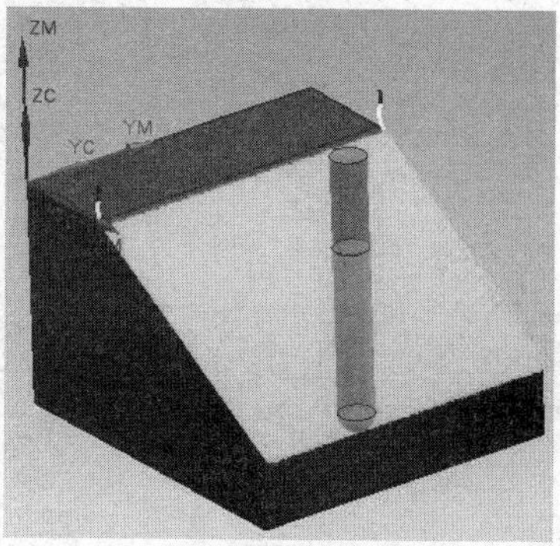

图 5-44

Step 4 创建边界驱动工序。

这个工件的斜面精加工用边界铣削的方法要比区域铣削方法的效果更好(注意下面设置一次刀轨生成的平面),刀轨生成的时间更短。

单击,选择如图 5-45 所示的工序子类型和父节点。

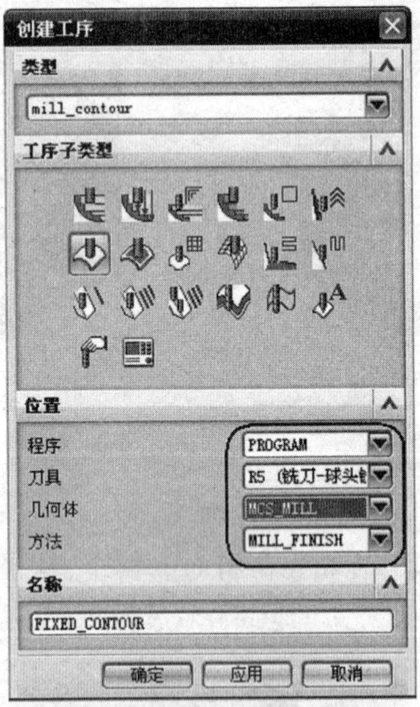

图 5-45

Step 5 单击“确定”,打开如图 5-46 所示的工序对话框。(注意项的手电筒没有亮,原因是什么?)

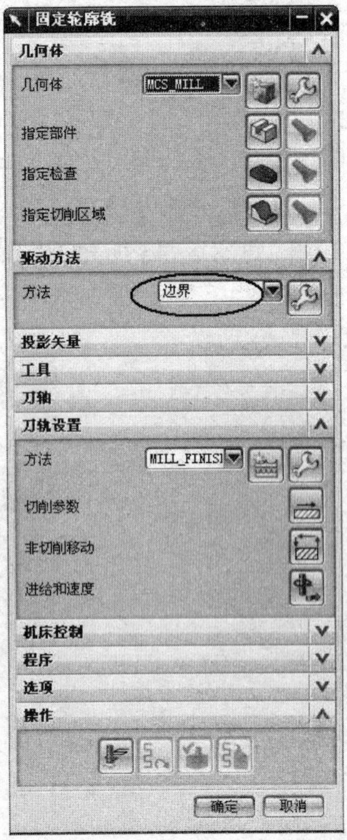

图 5-46

Step 6 单击，打开几何体设置对话框，选择整个工件作为指定部件，单击“确定”。

Step 7 在“投影矢量”的“矢量”选项选择“指定矢量”，在斜面上设置如图 5-47 所示的矢量。

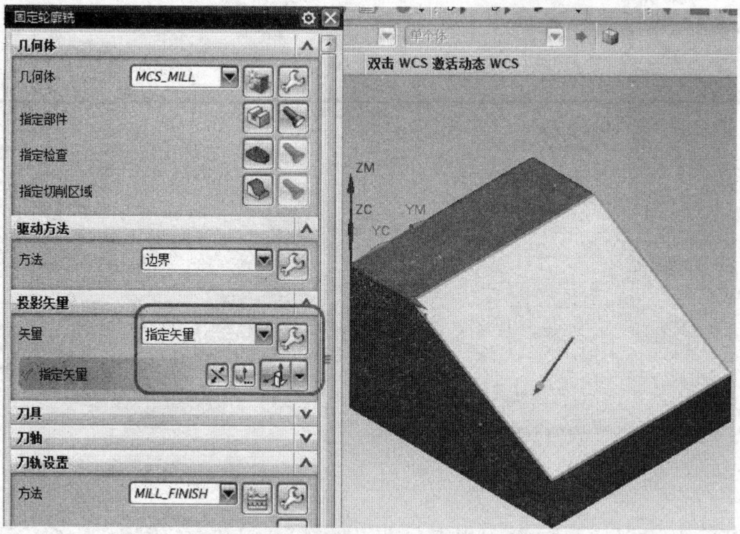

图 5-47

Step 8 单击“驱动方法”项的，打开边界驱动参数编辑对话框，如图 5-48 所示。

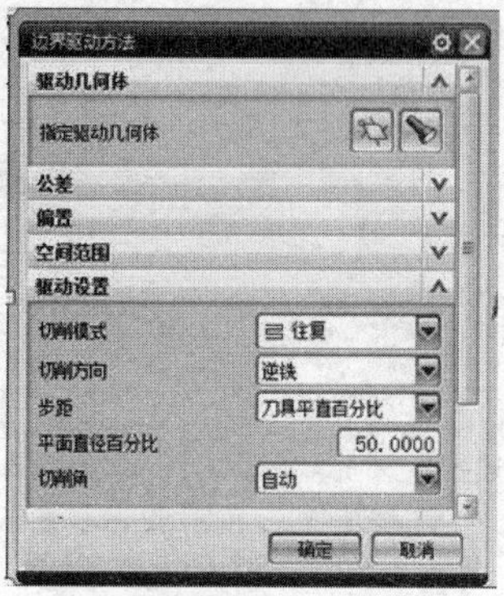

图 5-48

Step 9 单击，打开边界几何体对话框，选择“面”的方式，选择如图 5-49 所示的边界，注意边界的箭头形状。

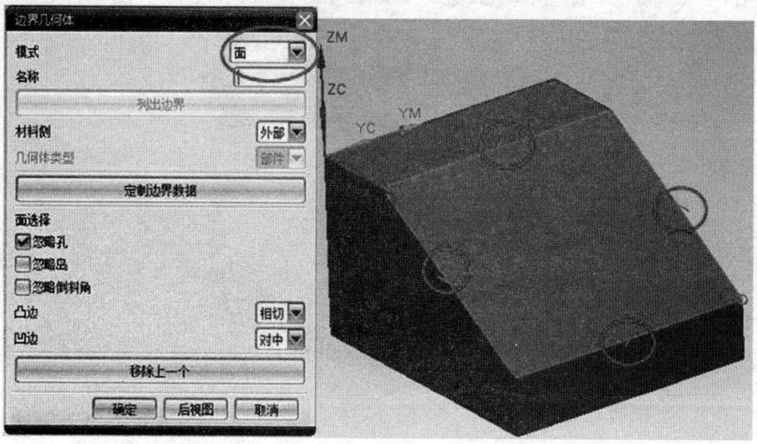

图 5-49

设置如图 5-50 所示的参数,单击"预览",生成驱动点产生一次刀轨如图 5-51 所示,注意与区域铣削驱动点刀轨的不同。

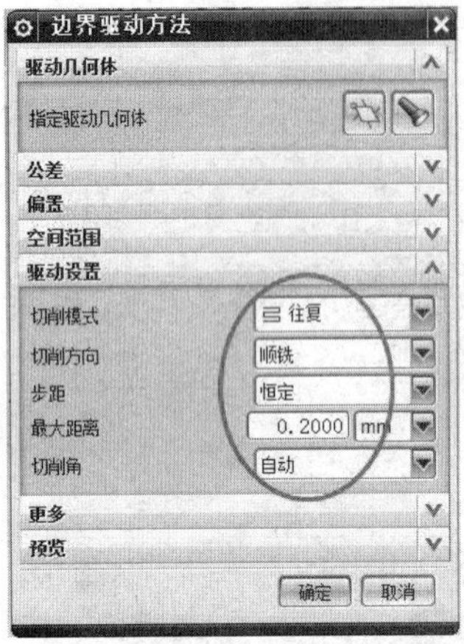

图 5-50

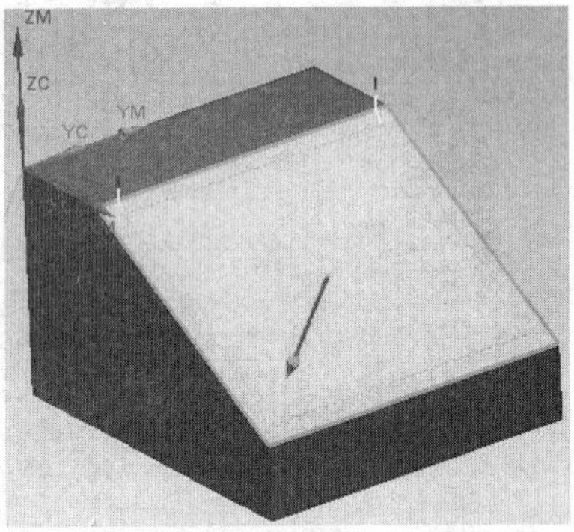

图 5-51

Step 10 再次单击,打开编辑边界对话框,如图 5-52 所示,单击"编辑"选项,打开边界成员对话框,把四条边的"刀具位置"改为"对中",如图 5-53 所示,注意箭头的形状。

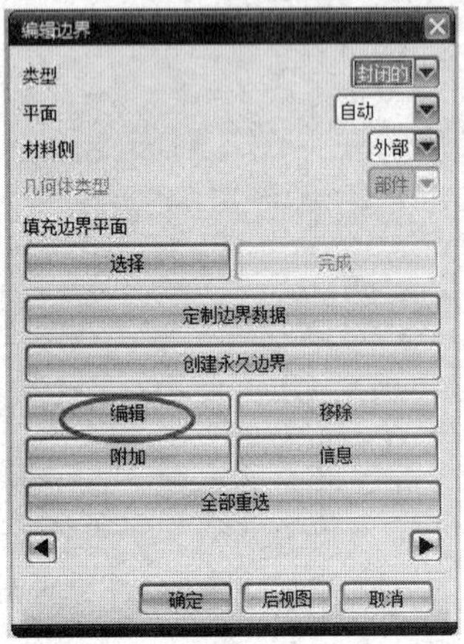

图 5-52

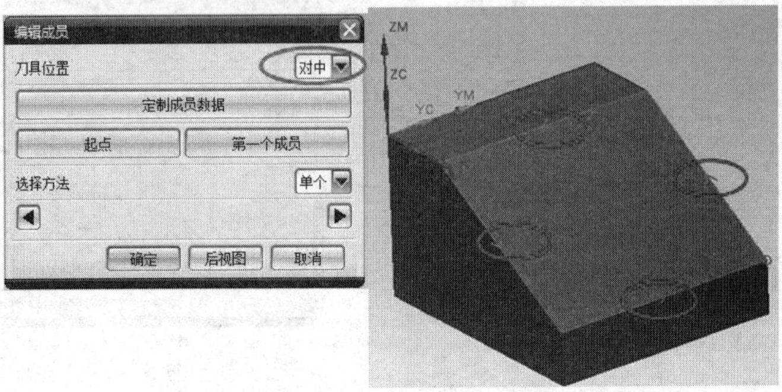

图 5-53

Step 11 单击两次"确定"后单击"预览",结果如图 5-54 所示,单击"确定"。

Step 12 单击生成刀轨,单击"确定",单击,保存工序。

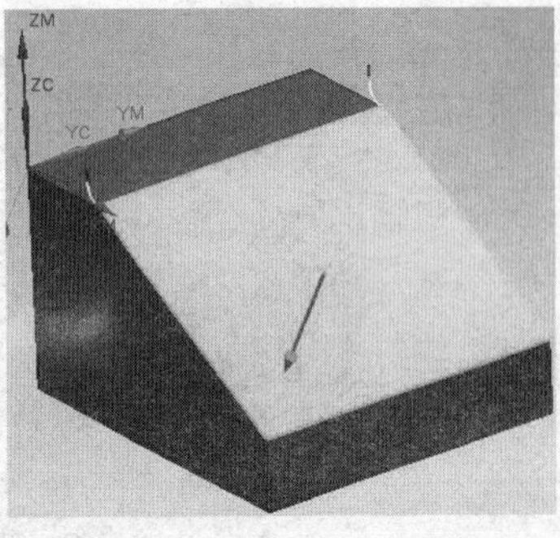

图 5-54

3.刀具位置的三种方式

驱动几何体的边界,其刀具位置有 3 个选项,分别为相切、对中、接触,与“对中”或“相切”不同,“接触”点位置根据刀尖沿着轮廓曲面运动时的位置而改变,刀具沿着曲面前进,直到它接触到边界。在轮廓曲面上,刀尖处的接触点位置不同,但“接触”只能用于与固定刀轴相同的固定矢量,如图 5-55 所示。

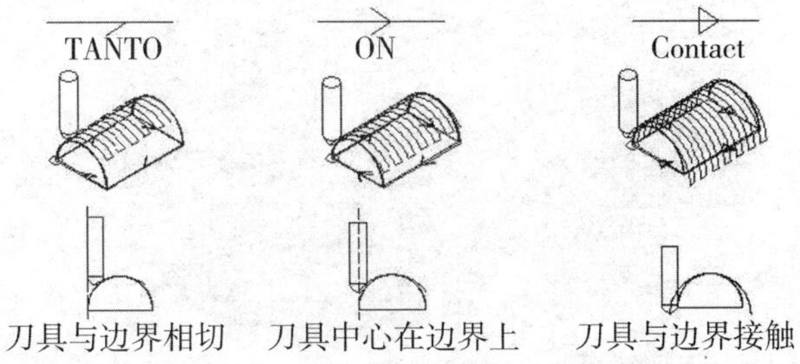

图 5-55

练习 5.5

【目的】使用边界驱动方法创建工序,掌握边界和包容环的含义及用法,同时注意刀具与包容环的 3 种关系。

Step 1 打开零件。

Open→x:\parts\fifth\boundary_2.prt。

Step 2 运行加工模块。

单击“开始”,再单击“加工”,单击“mill_contour”,单击“确定”进入加工环境。

Step 3 定义加工几何体。

单击,切换到几何视图,将 WCS 系定位在零件的最高中心位置。

双击“MCS_MILL”,定义 MCS 与 WCS 重合,同时安全设置选 ZC=10 的平面,单击“确定”。

Step 4 创建边界驱动工序。

单击,选择如图 5-56 所示的工序子类型和父节点。

图 5-56

在图 5-56 中，单击“确定”，打开如图 5-57 所示的创建工序对话框，默认的驱动方法就是边界驱动。

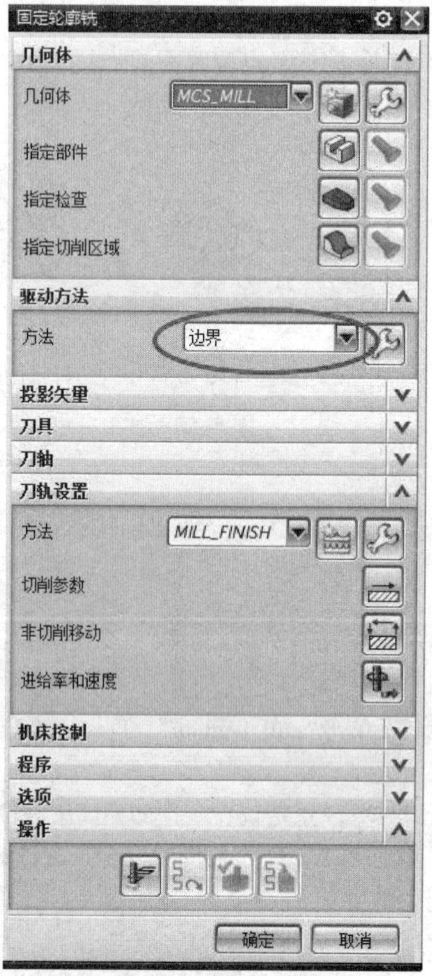

图 5-57

Step 5 单击指定部件，打开几何体设置对话框，将过滤方式选为“面”，选择如图 5-58 所示的 3 个表面，单击“确定”。

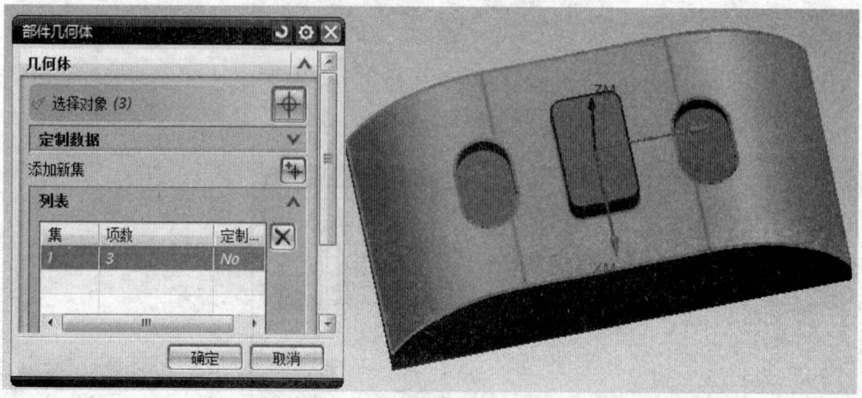

图 5-58

单击，打开边界驱动参数编辑对话框，设置如图 5-59 所示的参数。

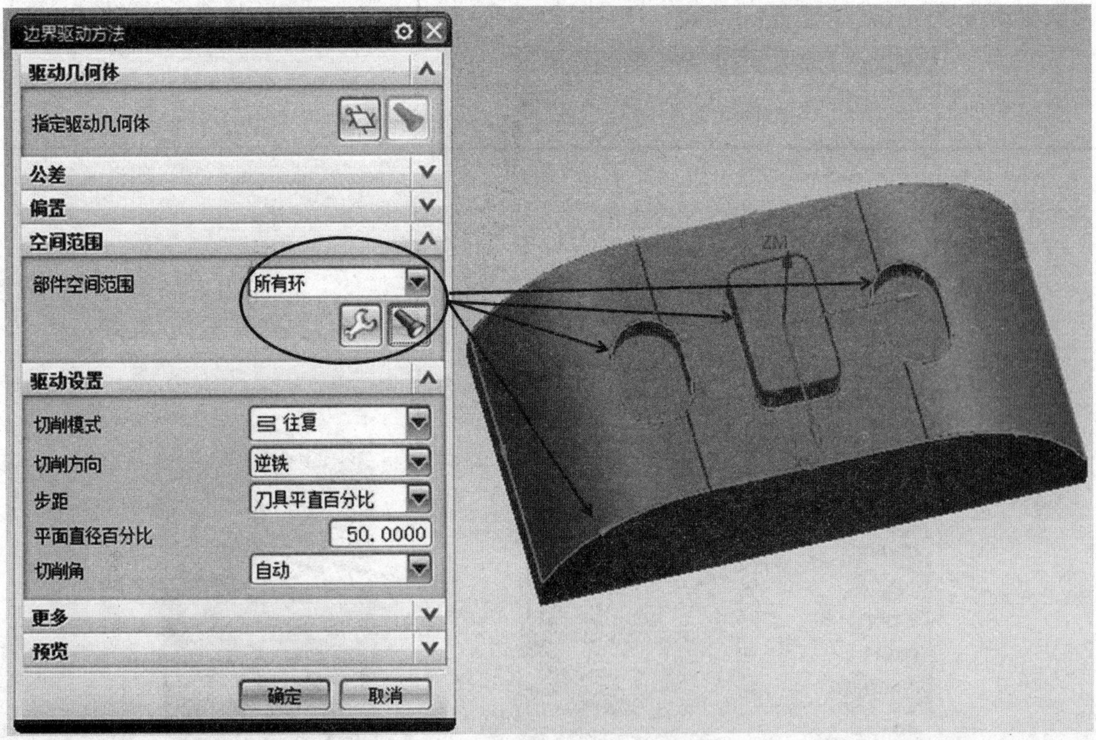

图 5-59

单击，打开空间范围对话框，如图 5-60 所示。

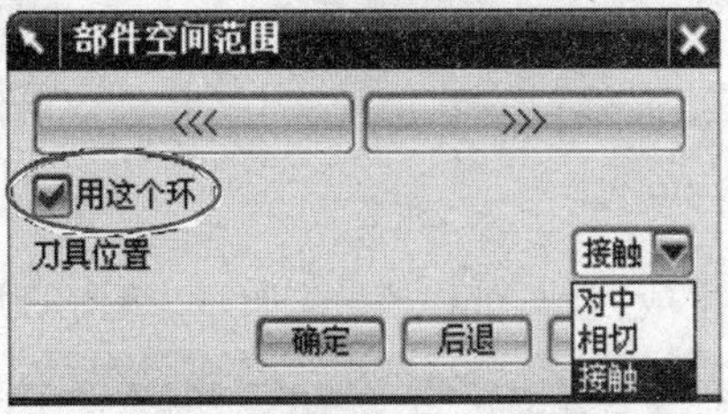

图 5-60

单击，查看系统自动识别的包容环。这里要使用系统识别的所有环，所以单击一次，选择使用此包容环选项，同时刀具与环的关系如图 5-61 所示。

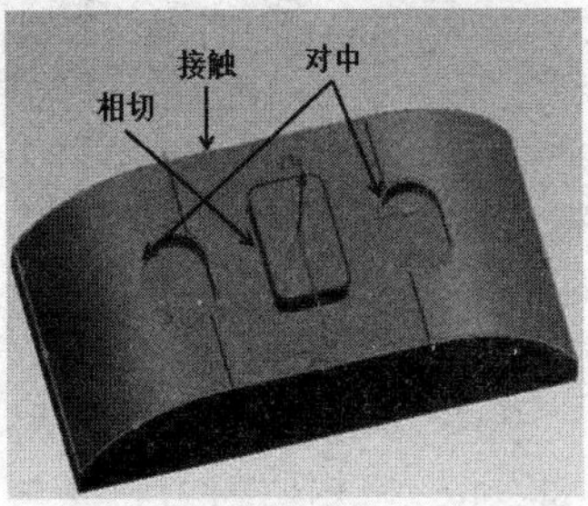

图 5-61

Step 6 设置如图 5-62 所示参数，在预览选项中，单击，在俯视图下显示如图 5-63 所示的刀轨驱动路径，单击“确定”。

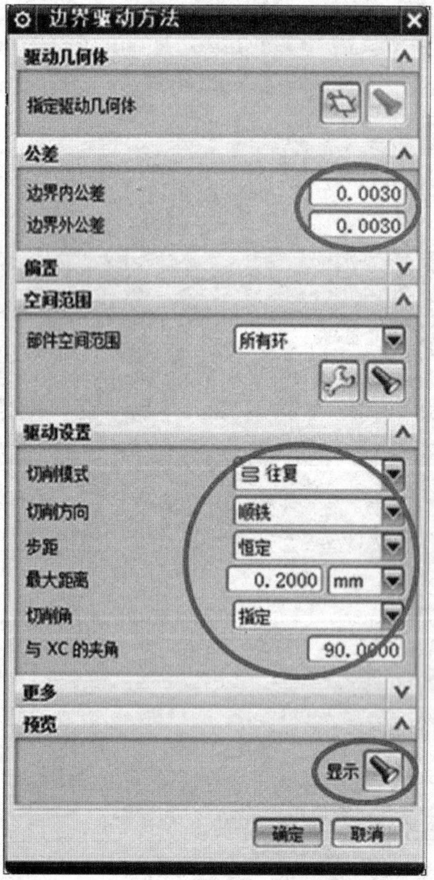

图 5-62

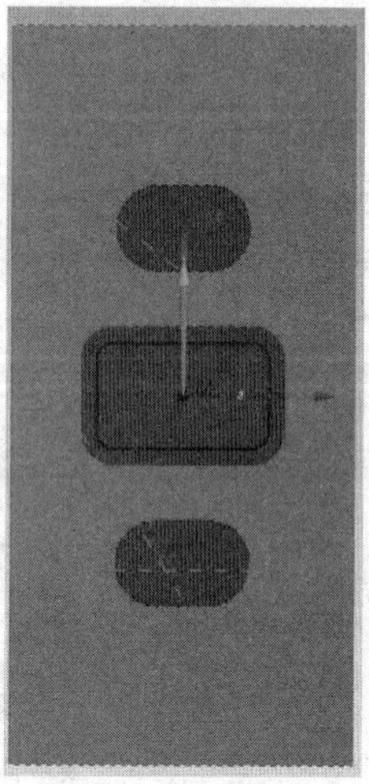

图 5-63

Step 7 生成刀轨。单击生成刀轨，如图 5-64 所示，单击“确定”，并保存刀轨。

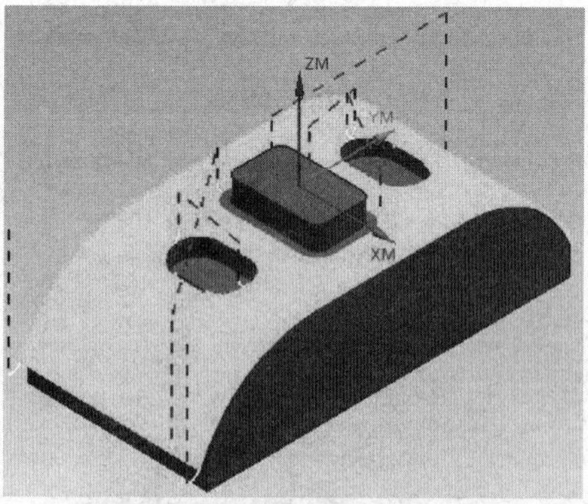

图 5-64

若编辑刀具与最大环的关系，将其改为“相切”，刀轨变为如图 5-65 所示，可以看到边缘有一部分没有加工到，所以使用时应加以注意。

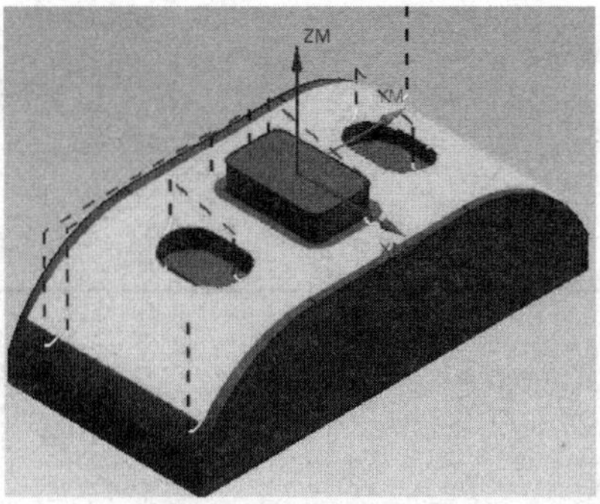

图 5-65

任务四　曲线/点驱动方法创建与刀轨参数设置

曲线/点驱动方法通过选择曲线或指定点定义驱动几何体,驱动曲线可以是平面曲线或空间曲线,其形式可以是封闭的或开放的、连续的或非连续的,刀轨沿曲线生成。指定点驱动方式是在指定点之间按顺序连接成直线段,并沿直线段生成刀轨。

曲线/点驱动方法最常用于在曲面上雕刻图案或者文字,在这种驱动方法中,可以指定一个负值零件余量,使刀具在选定的零件表面以下加工,如图 5-66 所示。注意,余量绝对值不得大于球刀半径。

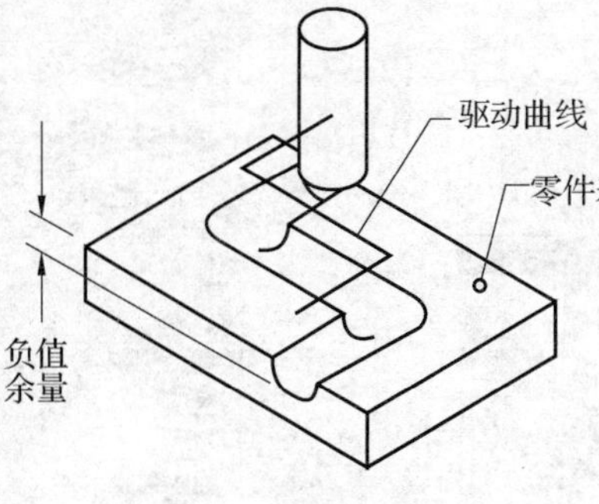

图 5-66

练习 5.6

【目的】使用曲线/点驱动方法创建工序,掌握切削参数“多刀路”和“余量”的设置。

Step 1 打开零件。

Open→x:\parts\fifth\curve_point.prt。

Step 2 运行加工模块。

单击“开始”,再单击“加工”,单击“mill_contour”,点击“确定”进入加工环境。

Step 3 定义几何体。

单击,切换到几何视图,双击“MCS_MILL”,定义 MCS 与 WCS 重合,同时安全设置选 ZC = 10 的平面,单击“确定”。

双击“WORKPIECE”,打开工件几何体定义对话框,单击,定义模型为 Part,毛坯几何体不作定义,如图 5-67 所示,单击“确定”。

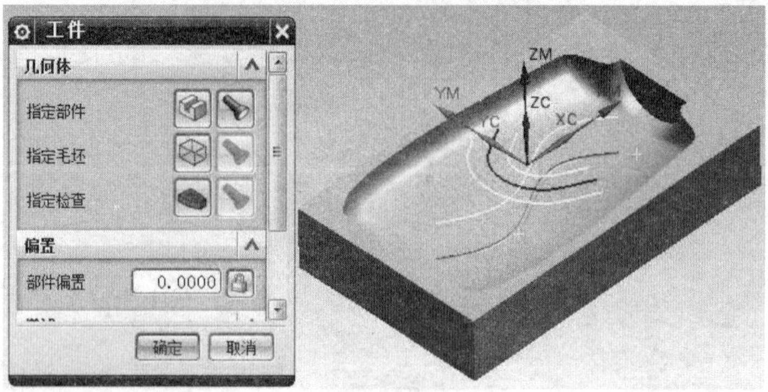

图 5-67

Step 4 创建刀具。

创建球刀 R1_F,过程略。

Step 5 创建曲线/点驱动工序。

单击,打开创建工序对话框,选择如图 5-68 所示的工序子类型和父节点。

Step 6 在图 5-68 中,单击“确定”,打开创建工序对话框,在驱动方法中选择“曲线/点”,如图 5-69 所示。注意:当屏幕出现“更改驱动方法需要重置驱动几何体和一些参数”的提示时,单击“确定”。

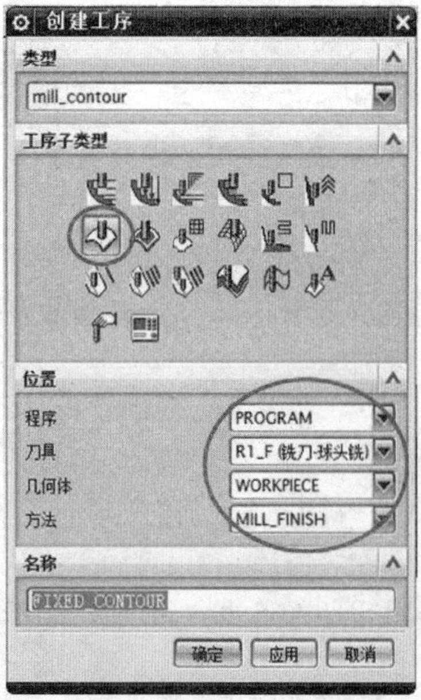

图 5-68

图 5-69

单击驱动方法中的，打开驱动几何体的对话框，选择如图 5-70 所示曲线，单击“确定”。

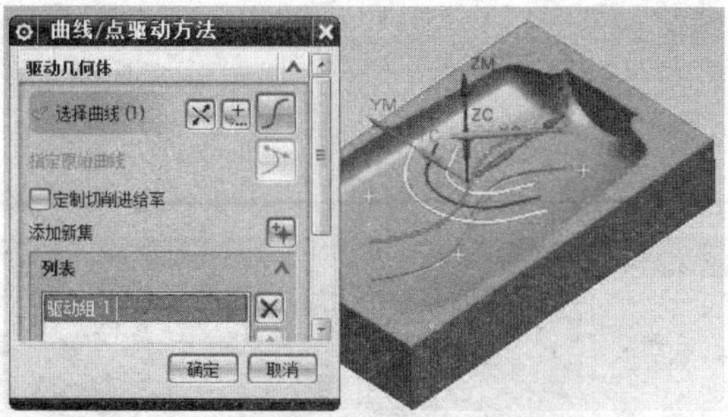

图 5-70

Step 7 单击，设置如图 5-71 所示参数，内公差和外公差都设为“0.001”，单击“确定”。

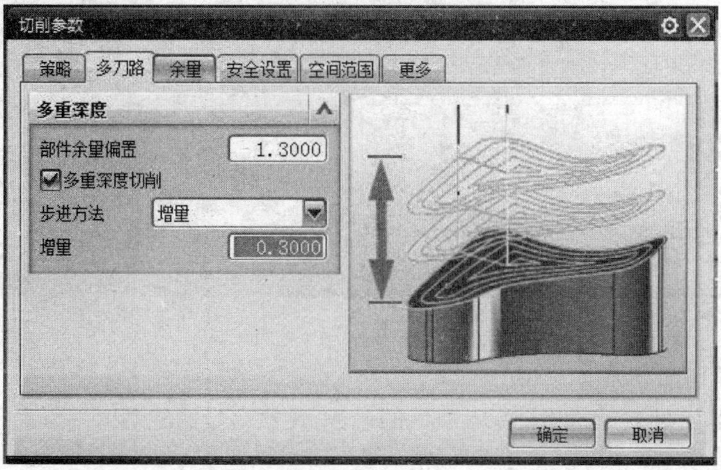

图 5-71

注意：

(1)部件余量偏置：是指从部件的底部开始，从下往上偏置。

(2)步进方法：“增量”是指每一层切削多深。1.3 mm 的余量偏置，增量 0.3 mm，则切削 5 次，前 4 次切削深度 0.3 mm，第 5 次切削深度是 0.1 mm，如图 5-72 所示。“刀路”是部件余量偏置量分几层进行切削，每层的切削深度相同。

Step 8 单击生成刀轨，结果如图 5-72 所示，单击保存。

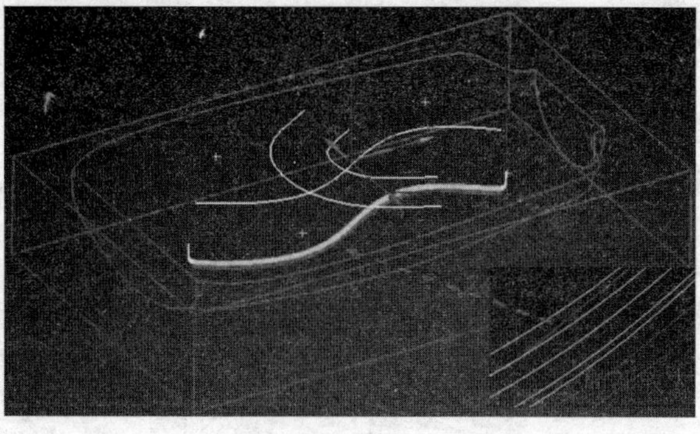

图 5-72

Step 9 切换到机床视图，右键单击“FIXED_CONTOUR”，左键单击“复制”，右键再单击“R1_F”，左键单击“内部粘贴”，创建“FIXED_CONTOUR _COPY”工序。

打开创建工序对话框，单击驱动方法中的，打开驱动几何体的对话框，删除原来的“驱动组 1”，选择如图 5-73 所示的 4 组驱动曲线串，每选择 1 组驱动曲线串后，单击鼠标中键结束选择，列表栏中将出现“新建”，此时，可选择下一组曲线串如图 5-73 所示，单击“确定”。

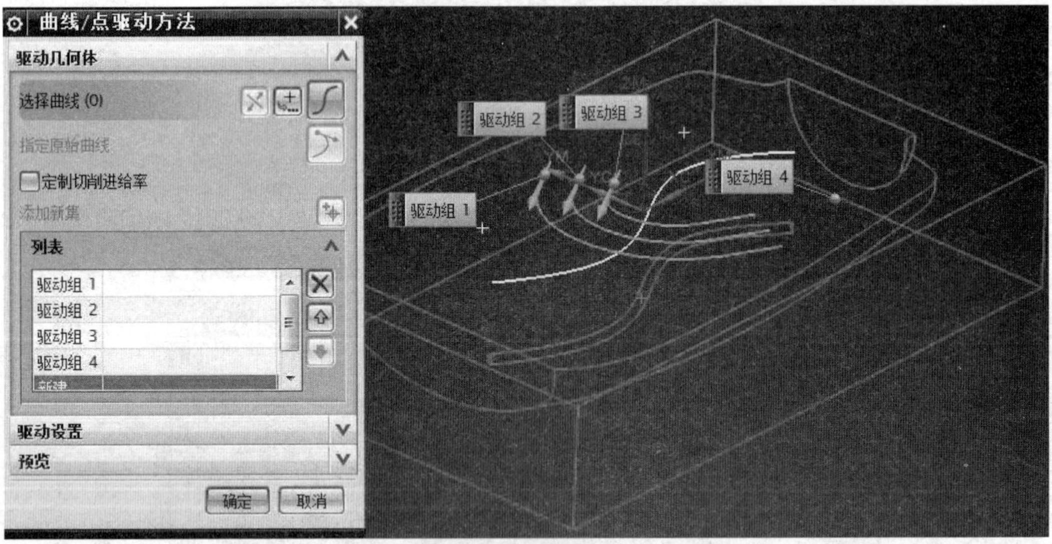

图 5-73

Step 10 设置切削参数。

单击，设置如图 5-74 和图 5-75 所示的参数，注意余量的绝对值不得大于刀具半径，单击“确定”。

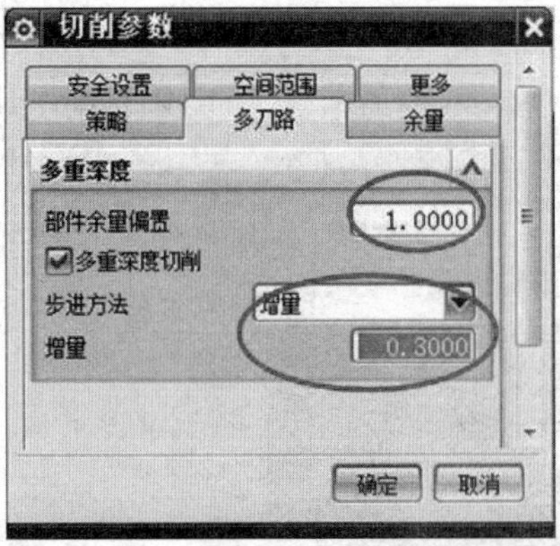

图 5-74

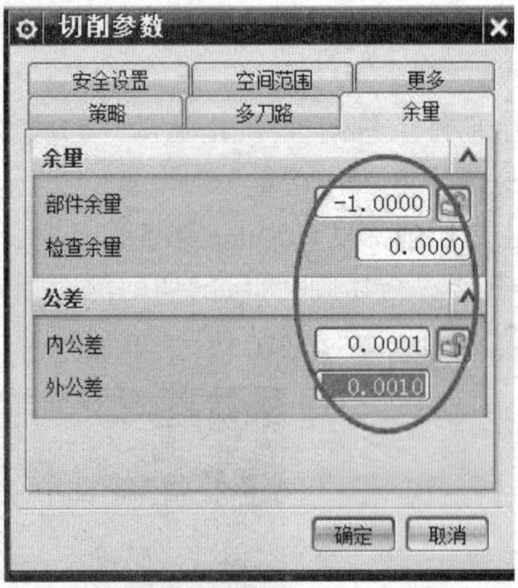

图 5-75

Step 11 设置非切削运动参数。

单击，设置如图 5-76 所示的参数，其余参数使用默认值，单击“确定”。

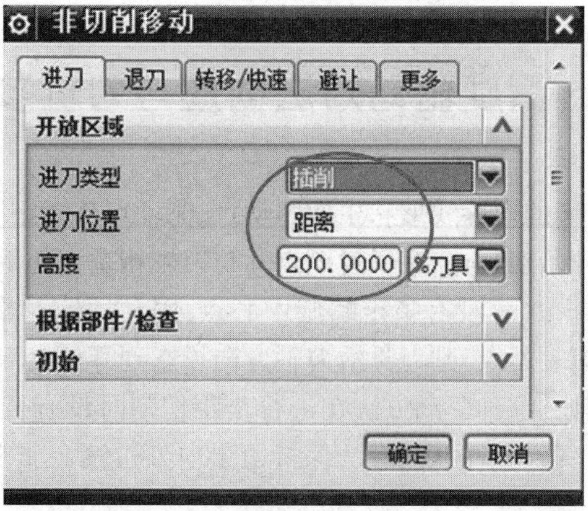

图 5-76

Step 12 生成刀轨。单击生成刀轨，如图 5-77 所示。

注意生成的刀轨与槽交接处有拐角，这是由于刀轨投射到曲面产生的，这样的刀轨在机床进行加工时，在拐角处会减速，造成加工效率低。

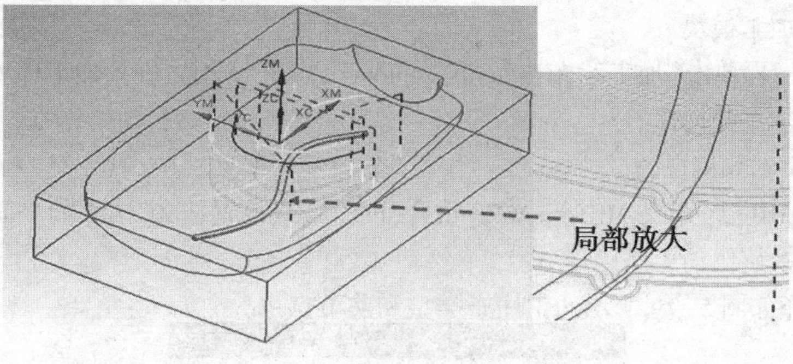

图 5-77

Step 13 可以通过辅助造型把加工的曲面向下偏置 1 mm，或者在部件导航器中把管道“求差”项的“√”去掉。重新生成刀轨，如图 5-78 所示。单击保存工序。

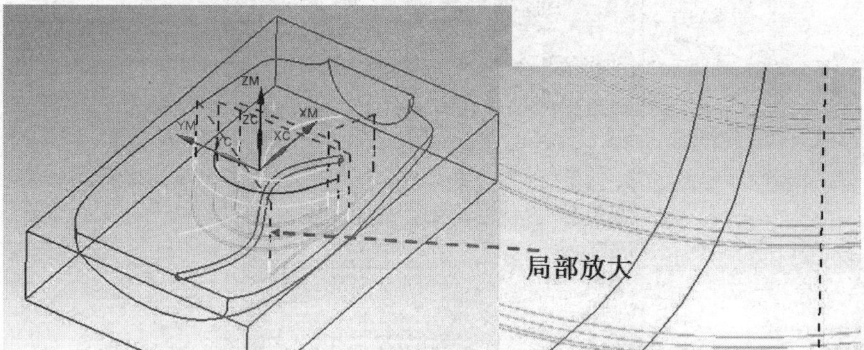

图 5-78

任务五　螺旋驱动方法创建与刀轨参数设置

螺旋式驱动是沿着定义的螺旋线形状生成驱动点，驱动点从指定的螺旋中心点向外扩张展开，该中心点就是刀具的开始切削点，在通过该点并与刀轴相垂直的平面内建立驱动点，然后沿刀轴方向投影到零件几何上。若没有指定螺旋中心点，则利用绝对坐标系原点作为螺旋中心点；若中心点不在零件几何表面上，则刀具沿刀轴方向投影到零件表面上开始切削。

与其他的驱动方法相比，这种驱动方法在进行步距切削时没有行间的转换，即没有一个突然的换向，生成的刀轨是一条光滑的螺旋线，保持恒量向外过渡。非常适用于表面质量要求较高的圆形表面的加工。

练习 5.7

【目的】使用螺旋驱动创建刀轨，掌握螺旋驱动方法的参数设置。

Step 1 打开零件。

Open→x：\parts\fifth\spiral.prt。

Step 2 运行加工模块。

单击“开始”，再单击“加工”，单击“mill_contour”，点击“确定”进入加工环境。

Step 3 定义加工几何体。

单击，切换到几何视图。

双击“MCS_MILL”，定义 MCS 与 WCS 重合，同时安全设置选 ZC＝10 的平面，单击“确定”。

Step 4 创建螺旋驱动工序。

单击，选择如图 5-79 所示的工序子类型和父节点。

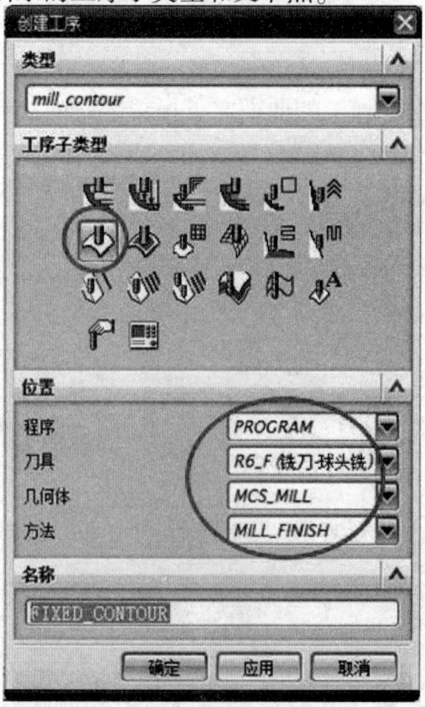

图 5-79

Step 5 在图 5-79 中，单击“确定”，打开创建工序对话框。单击，选择图形窗口中的实体模型为被加工零件。选择“螺旋式”驱动方法。

Step 6 单击“驱动方法中”的，设置如图 5-80 所示的驱动参数。

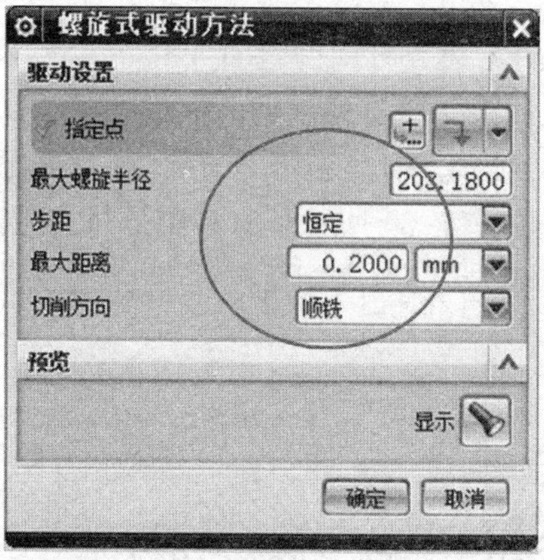

图 5-80

(1)指定点：用于定义螺旋的中心位置，也定义了刀具的开始切削点。

(2)最大螺旋半径：用于限制加工区域的范围，螺旋半径在垂直于投影矢量的平面内进行测量。

(3)切削方向：有顺铣和逆铣，切削方向与主轴旋转方向，共同定义驱动螺旋方向是顺时针还是逆时针方向。

在图 5-80 中，单击点构造器，选择如图 5-81 所示的圆心作为螺旋中心，单击“确定”。

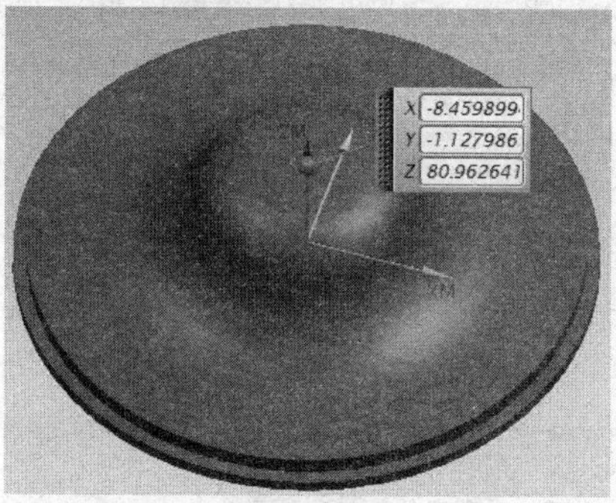

图 5-81

Step 7 生成刀轨。单击生成刀轨，如图 5-82 所示。单击“确定”保存刀轨。

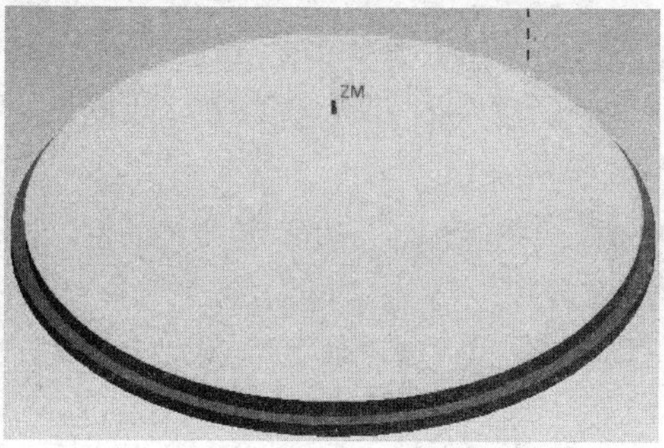

图 5-82

任务六　径向驱动方法创建与刀轨参数设置

径向驱动(Radial)是指沿给定边界方向并垂直于边界生成驱动路径,使用指定的步距、带宽和切削类型。一般用于清根以及一带有弧度的曲面加工,能够保证其加工的曲率。

在径向驱动生成的刀轨中,切削区宽度由带宽定义,在边界平面内测量,是材料侧的条带和另一侧的条带偏置值的总和。如图 5-83 所示。材料侧是从按照边界指示符的方向看过去的边界单箭头侧,边界的另外一侧(不带箭头)为相反侧;一般要在带宽的基础上再加上一个刀具半径,带宽不能为零。

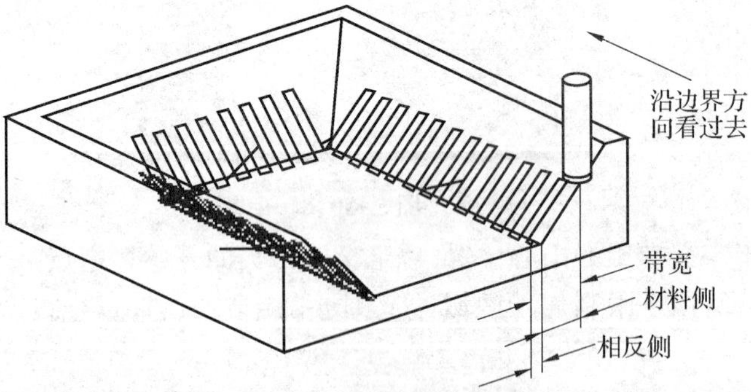

图 5-83

练习 5.8

【目的】使用径向驱动创建工序,掌握径向驱动参数设置。

Step 1 打开零件。

Open→x:\parts\fifth\radial.prt。

Step 2 运行加工模块。

单击"开始",再单击"加工",单击"mill_contour",点击"确定"进入加工环境。

Step 3 创建加工几何体。

单击,切换到几何视图。

双击"MCS_MILL",定义 MCS 与 WCS 重合,同时安全设置选为"自动平面",距离设置为"10",单击"确定"。

双击"WORKPIECE",单击,点击模型作为加工的指定部件,单击"确定"。

Step 4 创建径向驱动工序。

单击,选择如图 5-84 所示的工序子类型和父节点。

Step 5 在图 5-84 中,单击"确定",打开创建工序对话框,选择"径向驱动",如图 5-85 所示。

Step 6 单击驱动方法中的,单击,打开边界定义对话框,选择"开放的"驱动边界,选择如图 5-86 所示的边界,单击"确定"。

设置如图 5-87 所示的驱动参数,再单击"确定"结束驱动参数设置。

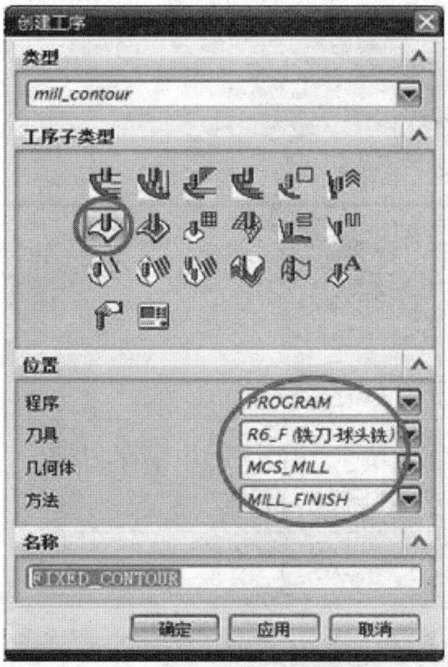

图 5-84

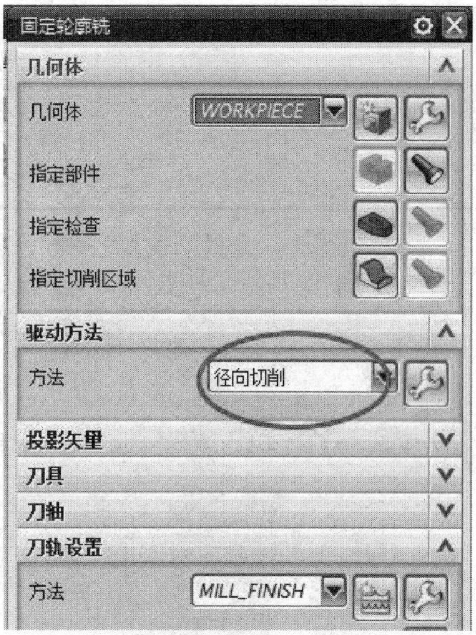

图 5-85

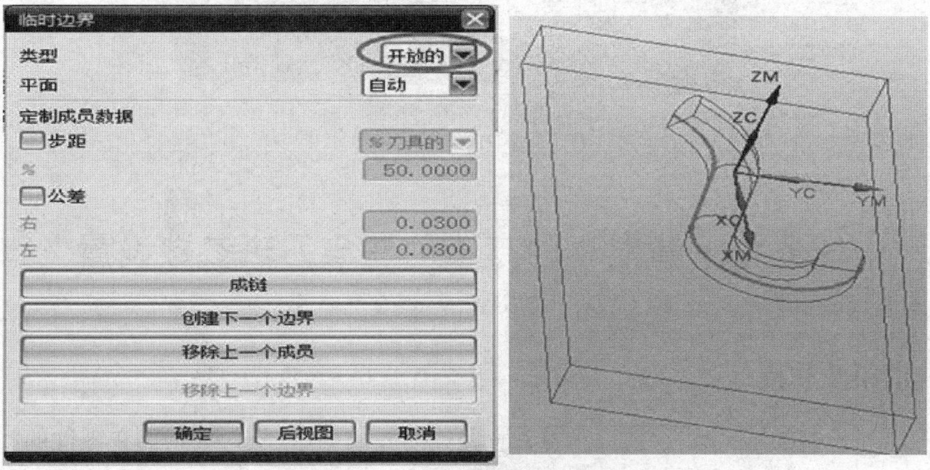

图 5-86

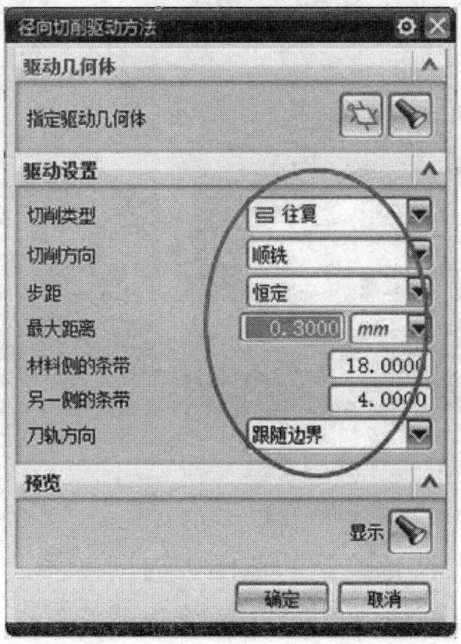

图 5-87

在径向驱动参数设置对话框中，单击[icon]，显示如图5-88所示的驱动路径，单击“确定”。

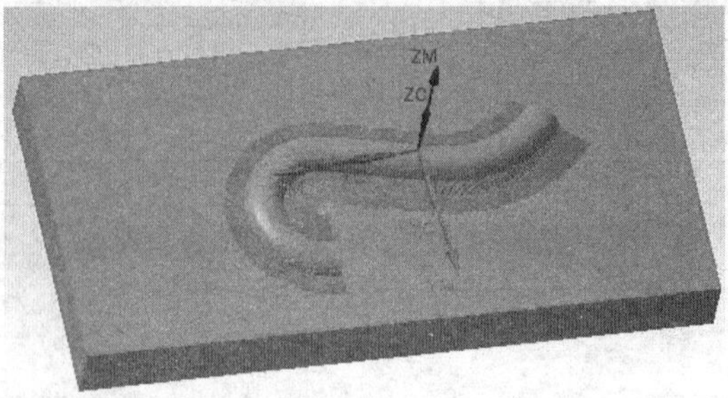

图5-88

Step 7 生成刀轨。单击[icon]，生成如图5-89所示的刀轨，单击“确定”，并保存刀轨。

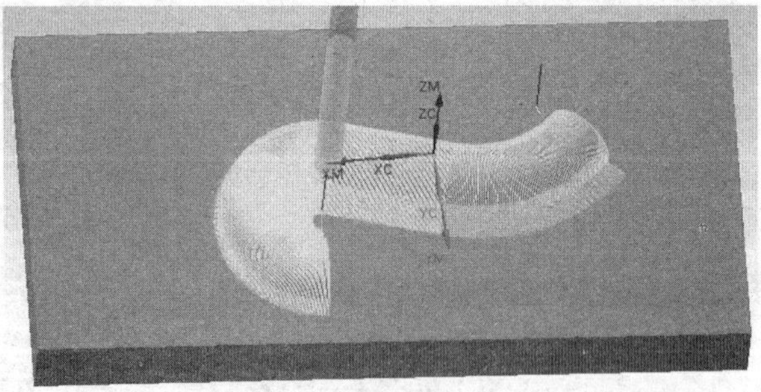

图5-89

任务七　清根驱动方法创建与刀轨参数设置

一、清根及其特点

零件在进行精加工之后，往往由于刀具直径或刀具圆角半径过大，从而在零件的凹角和凹谷处留下一些未能加工到的区域，如图5-90所示。对于这些区域的加工一般使用直径较小的球刀进行，而不用平底刀或者牛鼻刀，使用平底刀或者牛鼻刀很难获得理想的刀具路径。

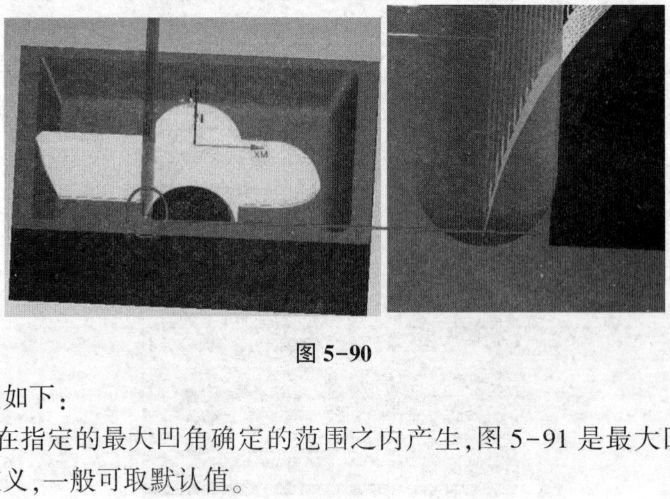

图5-90

清根切削特点如下：

(1)清根刀轨在指定的最大凹角确定的范围之内产生，图5-91是最大凹角示意图。最大凹角应根据需要定义，一般可取默认值。

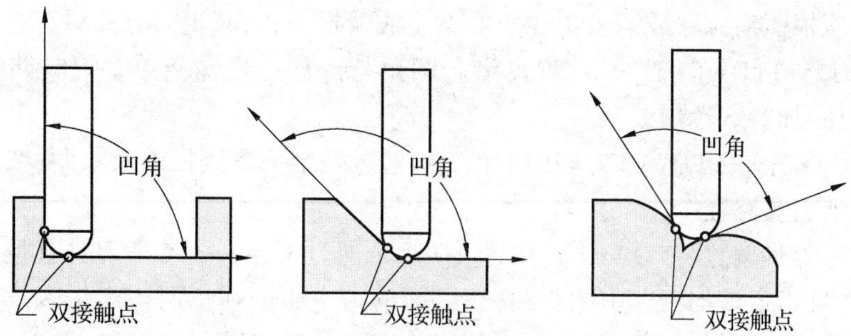

图 5-91

(2)清根刀轨产生的条件为刀具与曲面必须有双接触点，单接触点不产生清根刀轨，如图5-92所示。清根驱动方法是固定轴曲面轮廓铣中唯一不是按照投影法运算的方式，系统全面地检查零件几何体后，找到那些在前面的工序中刀具加工不到的区域自动沿工件的凹角和凹谷生成刀轨。系统自动计算清根的方向和顺序，也可手工调整。

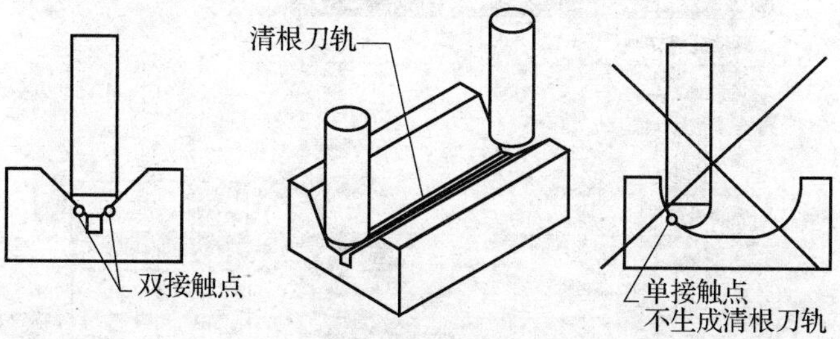

图 5-92

二、清根工序子类型

清根刀轨可使用固定曲面轮廓铣的清根驱动方法生成，也可使用专门的清根工序子类型生成，分别如图 5-93、图 5-94 所示。

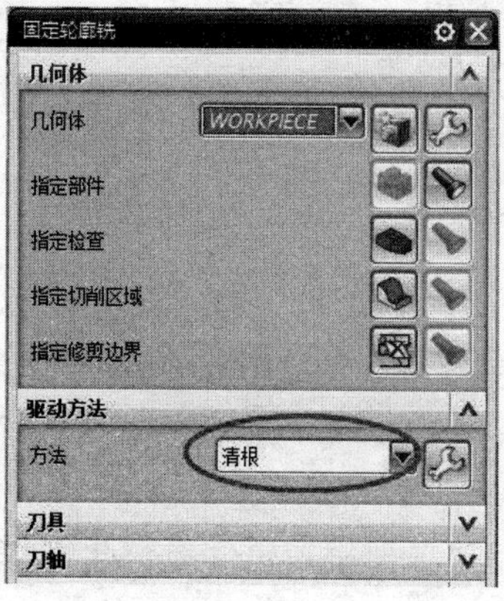

图 5-93

图 5-94

不论使用清根驱动方法或清根工序子类型生成清根刀轨，其走刀方式只有 3 种：

(1)单刀路(FLOWCUT_SINGLE)：沿着凹角与沟槽产生一条单一刀具路径。使用单刀路形式时，没有附加参数选项被激活。

(2)多刀路偏置(FLOWCUT_MULTIPLE)：通过指定偏置数目以及步距，在清根中心的两侧产生多道切削刀具路径。

(3) 参考刀具偏置(FLOWCUT_REF_TOOL)：通过指定一个参考刀具直径来定义加工区域的总宽度，并且指定该加工区中的步距，在以凹槽为中心的任意两边产生多条切削轨迹。可以用重叠距离选项，沿着相切曲面扩展由参考刀具直径定义的区域宽度。在大多数情况下，采用这种方式清根。

三、清根工序参数

尽管有多种清根方式，但其参数设置对话框基本相似，均如图 5-95 所示。

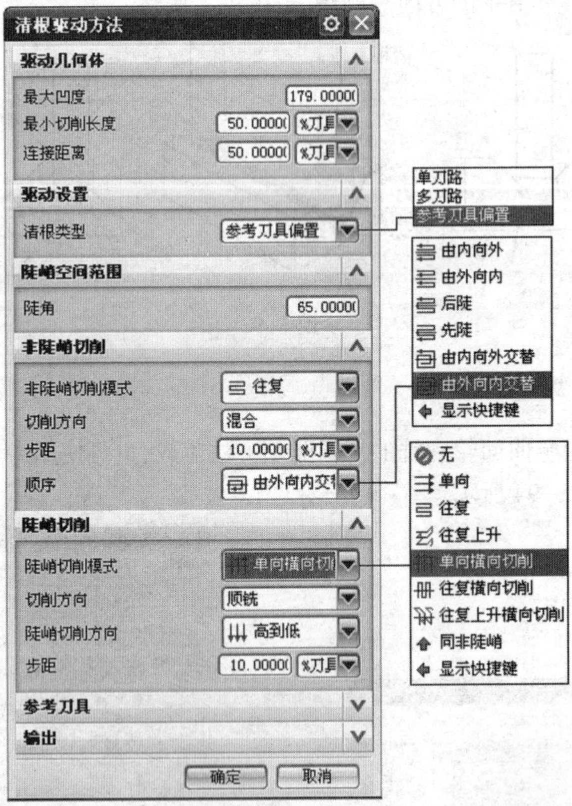

图 5-95

1.最大凹角

指定清根包含凹部的最大角度，最大值为 179°，一般情况均取默认的最大值。清根在最大凹角以内的区域生成，若超出此值，将不生成清根刀轨。

2.最小切削长度

指定生成清根切削的最小长度，若小于此值，将不生成清根刀轨。指定此值，将消除在圆角交线处产生的多余清根刀轨。

3.连接距离

合并小于指定距离分隔的铣削段，如果两段刀轨之间的间隙值小于等于指定的连接距离，则系统会自动地把断开的刀轨连接起来，以消除不连续的刀轨。与等高轮廓铣的“合并距离”意思相似。

4.陡角

指定陡角的度数将加工区域分为陡峭区与非陡峭区。即大于此角度的为陡峭区，而小于此角度的为非陡峭的平坦区，陡峭区和非陡峭区能够指定不同的切削模式。

5.顺序

（1）由内向外：刀具从中心刀路开始加工，朝外部刀路方向切削，然后移动返回中心，并朝相反侧切削。

（2）由外向内：刀具从外部刀路开始加工，朝中心方向切削，然后刀具移动至对侧的外部刀路，再次朝中心方向切削。

（3）由内向外交替序列：刀具从中心刀路开始加工，刀具向外侧切削时交替进行多侧切削。

（4）由外向内交替：刀具从外部刀路开始加工，刀具向内侧进切削时交替进行多侧切削。

（5）后陡：从凹部的非陡峭侧开始加工。

（6）先陡：沿着从陡峭侧外部刀路到非陡峭侧外部刀路的方向加工。

6.陡峭切削模式，如图 5-96 所示

（1）单向：刀具从切削刀路的起点处进刀，并切削到刀路的终点；然后刀具退刀到指定的安全平面，再移至下一刀路的起点，并以相同的方向开始切削。这种切削模式刀路始终在一个方向进行加工，保持单纯的顺铣或逆铣，一般应用于高精度的精加工。

（2）往复：在切削区域产生一系列的连续的平行的刀轨，刀具往复返回刀轨内沿平行直线来回加工，顺铣和逆铣交替进行，抬刀较少，切削效率极高。

（3）往复上升：在切削区域产生一系列的连续的平行的刀轨，刀具从切削刀路的起点处进刀，切削至刀路的终点，然后抬刀上升安全平面，再返回刀轨内沿平行直线返回加工。

（4）单向横向切削：与单向切削的模式相同，只是切削方向与单向切削方向垂直。

（5）往复横向切削：与往复切削的模式相同，只是切削方向与往复切削方向垂直。

（6）往复上升横向切削：与往复上升切削的模式相同，只是切削方向与往复上升切削方向垂直。

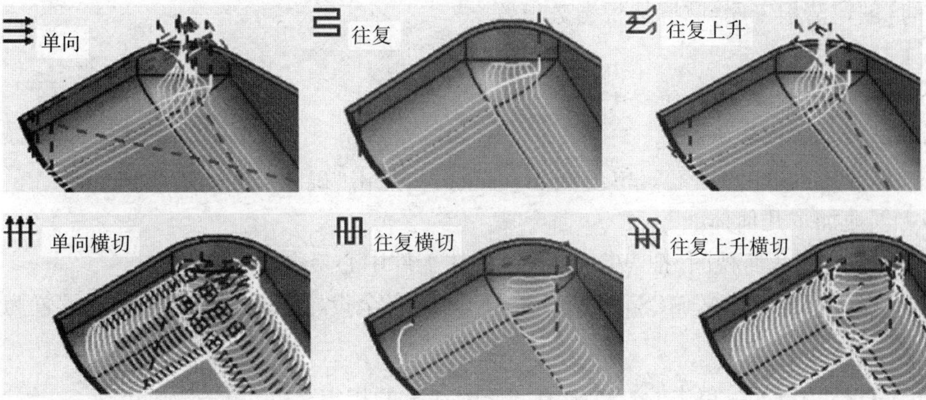

图 5-96

7.参考刀具

参考刀具是在清根前一次工序中使用的刀具,系统根据指定的"参考刀具直径"计算双切点,用这些点来定义精加工的切削区域,即在参考刀具与两侧面的接触点/线之内生成清根刀轨,如图 5-97 所示。刀具直径的大小决定了清根切削的范围,输入的参考刀具直径必须大于当前使用的刀具的直径。

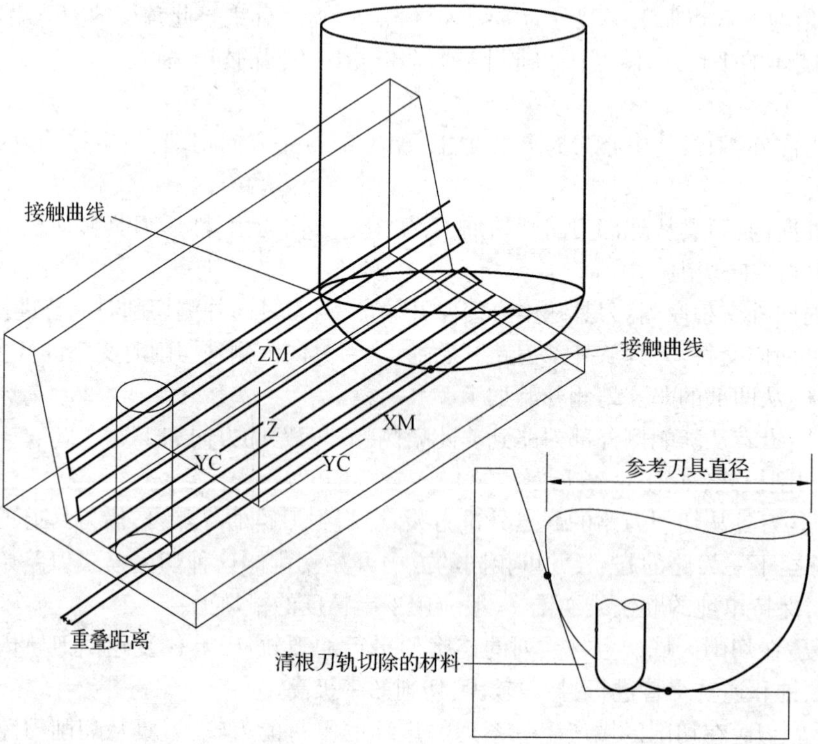

图 5-97

8.重叠距离

重叠距离用于延伸清根区域宽度,仅用于使用参考刀具清根方式。指定此值,切削区域将沿相切面延伸,如图 5-97 所示。应用的重叠距离值应限制在当前刀具半径值。

练习 5.9

【目的】创建清根工序,掌握清根参数设置。

Step 1 打开零件。

Open→x:\parts\fifth\flowcut.prt。

Step 2 运行加工模块。

单击"开始",再单击"加工",单击"mill_contour",点击"确定"进入加工环境。

Step 3 创建加工几何体。

单击,切换到几何视图,把 WCS 原点设置在工件中心最高点。

双击"MCS_MILL",定义 MCS 与 WCS 重合,同时安全设置选为"平面",距离设置为"10",单击"确定"。

双击"WORKPIECE",单击,点击模型作为加工的指定部件,单击"确定"。

Step 4 创建清根工序。

单击,选择如图 5-98 所示的工序子类型和父节点,单击"确定"。

Step 5 为了保证加工效果，把加工区域分为陡峭和非陡峭区域，采用了不同的走刀方式，避免在陡峭区域直接下刀，单击驱动方法中的 ，设置如图 5-99 所示的工序参数。

图 5-98

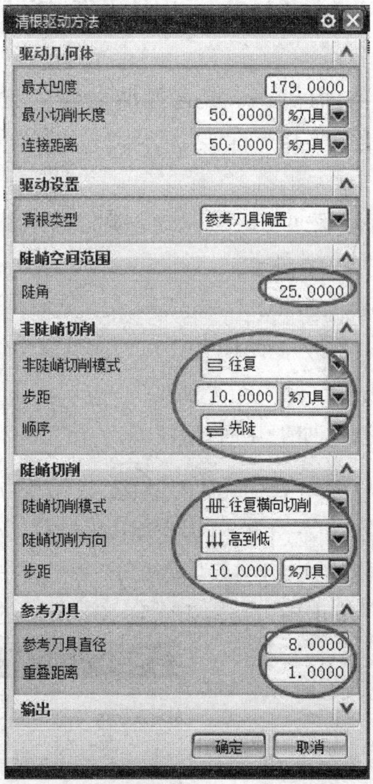

图 5-99

Step 6 生成刀轨。单击 ，生成如图 5-100 所示的清根刀轨，单击“确定”保存。

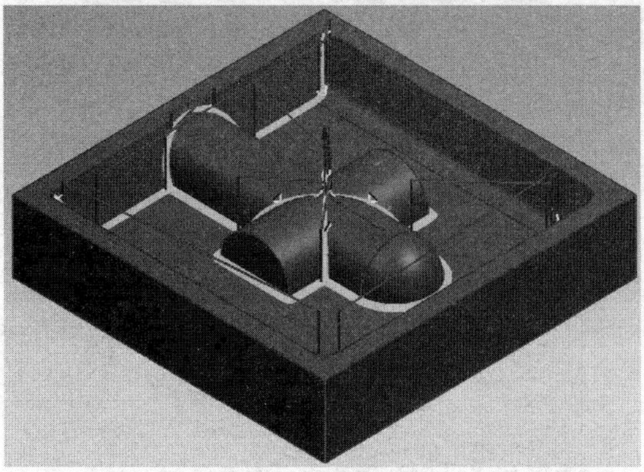

图 5-100

任务八　曲面驱动方法创建与刀轨参数设置

固定轴曲面区域驱动，选择曲面作为驱动几何体，创建一组阵列的、位于驱动面上的驱动点，然后沿投影矢量方向投影到零件面上而生成刀轨。

练习 5.10

【目的】使用曲面区域驱动创建工序，掌握曲面驱动参数设置。

Step 1 打开零件。

Open→x：\parts\fifth\surface.prt。

Step 2 运行加工模块。

单击"开始"，再单击"加工"，单击"mill_contour"，点击"确定"进入加工环境。

Step 3 创建加工几何体。

双击"WORKPIECE"，单击，点击模型作为加工的"指定部件"，单击"确定"。

Step 4 创建半径为 4 的球头 R4，过程略。

Step 5 创建曲面区域驱动工序。

方法一：单击，选择如图 5-101 所示的工序子类型和父节点，单击"确定"。

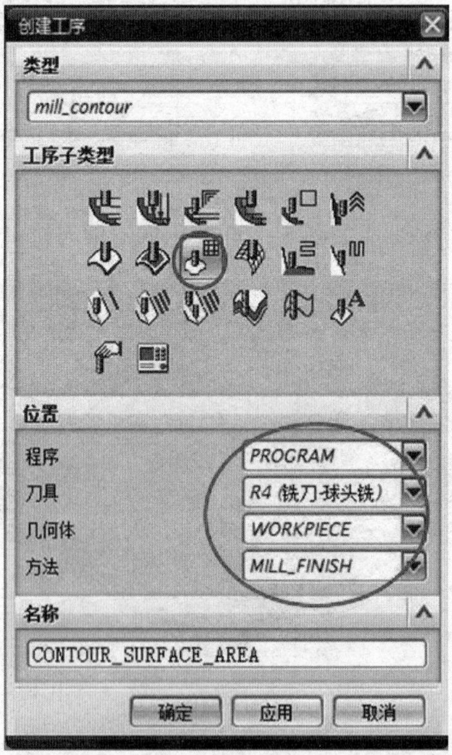

图 5-101

方法二：单击，还可以在或者选择如图 5-102 所示的工序子类型和父节点，单击"确定"。打开工序对话框选择"曲面驱动"，如图 5-103 所示，单击"确定"。

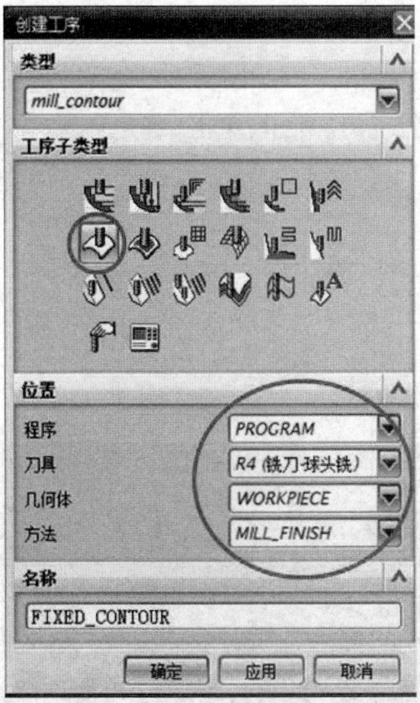

图 5-102

图 5-103

Step 6 单击驱动方法中的设置，打开驱动方法对话框，如图 5-104 所示。

图 5-104

单击,选择工件上表面作为驱动几何体,如图 5-105 所示。

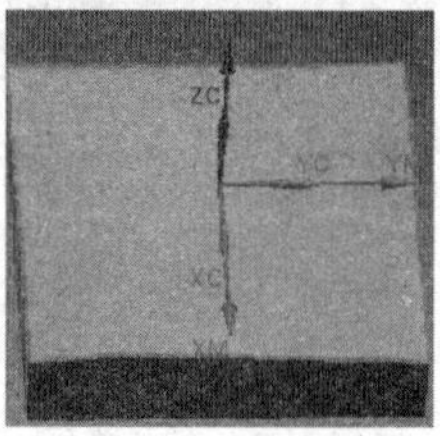

图 5-105

设置如图 5-106 所示参数,单击“预览”,结果如图 5-107 所示,单击“确定”。

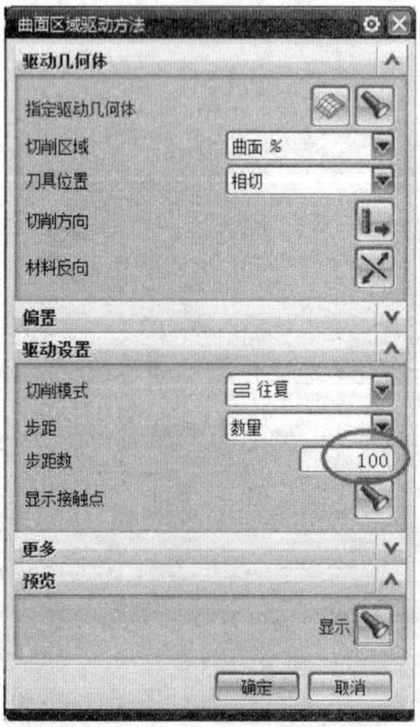

图 5-106

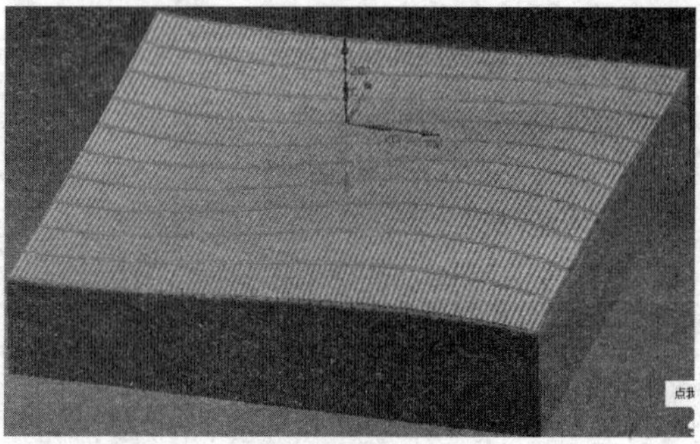

图 5-107

Step 7 生成刀轨。单击,生成如图 5-108 所示,单击“确定”,保存工序。

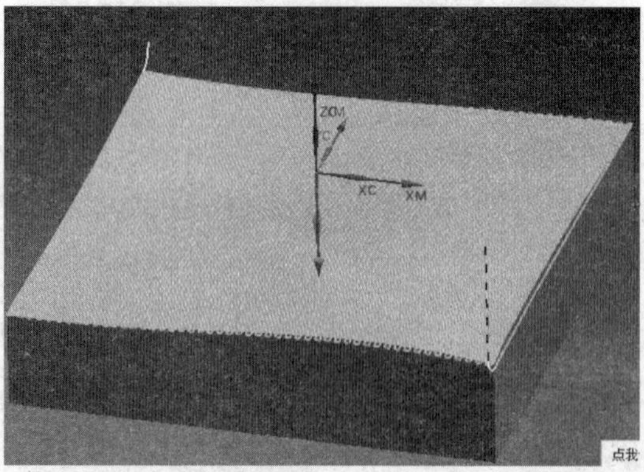

图 5-108

任务九　流线驱动方法创建与刀轨参数设置

流线驱动使用被选择的曲线、边、点及曲面等加工几何体构建隐式驱动曲面，以其参数线来产生驱动点投影到曲面上生成刀轨。相对于表面驱动方法，几何体可以不受曲面选择时必须相邻接的限制，可以选择有空隙的面。

流线驱动可以通过指定切削区域，自动指定切削区域的边缘为流曲线与交叉曲线作为驱动几何体，可以在任何复杂曲面上生成相对均匀分布的刀轨，能够创建灵活多变的刀轨。

练习 5.11

【目的】使用流线驱动创建工序，掌握流线驱动参数设置。

Step 1 打开零件。

Open→x：\parts\fifth\streamline.prt。

Step 2 运行加工模块。

单击“开始”，再单击“加工”，单击“mill_contour”，点击“确定”进入加工环境。

Step 3 创建加工几何。

单击，切换到几何视图。

双击“MCS_MILL”，定义 MCS 与 WCS 重合，同时安全设置选为“自动平面”，距离设置为“10”，单击“确定”。

双击“WORKPIECE”，单击，点击模型作为加工的指定部件，单击“确定”。

Step 4 创建流线驱动工序。

单击，选择如图 5-109 所示的工序子类型和父节点。

在图 5-109 中，单击“确定”，打开工序对话框，如图 5-110 所示。

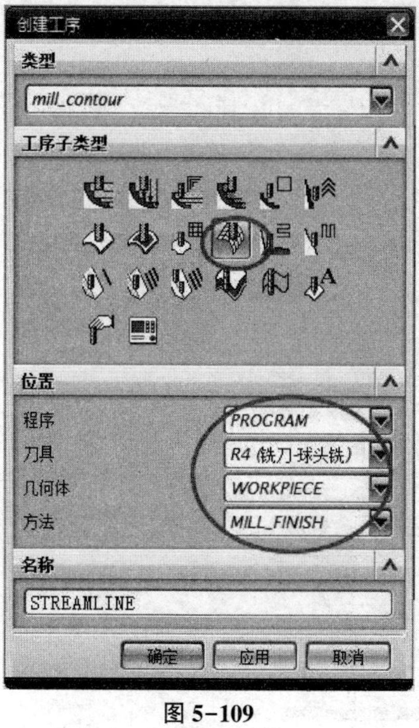

图 5-109

图 5-110

Step 5 设置流线工序参数。

方法一：在图 5-110 中，单击，选择如图 5-111 所示的加工区域，单击“确定”。

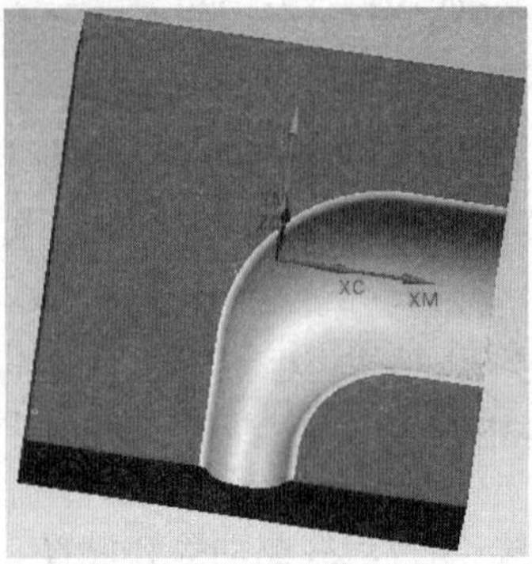

图 5-111

单击“驱动方法”中的，打开流线驱动参数设置对话框，使用“自动”方式，系统将自动根据切削区域的边界或边缘生成流曲线集和交叉曲线集。设置如图5-112所示的参数，单击“确定”。

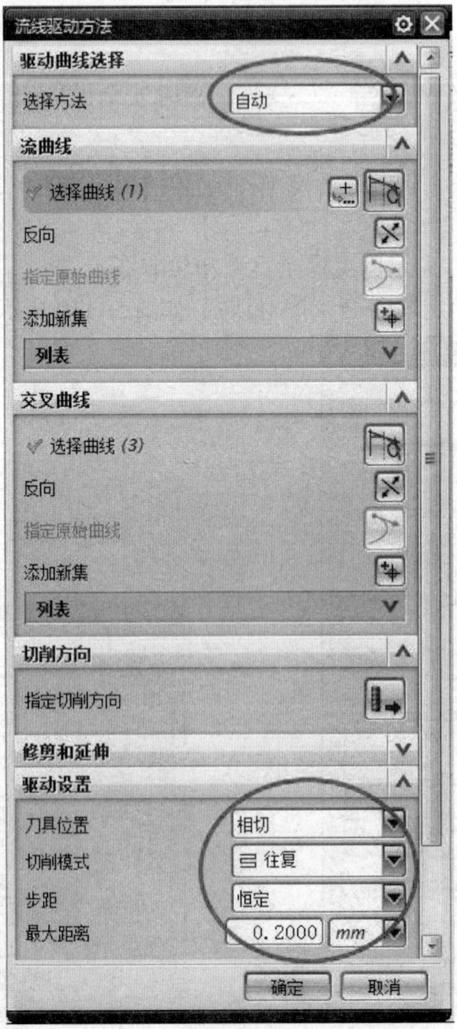

图 5-112

单击“预览”,结果如图 5-113 所示的刀轨,单击“确定”。

图 5-113

方法二:把切削区域删除,在流线驱动参数设置对话框中,使用“指定”方式,通过选择曲线以及添加新集,选择如图 5-114 所示流曲线与交叉曲线,注意选择曲线的方向。设置如图 5-112的参数,单击“确定”。

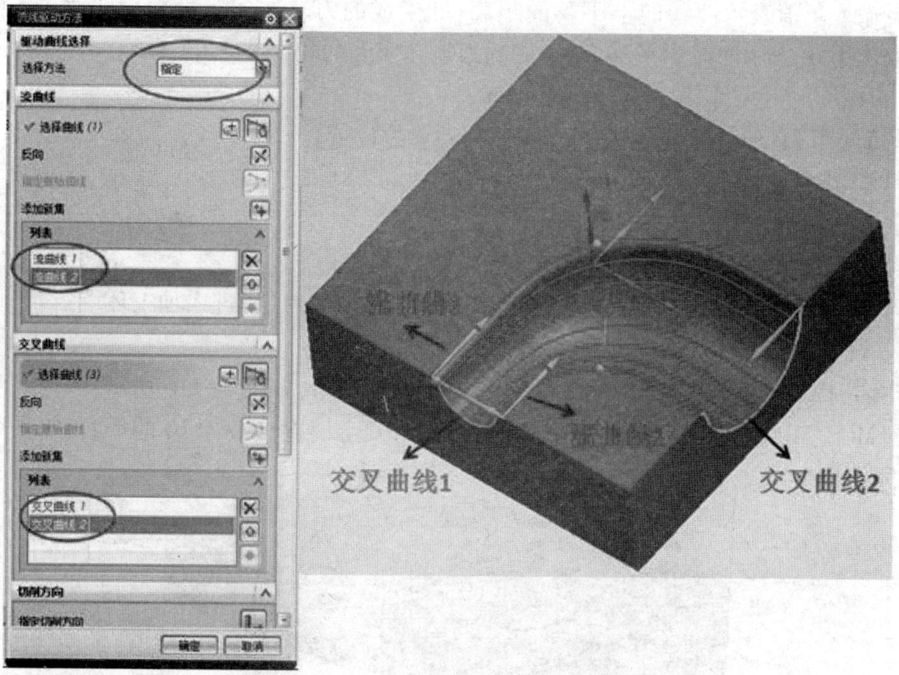

图 5-114

Step 6 生成刀轨。单击,生成如图 5-115 所示的刀轨,单击“确定”,保存工序。

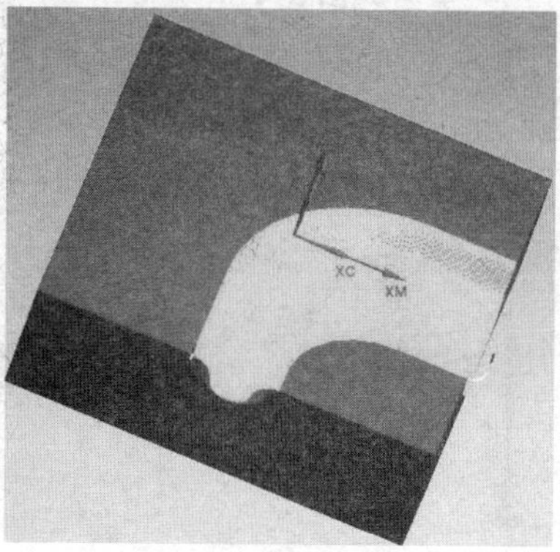

图 5-115

任务十　3D 轮廓加工方法创建与刀轨参数设置

3D 轮廓用于加工 3D 边的轮廓，刀具沿着空间轮廓运动，刀尖不受零件曲面控制，生成的路径与轮廓完全重合，加工距离最短。常用于空间曲线的雕刻加工和冲压模具的轮廓加工。

在“刀轨设置”选项组对话框中的两个参数：

(1)“部件余量”，在此项输入正值表示曲线向外偏置的距离，即生成的刀轨比实际的轮廓线大；输入负值表示曲线向内偏置的距离，即生成的刀轨比实际的轮廓线小；不输入数值，系统默认为 0，表示曲线不偏置，即生成的刀轨与实际的轮廓线相同。

(2)“Z-深度偏置”，在此项输入正值表示曲线向下平移的距离，即生成的刀轨在实际的轮廓线之下；输入负值表示曲线向上平移的距离，即生成的刀轨在实际的轮廓线之上；不输入数值，系统默认为 0，表示曲线不平移，即生成的刀轨在实际的轮廓线上。

练习 5.12

【目的】使用 3D 驱动创建工序，掌握 3D 驱动参数设置。

Step 1 打开零件。

Open→x：\parts\fifth\3d_profile_1.prt。

Step 2 运行加工模块。

单击“开始”，再单击“加工”，单击“mill_contour”，点击“确定”进入加工环境。

Step 3 设置 WCS 和 MCS。

单击切换到几何视图。把 WCS 原点设置在工件顶角，如图 5-116 所示。

双击“MCS_MILL”，定义 MCS 与 WCS 重合，同时安全设置选 ZC = 10 的平面，单击“确定”。

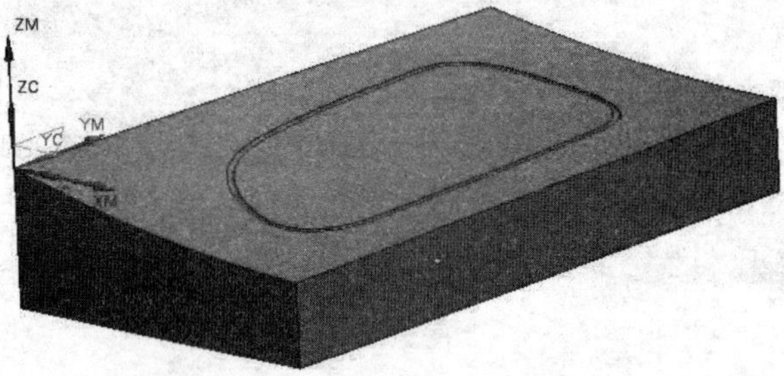

图 5-116

Step 4 创建 3D 轮廓加工工序。

单击，选择如图 5-117 所示的工序子类型和父节点。

在图 5-117 中，单击“确定”，打开工序对话框，如图 5-118 所示。

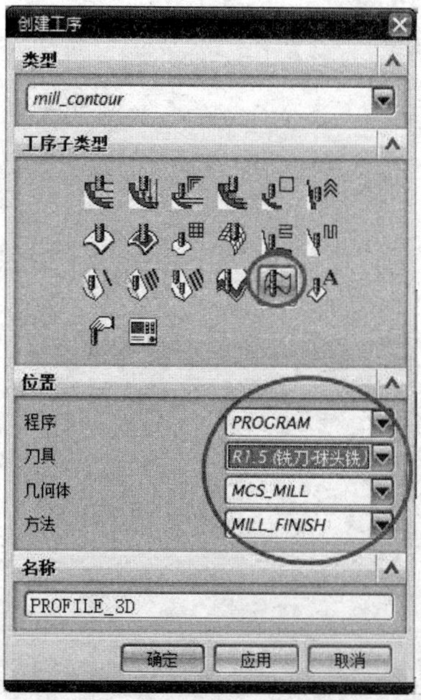

图 5-117

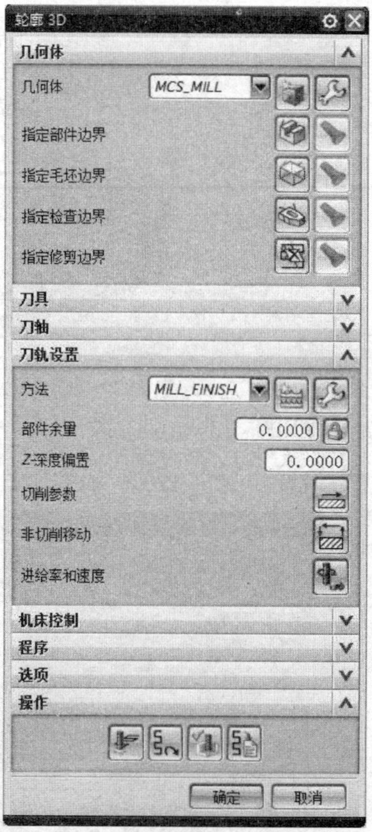

图 5-118

Step 5 设置 3D 轮廓工序参数。

在如图 5-118 所示的 3D 轮廓工序对话框中，单击，打开边界定义对话框，设置如图 5-119 所示的参数，单击“确定”。

选择如图 5-120 所示的边，单击“确定”，创建如图 5-120 所示的边界，单击“确定”。

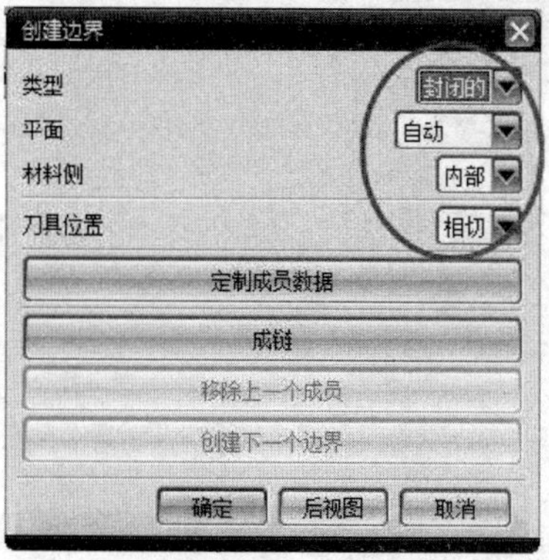

图 5-119

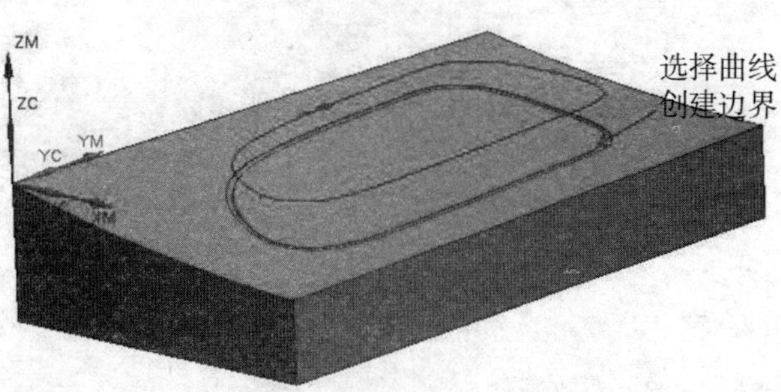

图 5-120

Step 6 生成刀轨。

在“Z-深度偏置”中输入“1.5”，单击生成刀轨，如图 5-121 所示，只生成一条刀轨，单击“确定”。

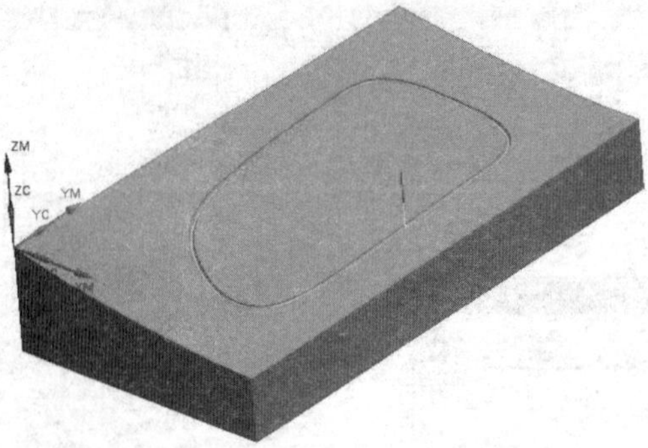

图 5-121

Step 7 设置切削与非切削参数。

单击，设置如图 5-122 所示的参数，单击“确定”。

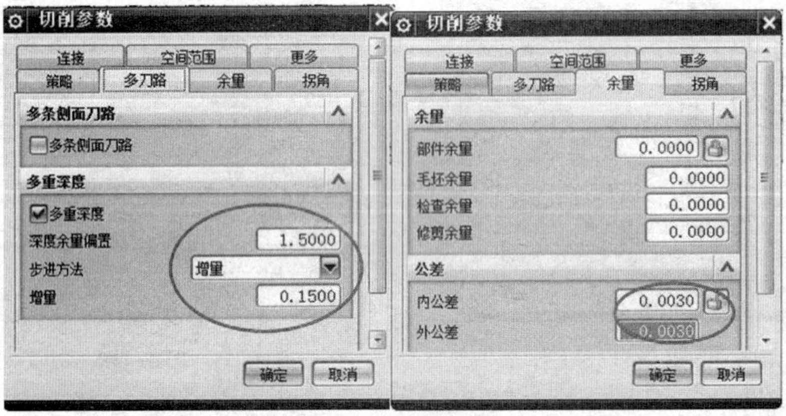

图 5-122

单击，设置如图 5-123 所示的参数，单击“确定”。

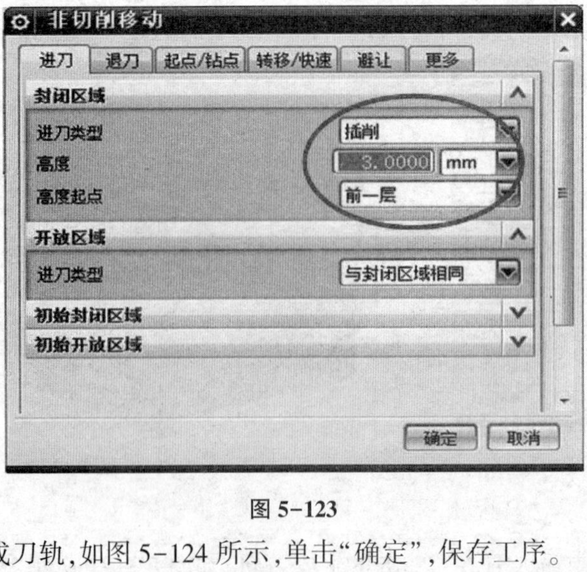

图 5-123

Step 8 单击生成刀轨，如图 5-124 所示，单击“确定”，保存工序。

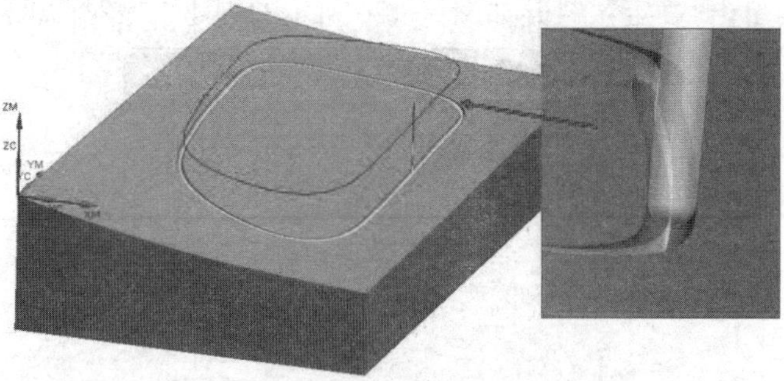

图 5-124

练习 5.13

【目的】

Step 1 打开零件。

Open→x：\parts\fifth\3d_profile_2.prt。

Step 2 运行加工模块。

单击“开始”，再单击“加工”，单击“mill_contour”，点击“确定”进入加工环境。

Step 3 定义加工几何体。

单击切换到几何视图。

双击“MCS_MILL”，定义 MCS 与 WCS 重合，安全设置为“自动平面”，单击“确定”。

双击“WORKPIECE”，单击，点击模型作为加工的“指定部件”，单击“确定”。

Step 4 创建刀具。

创建球刀 R5，过程略。

Step 5 创建 3D 轮廓加工工序。

单击，选择如图 5-125 所示的工序子类型和父节点。

图 5-125

在图 5-125 中,单击“确定”,打开如图 5-126 所示的创建工序对话框。

图 5-126

Step 6 单击,打开边界定义对话框,设置如图 5-127 所示的参数,边界平面为 XC-YC 平面,单击“确定”。

图 5-127

过滤器选择“相切曲线”任意选择部件上边的任一条边，单击“确定”，创建如图 5-128 所示的边界，单击“确定”。

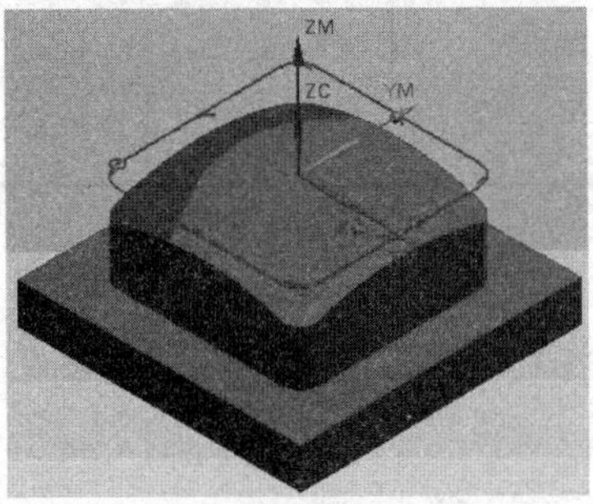

图 5-128

Step 7 生成刀轨。

在“Z-深度偏置”中输入“5”。

单击生成刀轨，如图 5-129 所示，单击“确定”，并保存刀轨。

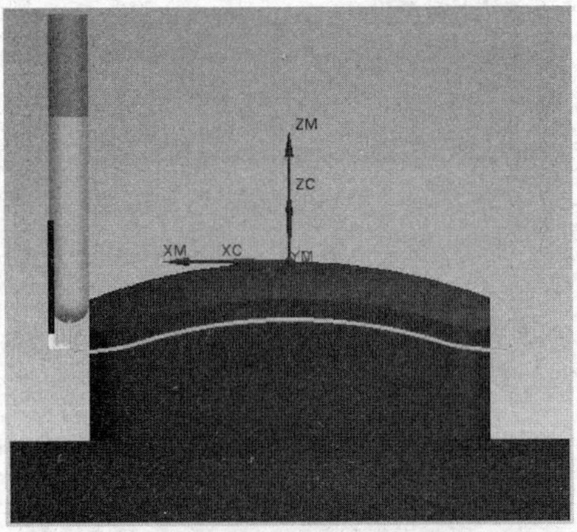

图 5-129

任务十一　刀轨驱动方法创建与刀轨参数设置

刀轨驱动是使用一个刀具位置源文件中的刀轨作为驱动刀轨，在当前工序中建立一个类似的曲面轮廓铣工序，沿已存在的刀轨生成新的刀轨驱动点，沿刀轴方向投影到加工表面上，从而生成刀轨。

练习 5.14

【目的】使用刀轨驱动创建工序，掌握刀轨驱动参数设置。

Step 1 打开零件。

Open→x:\parts\fifth\toolpath.prt。

Step 2 生成平面铣刀轨。

单击，切换到几何视图。

双击“FACE_MILLING”工序，点击生成刀轨，结果如图 5-130 所示。

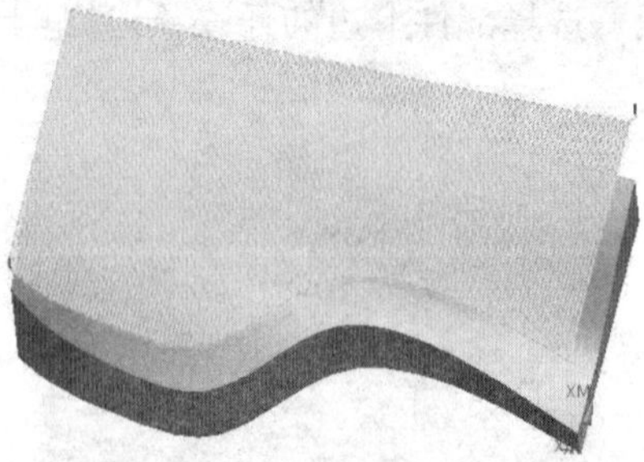

图 5-130

Step 3 输出刀位源文件(CLSF)。

在加工工序工具条中,单击输出 CLSF ,打开刀位源文件输出对话框,如图 5-131 所示,选择一种刀位源文件格式,指定刀位源文件名及路径,单击“确定”,输出刀位源文件。

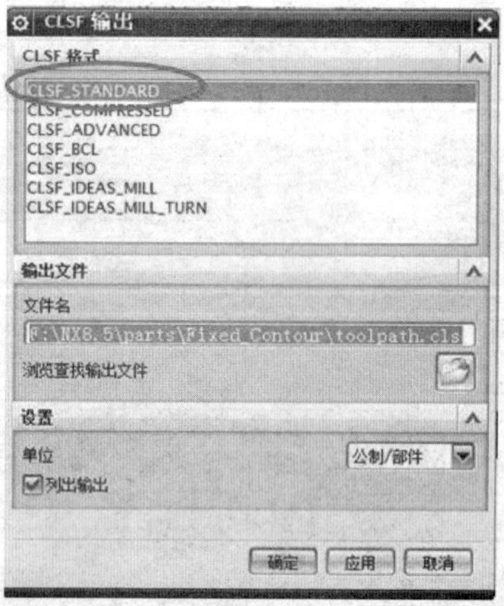

图 5-131

Step 4 创建刀轨驱动工序。

单击 ,选择如图 5-132 所示的工序子类型和父节点。

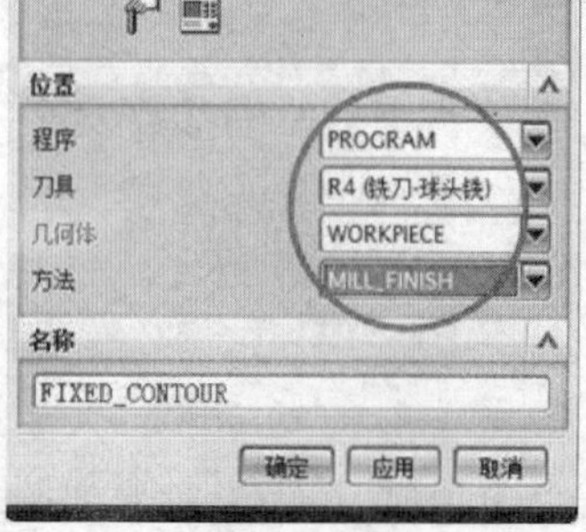

图 5-132

Step 5 在图 5-132 中，单击“确定”，打开工序对话框。在驱动方法中选择“刀轨”驱动，如图 5-133 所示。

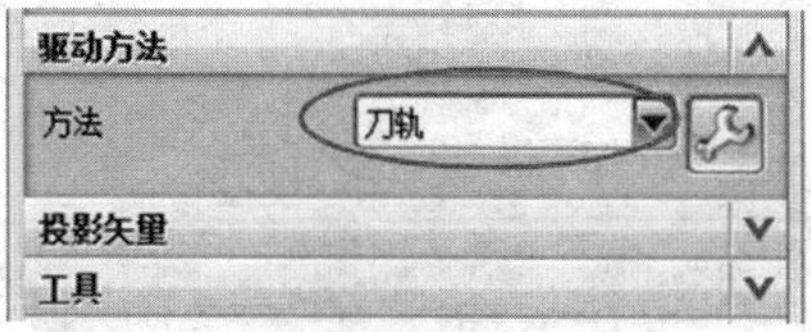

图 5-133

当屏幕出现“更改驱动方法需要重置驱动几何体和一些参数”的提示时，单击“确定”，选择刚刚保存的“toolpath.cls”刀轨，如图 5-134 所示的刀位源文件，单击“OK”。

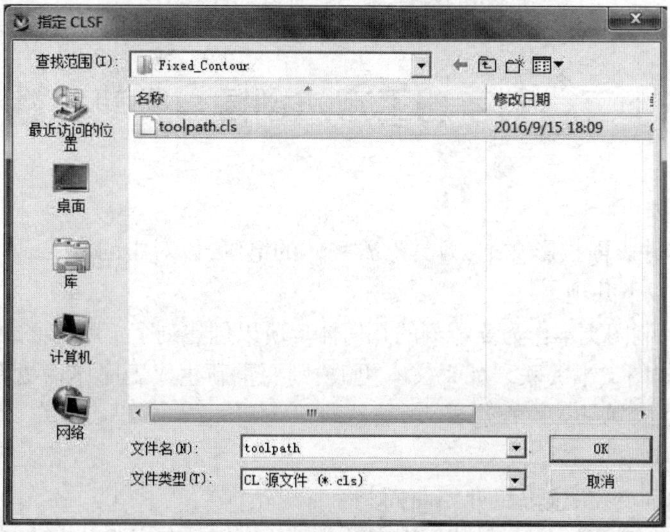

图 5-134

在如图 5-135 刀轨驱动方法对话框中，单击“FACE_MILLING”，单击“确定”。

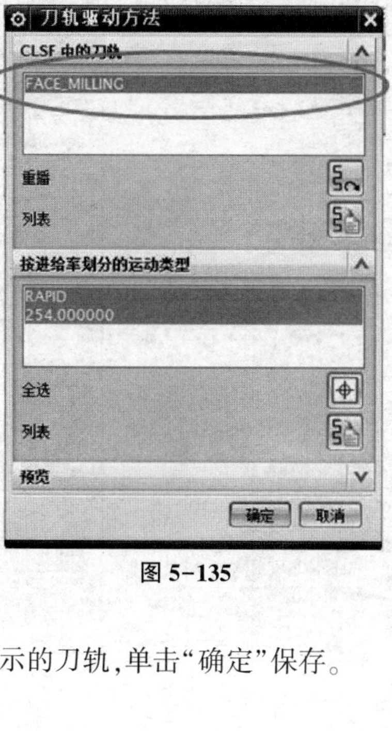

图 5-135

Step 6 生成刀轨。

单击，生成如图 5-136 所示的刀轨，单击“确定”保存。

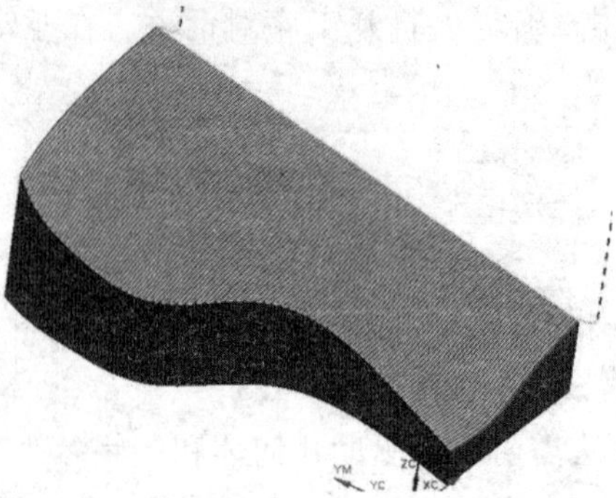

图 5-136

任务十二　刻字加工方法创建与刀轨参数设置

1.刻字工作原理

在沿刀轴向零件表面投影文本,刀具沿着字体的笔画,以对中的方式,生成刀具轨迹。

2.刻字要注意以下几项

第一,只能选择制图文本作为要雕刻的几何体。所以创建刻字工序前必须先创建制图文本。

第二,刀轨与制图文本关联。如果文本更改,则要重新生成工序作以更新刀轨。

第三,“修剪边界”项与“检查边界”项被忽略。

3.刻字有两种类型

平面刻字和曲面刻字,这里只介绍曲面刻字。

在曲面上刻字有两种方法,一是使用固定轴曲面轮廓铣的文字驱动方式,如图 5-137 所示;二是直接使用如图 5-138 所示的刻字功能。两者用法基本相同,都需要先书写文字(英文或汉字字符),再创建刻字工序,一般使用球刀加工,刻字深度不能大于刀具半径,否则刀轨将不可靠。

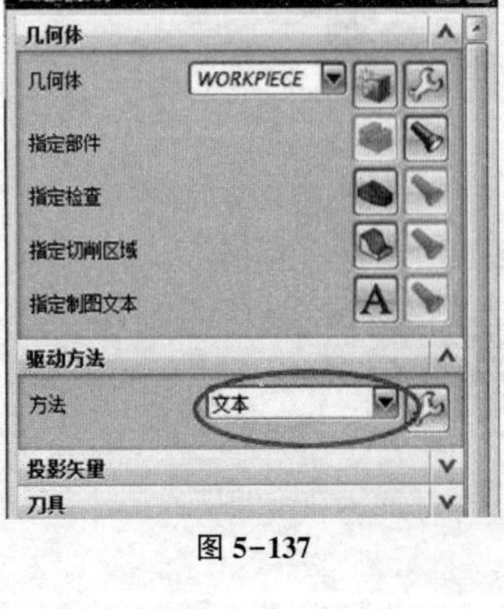

图 5-137

图 5-138

练习 5.15

【目的】使用文本制图，创建文本刻字工序。

Step 1 打开零件。

Open→x：\parts\fifth\text.prt。

Step 2 选择“格式”菜单栏中“WCS”，将 WCS 的原点定位在零件的最高中心位置，如图5-139所示。因为书写的字呈现在 X-Y 平面，方便字体的位置摆放。

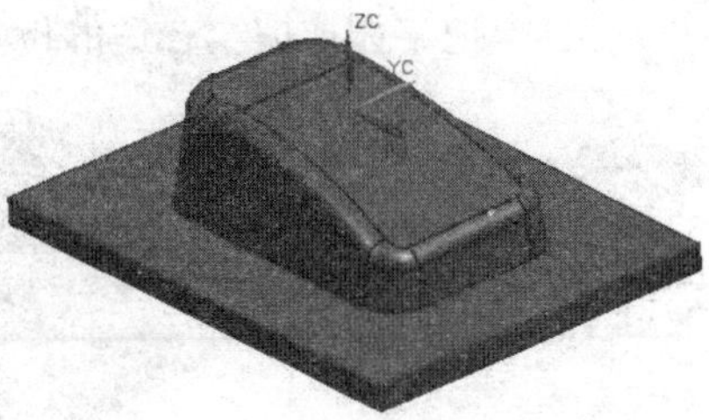

图 5-139

Step 3 书写字要雕刻的字符。

如图 5-140 所示，在开始菜单中选择“制图”。或在菜单中“插入”，单击A，打开注释编辑器。

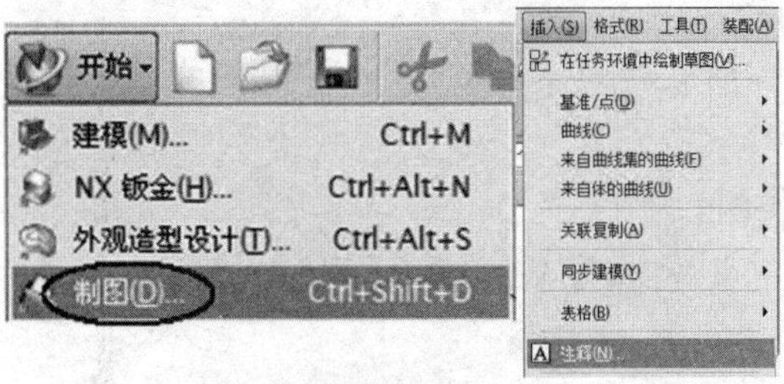

图 5-140

点击“样式”，设置如图 5-141 所示的参数，单击“确定”，在“文本输入”中输入“数控铣削编程”，如图 5-142 所示。

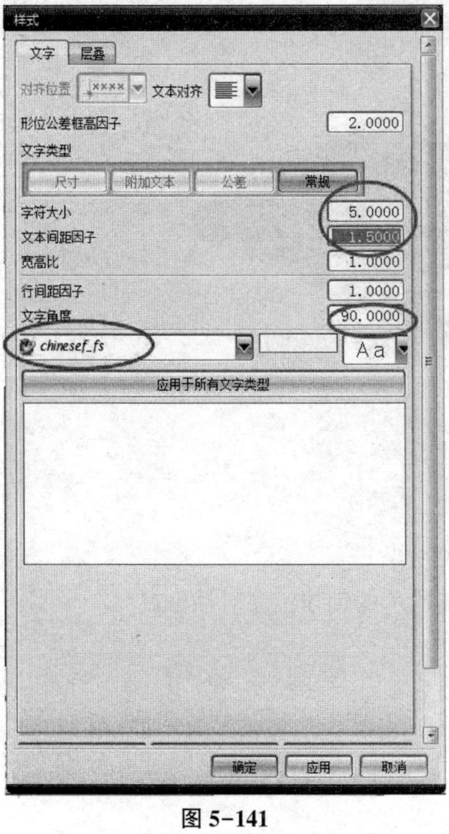

图 5-141

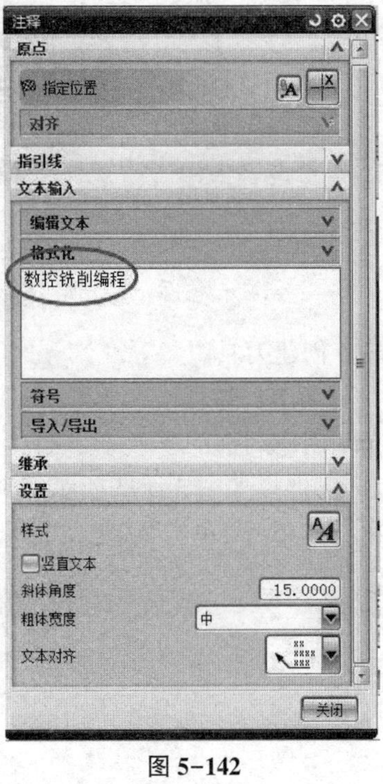

图 5-142

移动鼠标,把字体拖拽至合适的位置,双单击鼠标左键即可,如图 5-143 所示。

图 5-143

若文字放置位置不理想,选中文字,左键按住不放拖动文字到理想位置上,松开左键。

Step 4 运行加工模块。

单击“开始”,再单击“加工”进入加工环境。

Step 5 定义几何体。

单击切换到几何视图。

双击“MCS_MILL”,定义 MCS 与 WCS 重合,同时安全设置选为“自动平面”,距离设置为“10”,单击“确定”。

双击“WORKPIECE”,单击,过滤类型选择为“面”,单击要刻字的面模型作为加工的指定部件,如图 5-144 所示,单击“确定”。

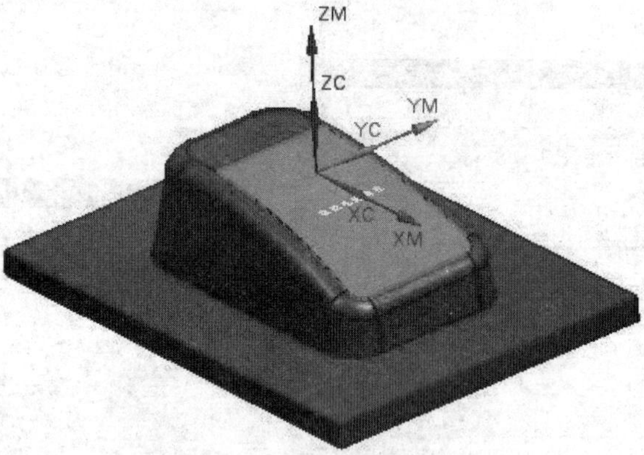

图 5-144

Step 6 创建刀具。

创建球刀 R1,过程略。

Step 7 创建刻字工序。

单击,选择如图 5-145 所示的工序子类型和父节点。

在图 5-145 中,单击“确定”,打开如图 5-146 所示的创建工序对话框。

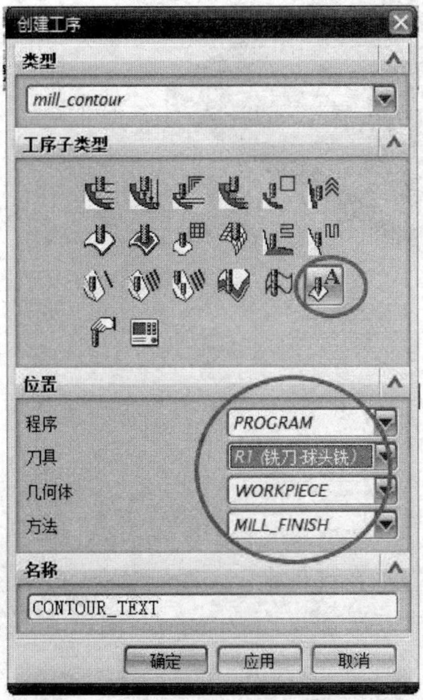

图 5-145

图 5-146

Step 8 单击A,选择文字“数控铣削编程”,单击“确定”。

单击,设置如图 5-147 所示的参数,单击“确定”。

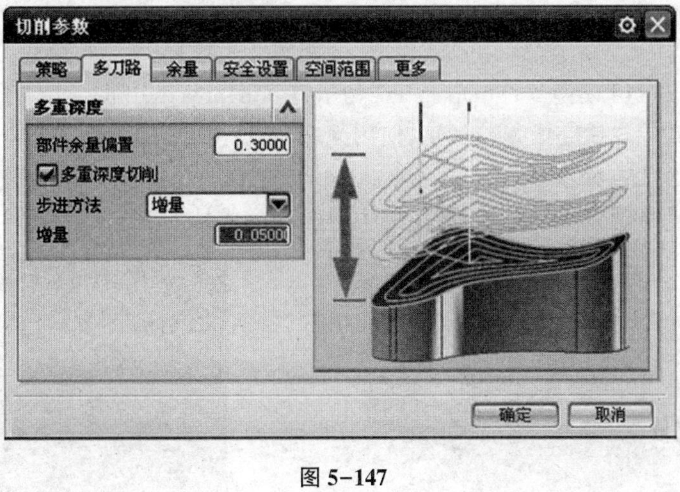

图 5-147

Step 9 生成刀轨。

单击生成刀轨,如图 5-148 所示,单击,保存工序。

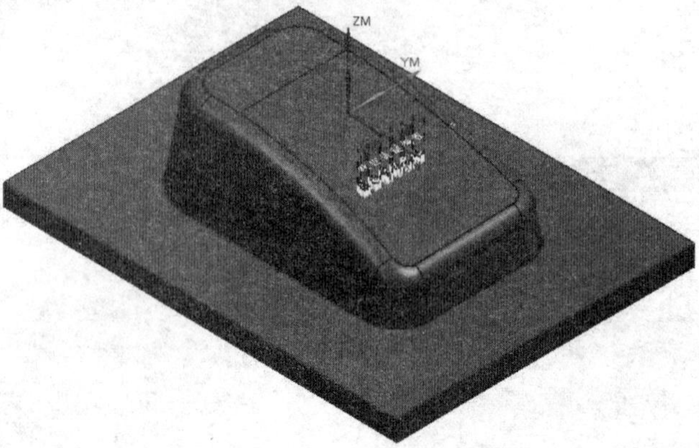

图 5-148

思考题

1.固定轴曲面轮廓铣两次刀轨是如何生成的?

2.固定轴曲面轮廓铣能用于粗加工吗?

3.固定轴曲面轮廓铣不定义毛坯能生成刀轨吗?

4.区域驱动工序中如何区分步距应用“在平面上”和“在部件上”?

5.径向驱动能用区域驱动代替吗? 分别用这两种方法加工“radial.prt”零件,比较它们的区别。

6.清根工序刀轨生成的条件是什么? 径向驱动能用来清根吗?

7.按照图 5-146 和图 5-147 的设置,第一层切削时的高度是多少?

8.刻字工序中的“余量”能否设置为负数? 多刀路的“部件偏置”设为正数,则开始进刀与部件表面的位置关系?

练习题

5.1 打开如图 5-149 模型零件(Open→x:\parts\ fifth\area_milling_ex.prt),使用型腔铣完成粗加工,再使用等高轮廓铣完成半精加工,使用区域驱动完成精加工。

5.2 打开如图 5-150 模型零件(Open→x:\parts\ fifth\ boundary_ex.prt),使用型腔铣完成粗加工,再使用等高轮廓铣完成半精加工,使用边界驱动完成精加工。

图 5-149

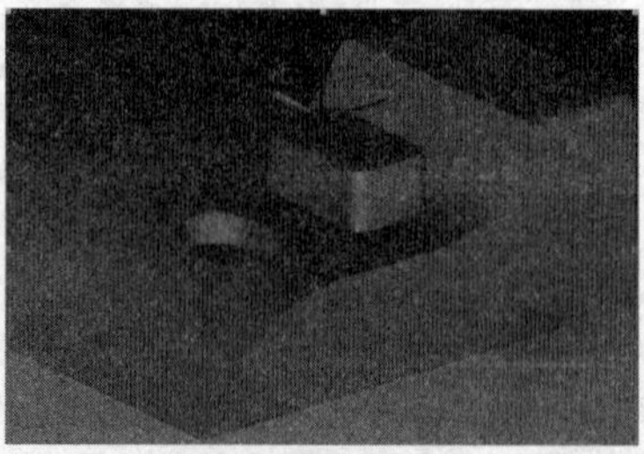

图 5-150

5.3 打开如图 5-151 模型零件(Open→x:\parts\ fifth\ radial_ex.prt),使用型腔铣完成粗加工,再使用等高轮廓铣完成半精加工和精加工,使用径向驱动完成精加工。

5.4 打开如图 5-152 模型零件(Open→x:\parts\ fifth\ streamline_ex.prt),使用流线驱动完成精加工。

图 5-151

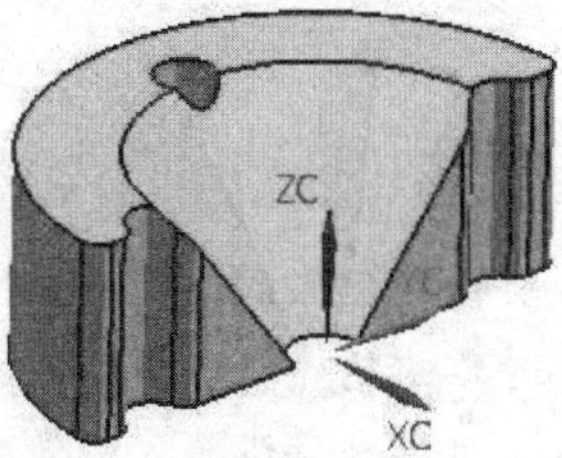

图 5-152

5.5 打开如图 5-153 模型零件(Open→x:\parts\ fifth\ streamline_ex.prt),完成粗加工,半精加工,精加工,清根加工,刻线加工。

图 5-153

模块六　平　面　铣

［任务导读］

1.掌握平面铣工序的创建；
2.掌握边界的创建与设置；
3.掌握切削层参数设置；
4.掌握平面铣工序的创建与参数设置；
5.掌握面铣工序的创建与参数设置。

任务一　认识平面铣

一、平面铣特点

平面铣泛指有关平面的粗加工、半精加工、精加工以及在平表面上雕刻图案字符。平面铣是一种2.5轴的加工方式，在加工过程中产生水平方向的X-Y两轴联动，而Z轴方向只在完成水平层加工后才作单独的动作。其主要特点如下：

（1）平面铣用于加工由平面和与之相垂直的侧面构成的零件，图6-1和图6-2是一个典型的可使用平面铣加工的例子。

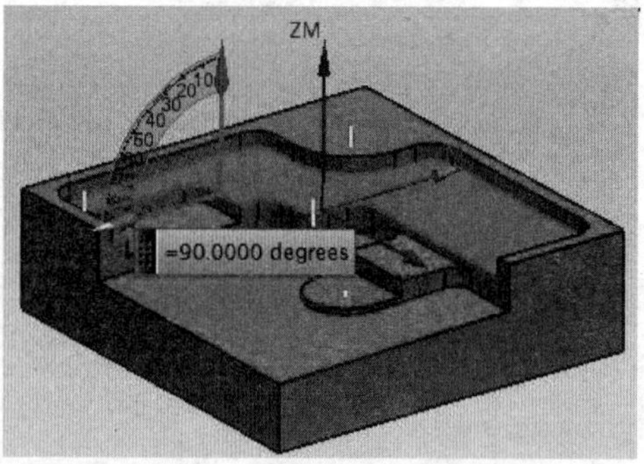

图6-1

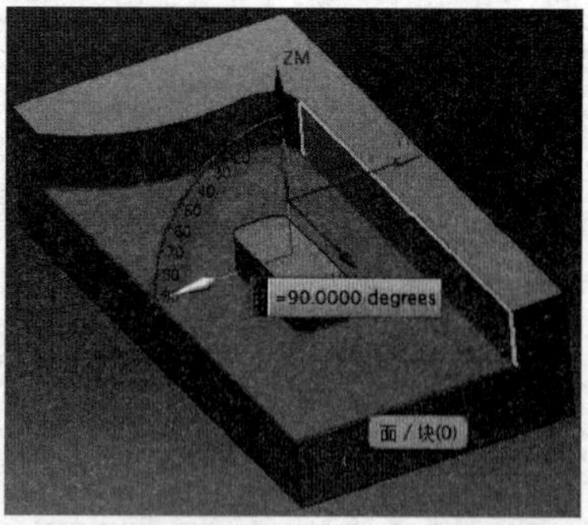

图6-2

（2）平面铣不是由三维实体来定义加工几何体，而是通过点、曲线或面创建的边界来确定加工的区域，边界是必须定义的几何体。如图6-3所示为平面铣工序几何体及已创建的边界示意图。

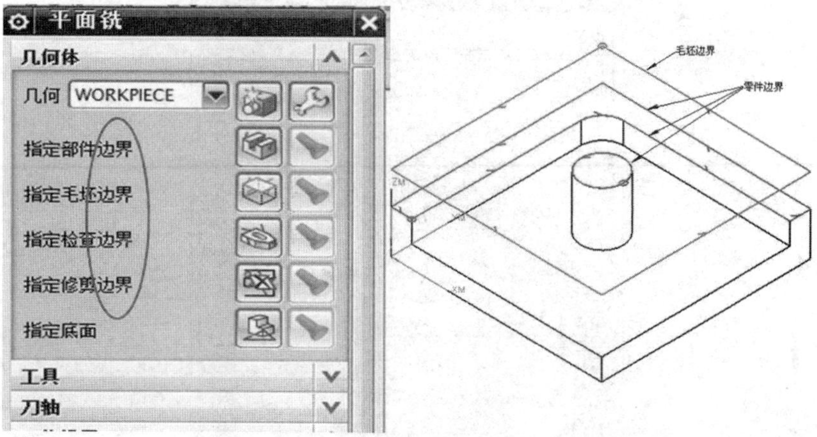

图 6-3

(3)平面铣分层切削时,每个切削层都与刀具轴线垂直,每一层的刀路除了深度不同外,形状与上一个或下一个刀路都是严格相同的,图 6-4 是平面铣分层切削的刀轨示意图。

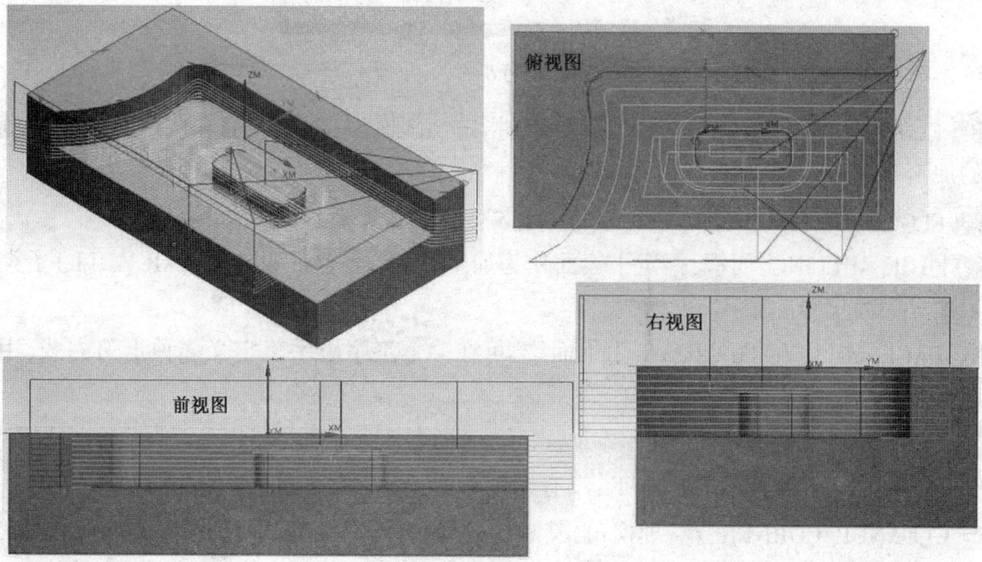

图 6-4

二、平面铣工序子类型

平面铣工序子类型如图 6-5 所示,每一种工序子类型都有其特点和用法,不同的子类型的几何体选择、默认的切削模式、加工区域判断将有所差别。用户可根据零件的加工要求,选择一种较为合适的工序子类型。如果这些工序子类型不能满足使用要求,用户还可以根据自己的加工特点,创建新的工序子类型。

图 6-5

FLOOR_WALL:底面与壁铣,通过可以指定切削区域,加工底面和侧壁。如果对侧壁有不同的加工要求,可以使用此工序子类型。

FLOOR_WALL_IPW:带 IPW 底面与壁铣,使用 IPW 加工底面和侧壁。

FACE_MILLING:面铣,指定平表面作为加工几何,比平面铣(PLANAR_MILL)子类型加工平表面更为简单、方便。

FACE_MILLING_MANUAL:手工面铣,可在一个工序中手工定义多种走刀方式,用于加工轮廓形状复杂的平表面。

PLANAR_MILL:平面铣工序基本形式,其他平面铣工序子类型可以理解为此种形式的特例。

PLANAR_PROFILE:轮廓加工,没有切削方法选择,只用于平面轮廓加工。

CLEANUP_CORNERS:清理拐角,其默认的切削方式为跟随零件走刀(Follow Part),使用此工序子类型可清理内拐角的残余材料。

FINISH_WALLS:侧壁精加工,其默认的切削方式为轮廓走刀,主要用于侧壁精加工。

FINISH_FLOOR:底面精加工,其默认的切削方式为跟随零件走刀,主要用于平表面的精加工。

HOLE_MILLING:螺纹铣加工,当螺纹直径太大而无法攻丝或冲模时,通常使用此方法加工孔或凸台的螺纹。

THREAD_MILLING:铣削孔,用螺旋式铣削加工孔或凸台。

PLANAR_TEXT:刻字,在平表面上雕刻字符,包括英文字母、汉字及其他特殊字符。

MILL_CONTROL:机床控制,用于创建机床控制操作,添加后处理命令如换刀、主轴开关、切削液开关以及夹具夹紧松开等。

MILL_USER:用户自定义铣削方式。

任务二　边界及其创建

一、边界及其特点

边界是平面曲线(串)。在平面铣中,边界可用点(Points)、曲线(Curves)、边(Edges)或平表面(Faces)来定义,具有以下特点:

(1)边界可以是封闭的,也可以是开放的,如图6-6所示。

(2)边界有开始端。

(3)边界有方向性。

(4)边界的每一段轮廓称为一个边界成员。

(5)边界包含刀具的定位方式,即与刀具相切或刀具的中心在边界上,如图6-6所示。

(6)边界需要指定材料侧。对封闭边界,材料侧在边界的里边或外边;对于开放边界,材料侧则在边界的左边或右边。

(7)边界应定义在材料的顶部,以确定零件几何或毛坯几何。

(8)边界分为永久边界与临时边界。

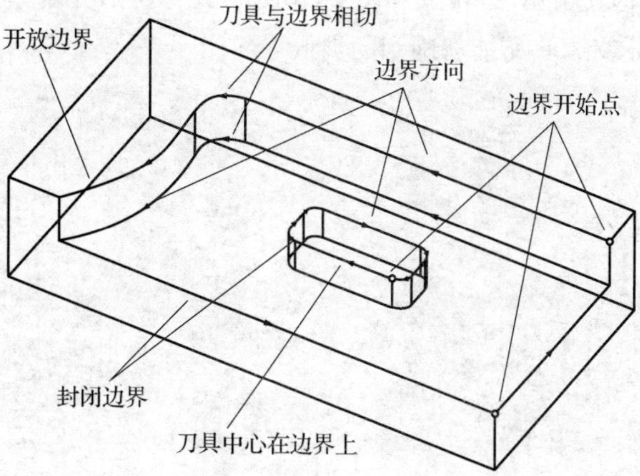

图 6-6

二、边界类型

如图6-7所示,平面铣削边界分为部件边界、毛坯边界、检查边界和修剪边界。

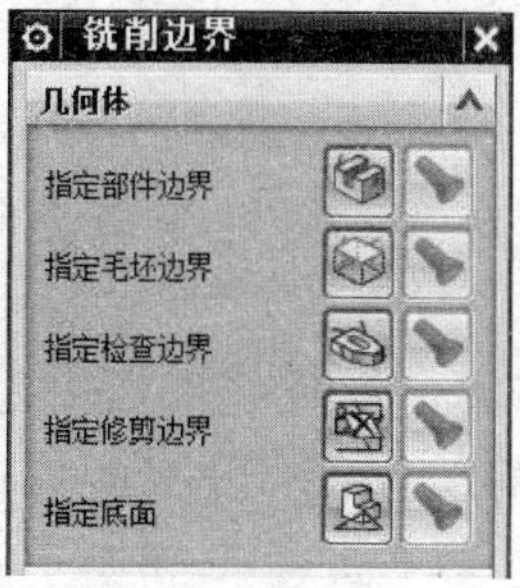

图 6-7

Part Boundary：零件边界，定义被保留材料的边界，如图 6-8 所示。

Blank Boundary：毛坯边界，定义被切削的材料的边界，如图 6-8 所示。

Check Boundary：检查边界，定义刀具必须避让的边界即不能切入的边界如夹具等，如图 6-8 所示。

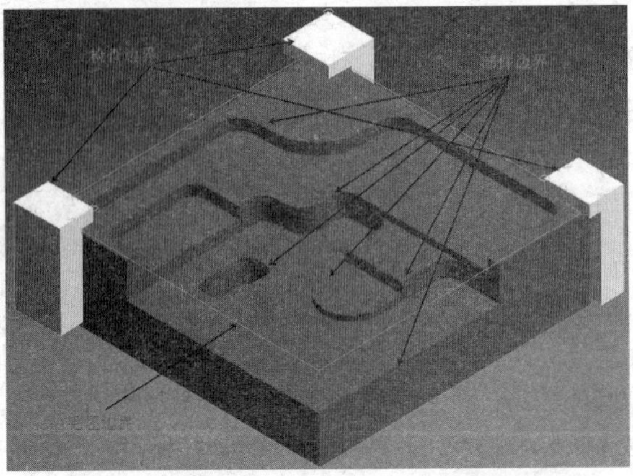

图 6-8

Trim Boundary：修剪边界，定义要被删除或被保留的刀轨范围，如某一区域的刀轨要删除，可以定义修剪边界将其删除，图 6-9 和图 6-10 是利用修剪边界删除刀轨的实例。

Floor：底平面，定义刀具所能切削到的最低平面。

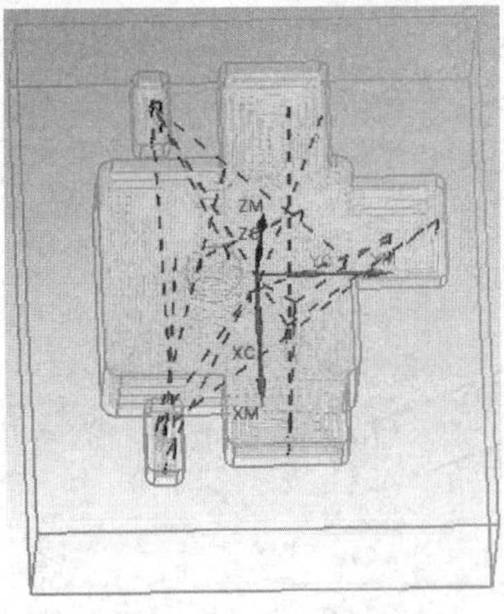

图 6-9

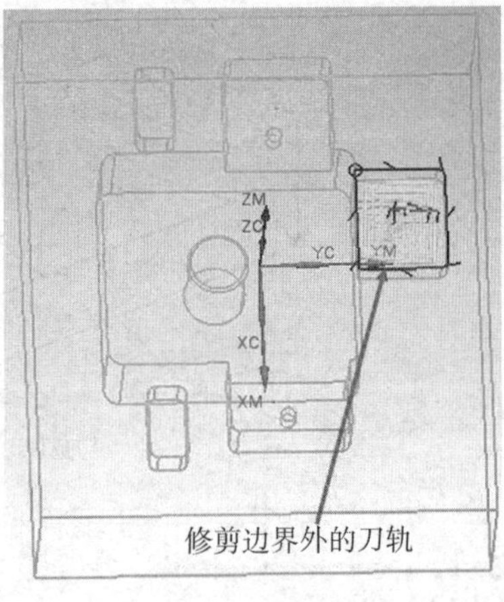

图 6-10

三、永久边界及其创建

1.永久边界

永久边界使用工具菜单中的边界功能定义，只能由曲线和边构成。永久边界具有如下特点：

(1) 永久边界与其创建的父几何体完全相关，即当父几何体变化时，永久边界会随之变化。但位置不会变化，如图 6-11 所示，把工件放大 3 倍后的边界。

(2) 永久边界一旦创建，始终以边界形式显示，虽然不能被编辑，但可以删除。

(3) 永久边界的优点是不但可以被重复使用，还可以防止重复选择相同的几何体。

图 6-11

2.创建永久边界

创建永久边界有两种方法:第一种,在主菜单中,选择“工具”→“边界”;第二种,利用在平面铣工序中临时边界来创建。

练习 6.1

【目的】学习永久边界创建。

Step 1 打开零件。

Open→x:\parts\sixth\create_bnd_1.prt。

Step 2 运行加工模块。

单击“开始”,再单击“加工”,选择“mill_ planar”,点击“确定”进入加工环境。

Step 3 创建永久边界。

选择如图 6-12 左所示的创建边界菜单,打开创建永久边界对话框,如图 6-12 右所示。

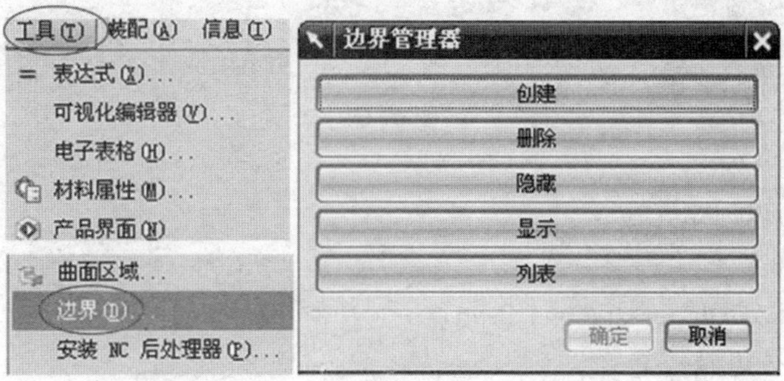

图 6-12

Step 4 在图 6-12 中,单击“创建”按钮,显示如图 6-13 所示的对话框。

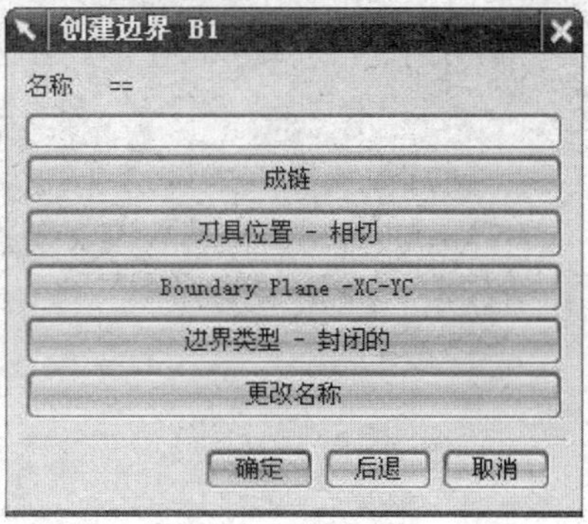

图 6-13

注意:系统默认的刀具位置为“相切”,边界平面为“XC-YC 平面”,边界类型为“封闭”,若要改变,单击相应项即可。

在图 6-13 中,单击边界平面“Boundary Plane-XC-YC”,打开边界平面定义对话框,单击“通过对象”,选择模型中的顶面,如图 6-14,定义其为边界平面。

图 6-14

再选择 4 条外形边,单击“确定”,生成如图 6-15 所示的永久边界。

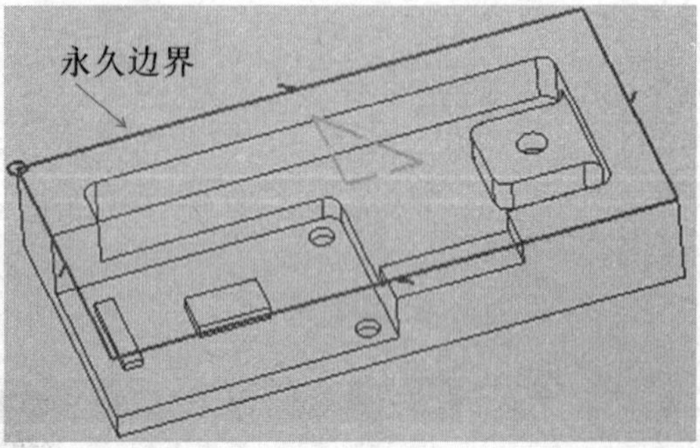

图 6-15

练习 6.2

【目的】永久边界创建。

Step 1 打开零件。

Open→x:\parts\sixth\ create_bnd_2.prt。

Step 2 创建永久边界。

单击,切换到几何视图,单击“PLANAR_MILL”,如图 6-16 所示。

图 6-16

双击“PLANAR_MILL”,打开平面铣削对话框,如图 6-17 所示。

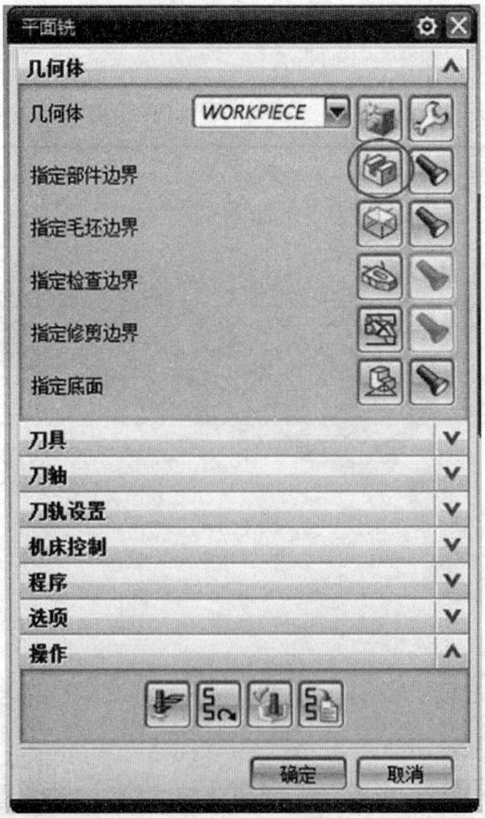

图 6-17

单击“指定部件边界”图标,打开编辑边界对话框,如图 6-18 所示。

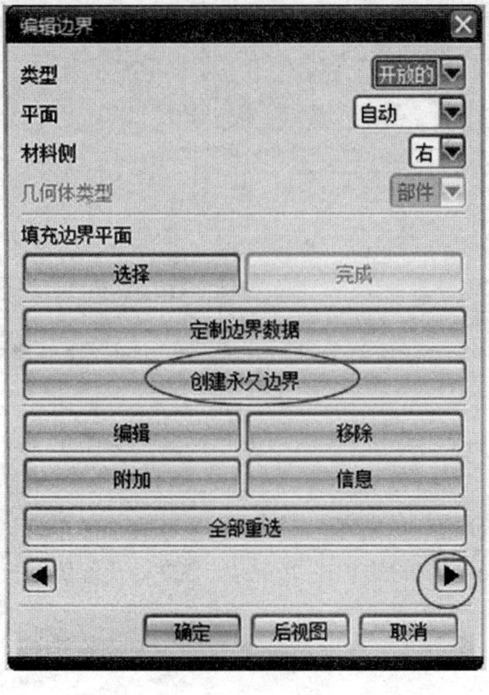

图 6-18

在图 6-18 中，单击“创建永久边界”，创建开放的永久边界。

单击▣，再单击“创建永久边界”，创建封闭的永久边界。

Step 3 单击“确定”，结果如图 6-19 所示。

图 6-19

四、临时边界及其创建

1.临时边界及其特点

临时边界是指在平面铣工序对话框中，如图 6-7 所示，或在创建边界几何对话框中定义的边界，如图 6-20 所示。

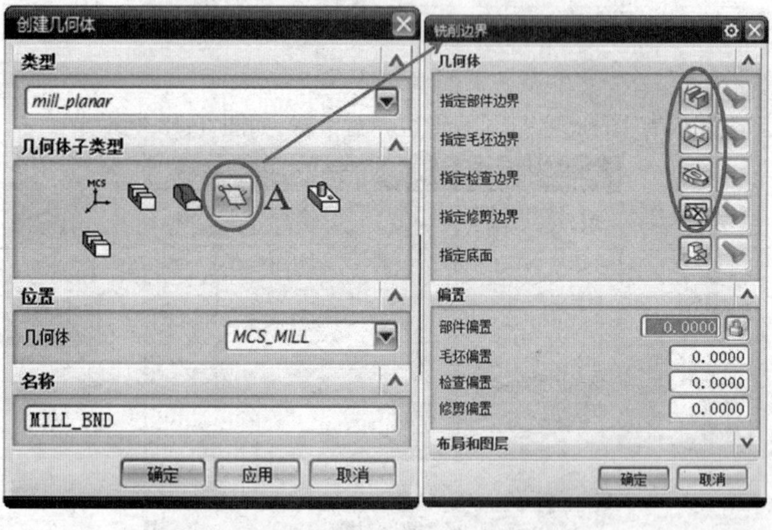

图 6-20

临时边界作为临时实体显示在屏幕上，当屏幕刷新时，临时边界消失，当需要显示时，单击边界显示按钮▣即可显示。临时边界具有以下特点：

(1)临时边界可由点、曲线、边、平面或永久边界来生成，与其创建的父几何体完全相关。父几何体的任何改变都将导致临时边界的更新，以反映父几何体的变化。

(2)临时边界可以被编辑。当临时边界由永久边界创建时,临时边界与创建永久边界的曲线或边相关,而与永久边界没有相关性。如果永久边界被删除,将不会影响临时边界的存在。

2.创建临时边界

创建临时边界有两种方法,分别如图 6-7 和图 6-20 所示。它们的不同之处在于:前者定义的边界只用于所在的工序中,但不能定义边界的余量、切削速度等参数,如图 6-21 所示;而后者定义的边界几何可以被多个工序共享使用,在各个铣削工序中可以定义边界的余量、切削进给率,如图 6-22 所示。

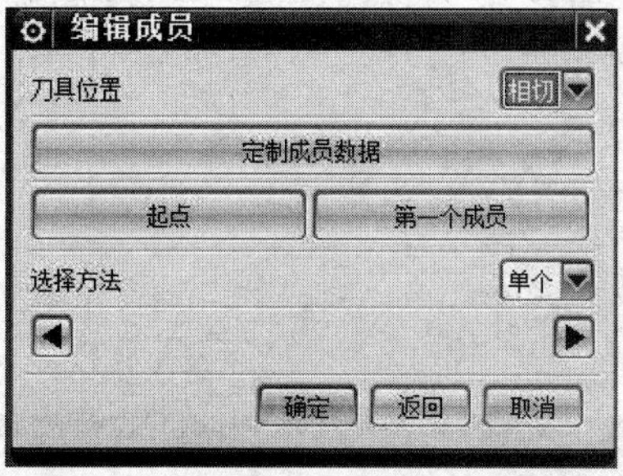

图 6-21

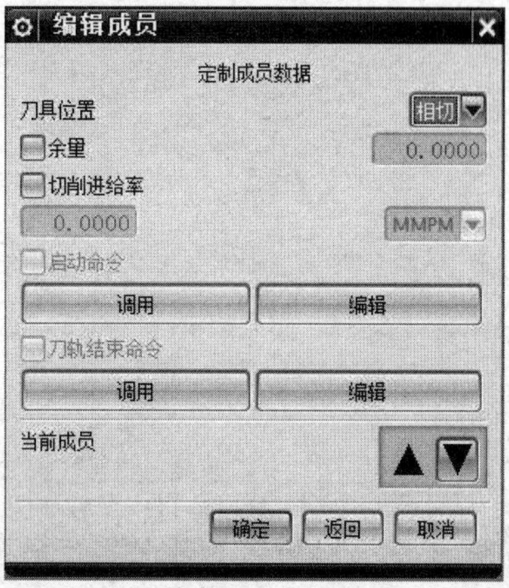

图 6-22

练习 6.3

【目的】创建临时边界,重点掌握毛坯边界的定义。

Step 1 打开零件。

Open→x:\parts\sixth\create_bnd_3.prt。

Step 2 运行加工模块。

单击“开始”,再单击“加工”,进入平面铣加工环境。

Step 3 定义工件。

双击“WORKPIECE”,打开工件定义对话框。单击,选择图形窗口中的实体模型为部件几何体;单击,指定毛坯选择“包容块”,单击“确定”结束加工几何体定义。

Step 4 创建零件边界。

单击,打开创建几何对话框,选择如图 6-23 所示的参数。

在图 6-23 中,单击“确定”,打开如图 6-24 所示的创建边界对话框。

Step 5 在图 6-24 中,单击,打开零件边界定义对话框,过滤类型选择平面,材料侧为内部,如图 6-25 所示。

图 6-23

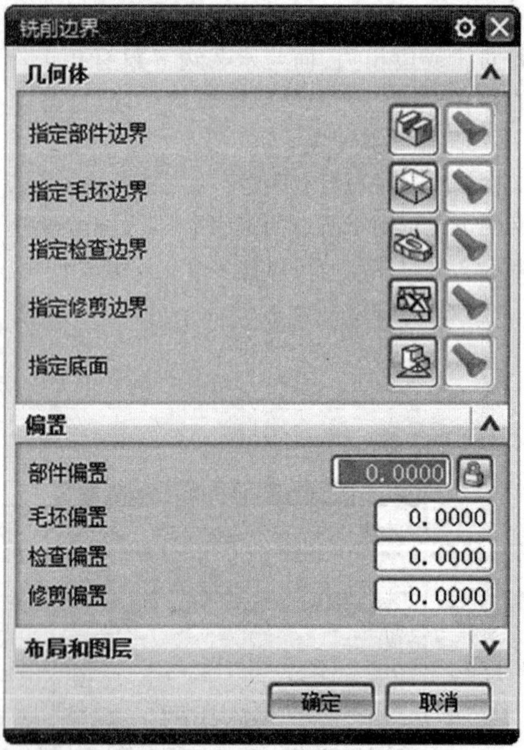

图 6-24

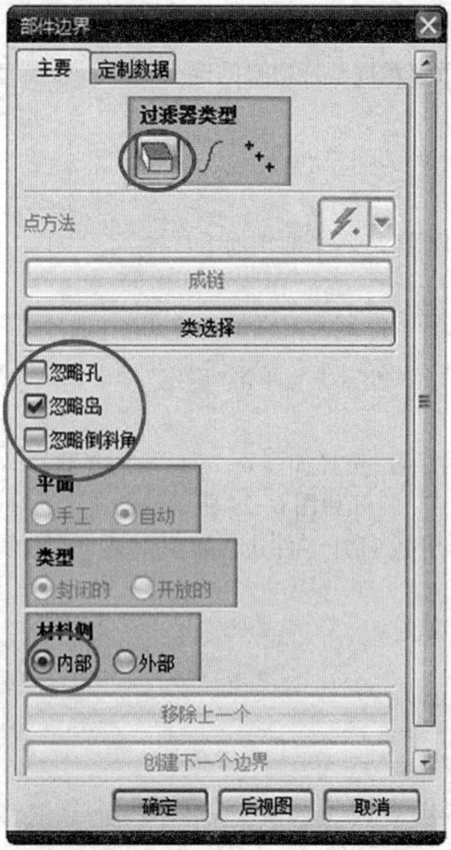

图 6-25

在工件上,选择如图 6-26 所示的平表面。

图 6-26

在图 6-25 所示的对话框的“类选择”项中,单击“忽略倒斜角”和“忽略孔”,继续选择如图 6-27 所示的平面。

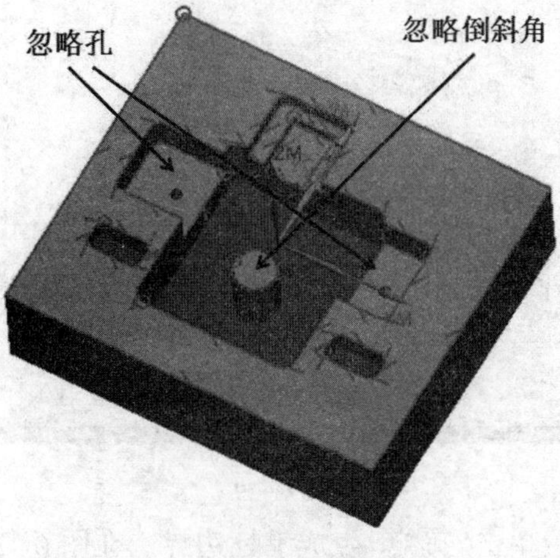

图 6-27

单击“确定”,创建如图 6-28 所示的零件边界。

图 6-28

Step 6 创建毛坯边界。

在图 6-24 中,单击,打开毛坯边界定义对话框,设置如图 6-29 所示参数。

图 6-29

选择零件的 4 条外形边,单击“确定”生成毛坯边界。在图 6-24 中单击,打开低平面定义对话框,选择如图 6-30 所示平面。单击“确定”,结束边界几何体定义,结果如图 6-31 所示,点击保存创建边界。

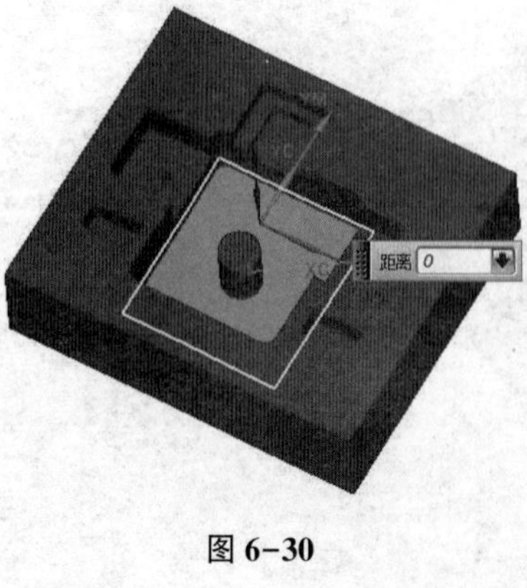

图 6-30

图 6-31

五、边界创建小结

总结上述创建边界的方法，如图 6-32 所示。不论使用哪一种方法，定义的边界不是封闭的就是开放的，而材料侧不是在边界的里边就是在边界的外边，或者不是在边界的左边就是在边界的右边。

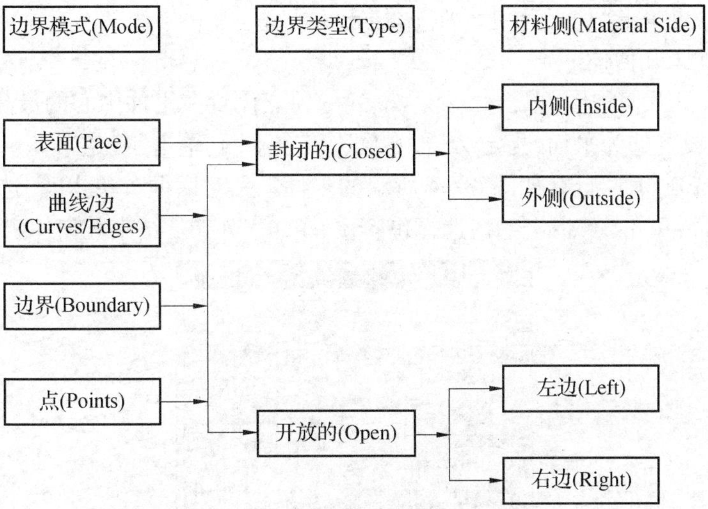

图 6-32

任务三　平面铣工序创建

创建平面铣工序的步骤如图 6-33 所示，主要内容包括编辑/创建父节点、创建工序（选择工序子类型和指定父节点）以及设置工序参数。

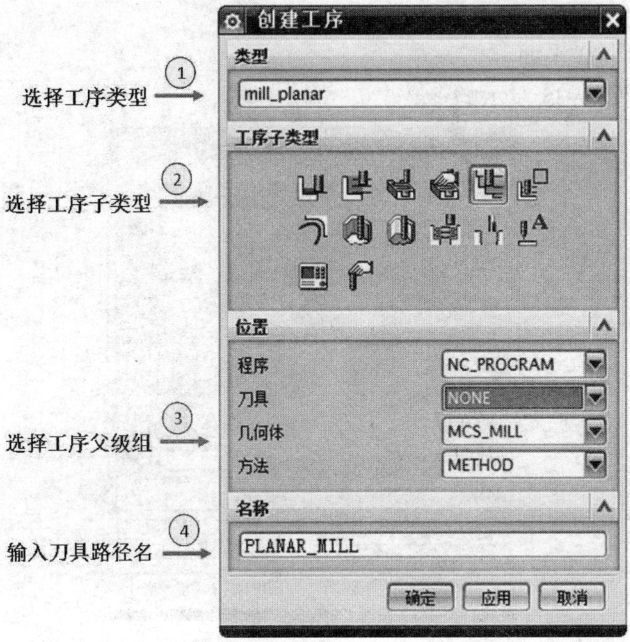

图 6-33

练习 6.4

【目的】学习创建平面铣粗加工工序。

Step 1 打开零件。

Open→x:\parts\sixth\pln_milling_1.prt。

Step 2 运行加工模块。

单击“开始”,再单击“加工”,进入加工环境。

Step 3 创建加工几何体。

单击,切换到几何视图,单击,把“WCS”的原点设置在工件中心的最高点;定义 MCS 与 WCS 重合。安全设置选为平面,指定 ZC=10 作为安全平面,单击“确定”。

双击“WORKPIECE”,打开如图 6-34 所示的工件定义对话框。单击,选择窗口中的实体模型为被加工零件;单击,指定毛坯选择包容块;单击“确定”,结束几何体定义。

图 6-34

Step 4 创建边界和底平面。

单击,选择如图 6-35 所示的参数。

图 6-35

在图 6-35 中，单击“确定”，打开如图 6-36 所示的创建边界对话框。

在图 6-36 中，单击，选择如图 6-37 所示的零件表面，注意材料侧为内部。

在图 6-36 中，单击，选择如图 6-37 所示的底平面并确认。

在图 6-36 中，单击，选择如图 6-37 所示的外轮廓四条边并确认。

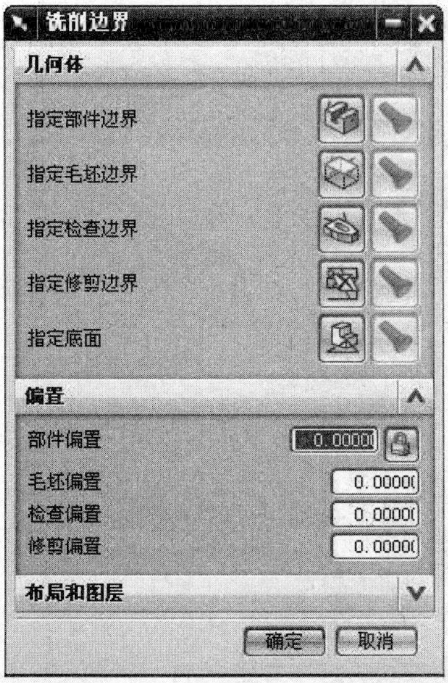

图 6-36

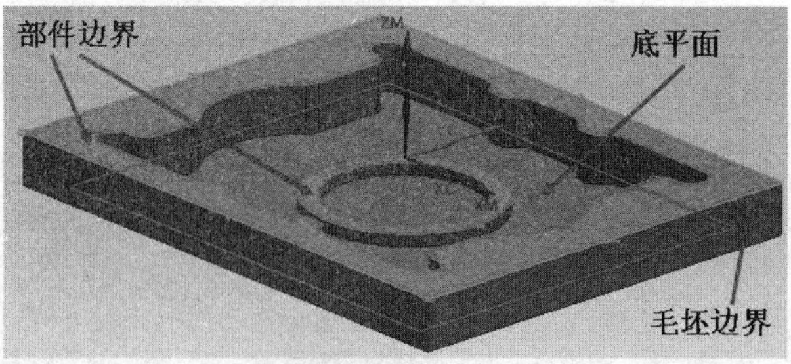

图 6-37

Step 5 创建刀具。

创建 D12 mm 立铣刀，具体过程请参考加工创建章节中的相关内容。

Step 6 创建粗加工工序。

单击，选择如图 6-38 所示的工序子类型和父节点。

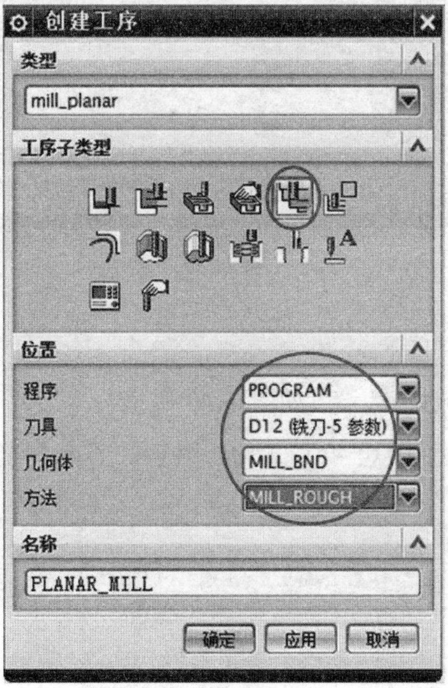

图 6-38

在图 6-38 中，单击“确定”打开工序对话框，如图 6-39 所示，有三个边界的“手电筒”亮了。

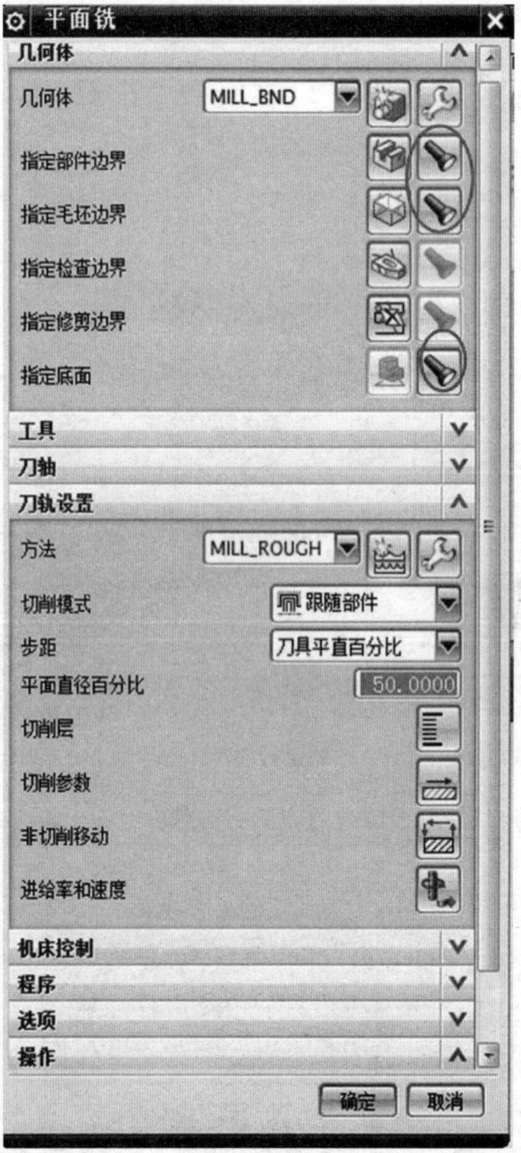

图 6-39

Step 7 设置参数。

单击，打开切削层参数设置，设置如图 6-40 所示。

单击，设置如图 6-41 和图 6-42 所示的切削参数，单击“确定”。

图 6-40

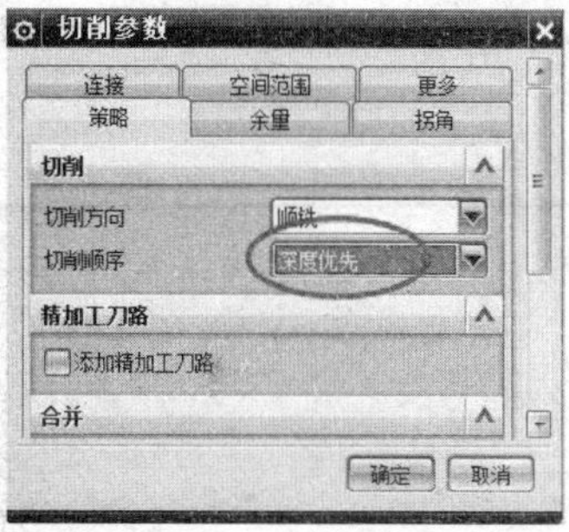

图 6-41

图 6-42

Step 8 生成刀轨 单击，生成如图 6-43 所示的刀轨。

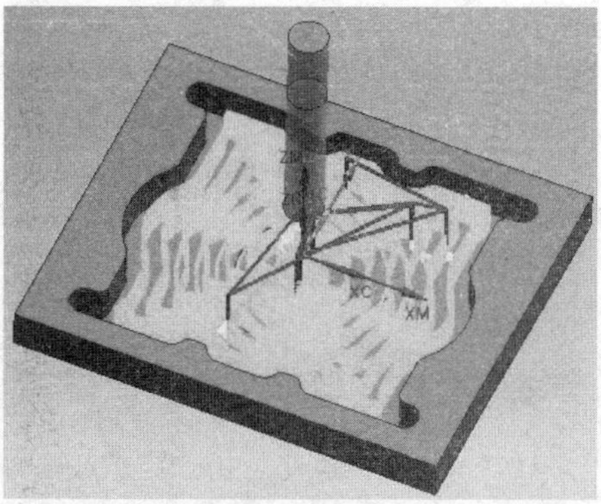

图 6-43

单击验证刀轨，加工结果如图 6-44 所示，侧面和底面均有灰色余量，有待继续加工。单击“确定”，返回到工序对话框，再单击“确定”完成工序创建。

图 6-44

Step 9 二次粗加工。

单击，切换到刀具视图，右键单击“PLANAR_MILL”工序，左键单击“复制”，复制此工序，单击刀具 D6，单击右键，打开快捷菜单，选择“内部粘贴”，粘贴此工序。

双击“PLANAR_MILL_COPY”，打开工序对话框，单击，打开切削层参数设置，设置如图 6-45 所示。

单击,设置如图 6-46 所示的切削参数,单击“确定”。

图 6-45

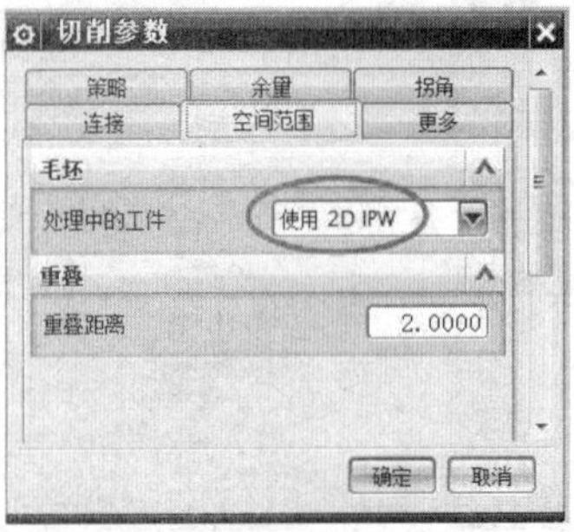

图 6-46

Step 10 生成二次粗加工刀轨。

单击,生成如图 6-47 所示的刀轨。

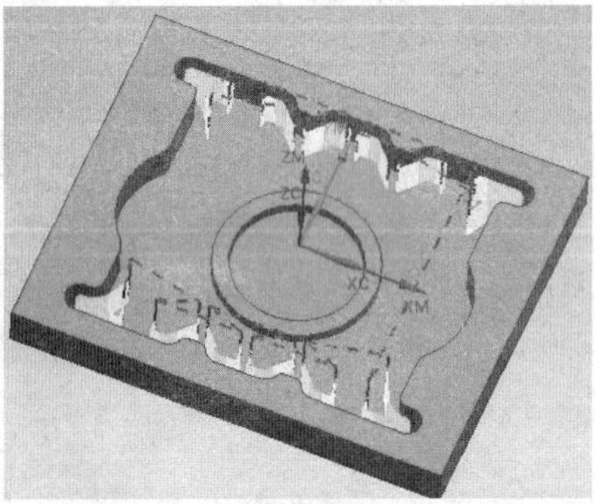

图 6-47

单击验证刀轨,加工结果如图 6-48 所示,侧面和底面均灰色余量均匀。单击“确定”,返回到工序对话框,再单“确定”完成工序创建。

Step 11 保存工序。

单击,保存模型文件即保存已创建的工序。

图 6-48

练习 6.5

【目的】灵活掌握平面铣工序边界的定义。

Step 1 打开零件。

Open→x:\parts\sixth\pln_milling_1finish.prt。

Step 2 创建边界和底平面。

单击,选择如图 6-49 所示的参数。

图 6-49

在图 6-49 中,单击"确定",打开如图 6-50 所示的创建边界对话框。

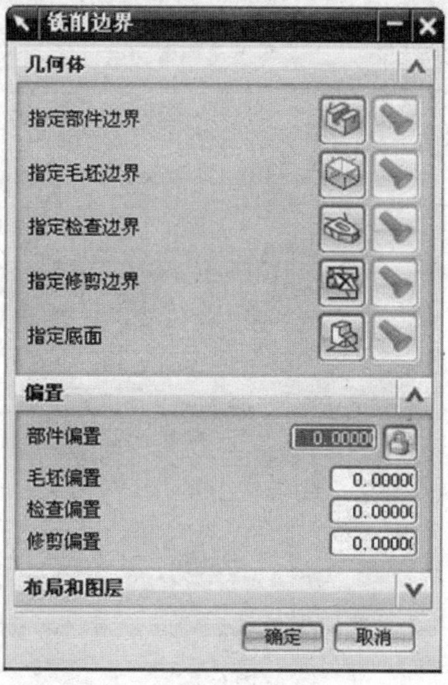

图 6-50

Step 3 在图 6-50 中,单击,选择如图 6-51 所示的零件表面,注意蓝色线所指边界的材料侧为外部,红色线所指边界的材料侧为内部。

在图 6-50 中,单击,选择如图 6-51 所示的底平面并确认。不指定毛坯边界。

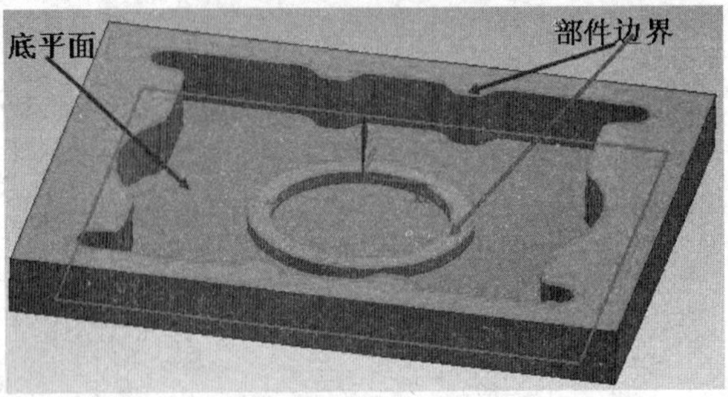

图 6-51

Step 4 创建平面铣粗加工工序。

右键单击“PLANAR_MILL”工序,左键单击“复制”,复制此工序,右键单击“MILL_BND_1”,打开快捷菜单,选择“内部粘贴”,粘贴此工序。

双击“PLANAR_MILL_COPY_1”打开工序对话框,如图 6-52 所示,只有两个边界的“手电筒”亮。

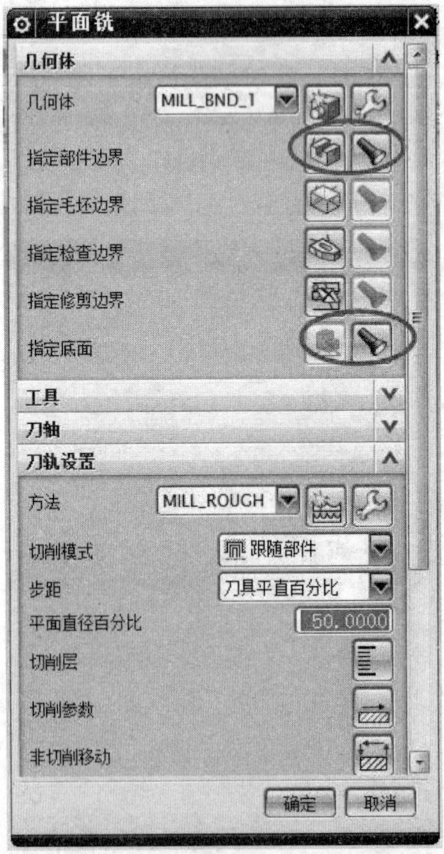

图 6-52

Step 5 生成刀轨。

单击，生成如图 6-53 所示的刀轨，单击“确定”，完成工序创建。

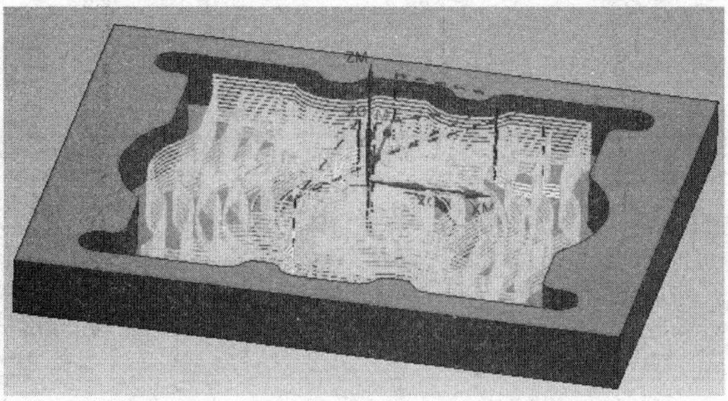

图 6-53

任务四　切削层定义

切削深度(Cut Depths)用于定义每一切削层的深度。该深度由岛屿顶面、底平面或输入的值来定义。在平面铣工序参数设置对话框中，单击，打开如图 6-54 所示的切深定义对话框。

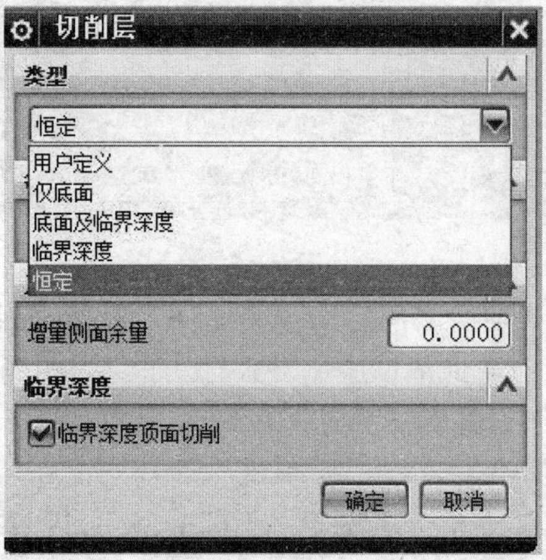

图 6-54

1.恒定

指定一个最大切深值来进行多层切削。若加工深度是恒定值的整数倍，则从顶面到底面每层的切深一致。如图 6-55 加工深度为 20 mm，恒定值设为“2”，从 1 到 10 层的切削深度都是 2 mm。

图 6-55

若加工深度不是恒定值的整数倍,则从顶面到底面最后一层的切深小于恒定值,其他每层的切深与恒定一致,把恒定值改为“1.7”,从1到9层的切削深度都是1.7 mm,第10层的切削深度是1.3 mm,结果如图6-56。

恒定是最为常用、最为简洁的指定的方法。

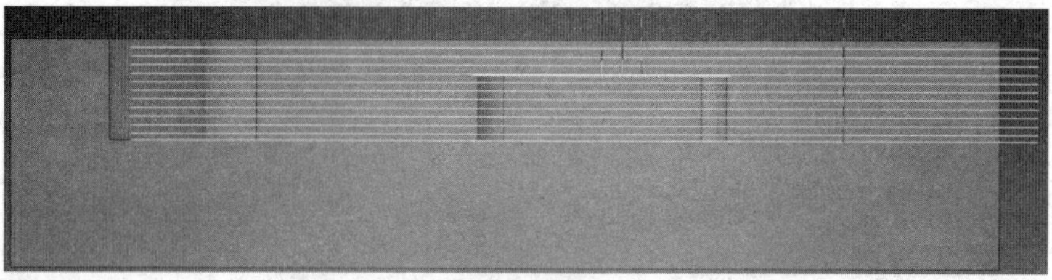

图 6-56

(1)临界深度顶面切削:根据每刀深度,在切削时不一定正好在零件内部凸台的平面位置处产生刀轨,在台面上留下的余量可能多于其他地方。勾选此选项,分别在每个岛屿的顶面及底平面增加切削层,可以保证在平面位置处被切削到,如图6-56所示。不勾选此选项则如图6-57所示。

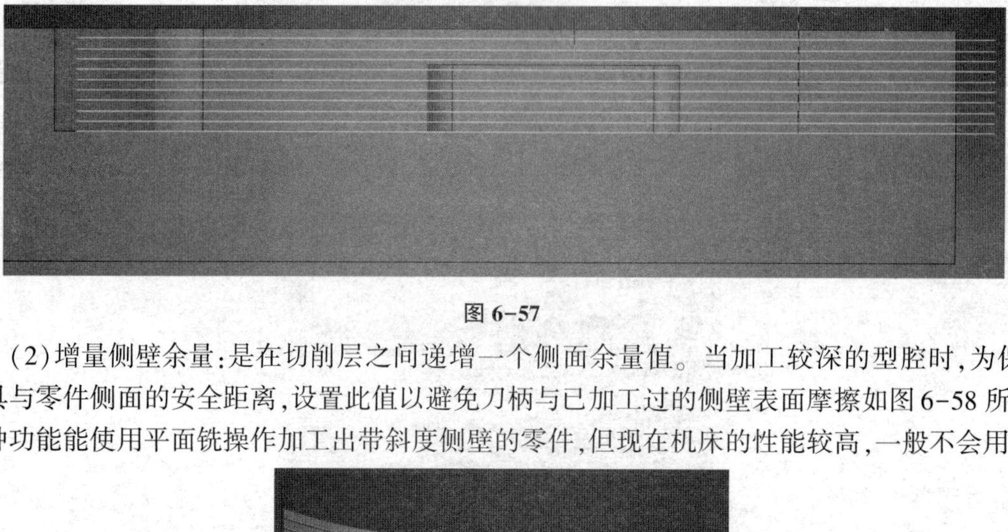

图 6-57

(2)增量侧壁余量:是在切削层之间递增一个侧面余量值。当加工较深的型腔时,为保持刀具与零件侧面的安全距离,设置此值以避免刀柄与已加工过的侧壁表面摩擦如图6-58所示。这种功能能使用平面铣操作加工出带斜度侧壁的零件,但现在机床的性能较高,一般不会用到。

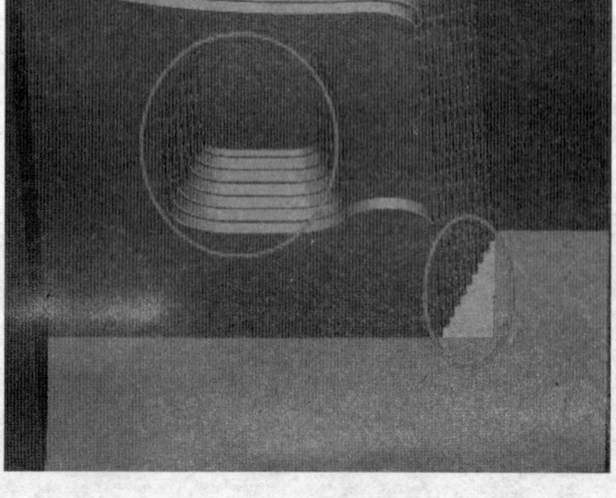

图 6-58

2.用户定义

根据零件的具体形状,系统自动计算在公共和最小值之间的切削深度,尽量使用接近最大切深的数值来创建切削层,这个与恒定的方式类似。另外两个选项,它主要决定第一个切削层和最后一个切削层从哪开始切削,如图 6-59。当毛坯不平整时,可定义较小的初始切深。

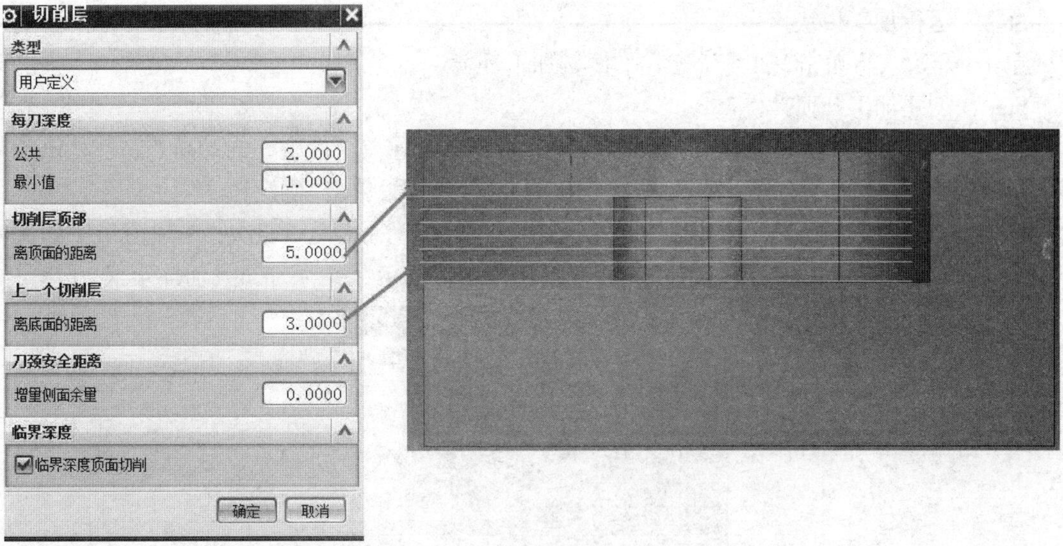

图 6-59

3.仅底面

底面切削,只在底平面上创建唯一的切削层。

4.底平面及临界深度

在底面与岛屿顶面创建切削层,生成精加工刀轨,岛屿顶面的切削区域不会超出定义岛屿的边界,如图 6-60。

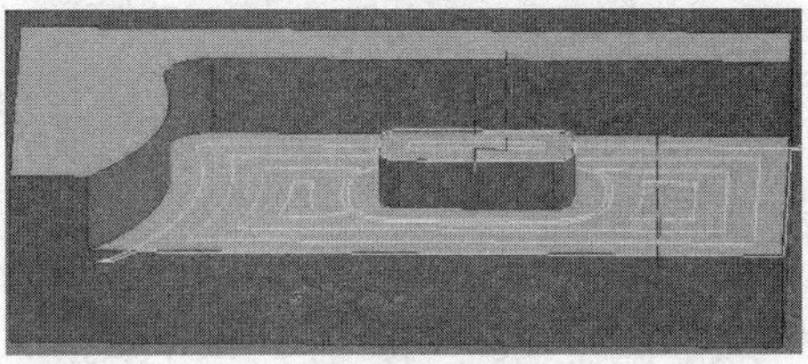

图 6-60

5.临界深度

仅在零件平面处生成粗加工的刀轨,但切削范围不限定在岛屿顶面的边界内。例如,在图 6-61 中,共有 1 个岛屿和一个底平面,则分别在岛屿顶面和一个底平面生成刀轨。注意与图 6-60在岛屿顶面上生成的刀轨的范围区别。

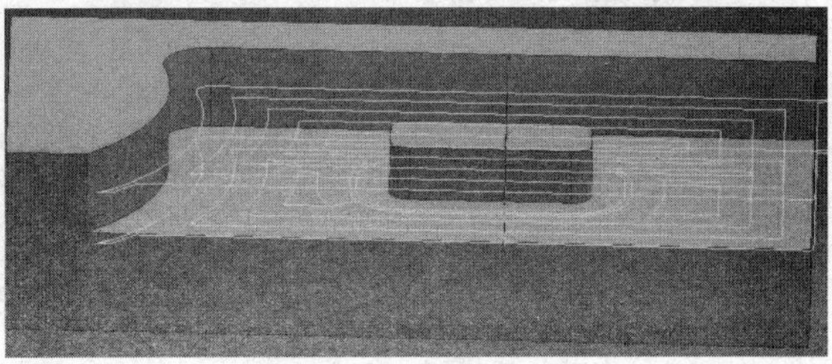

图 6-61

练习 6.6

【目的】学习创建边界,平面铣粗工序参数设置。

Step 1 打开零件。

Open→x:\parts\sixth\ pln_milling_2.prt。

Step 2 运行加工模块。

单击“开始”,再单击“加工”,进入平面铣加工环境。

Step 3 创建加工几何体。

单击,切换到几何视图,单击,把“WCS”的原点设置在工件中心的最高点;定义 MCS 与 WCS 重合。安全设置选为平面,指定+ZC=10 作为安全平面,单击“确定”。

双击“WORKPIECE”,打开如图 6-62 所示的工件定义对话框。单击,选择窗口中的实体模型为被加工零件;单击,选择包容块定义毛坯;单击“确定”,结束加工几何体定义。

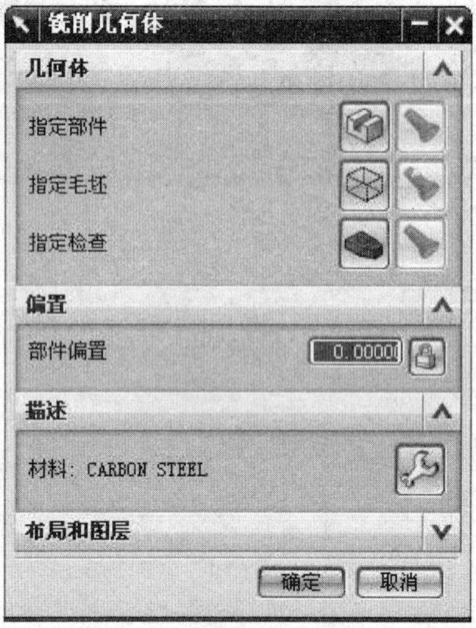

图 6-62

Step 4 创建边界和底平面。

单击,选择如图 6-63 所示的参数。

图 6-63

在图 6-63 中，单击“确定”，打开如图 6-64 所示的创建边界对话框。

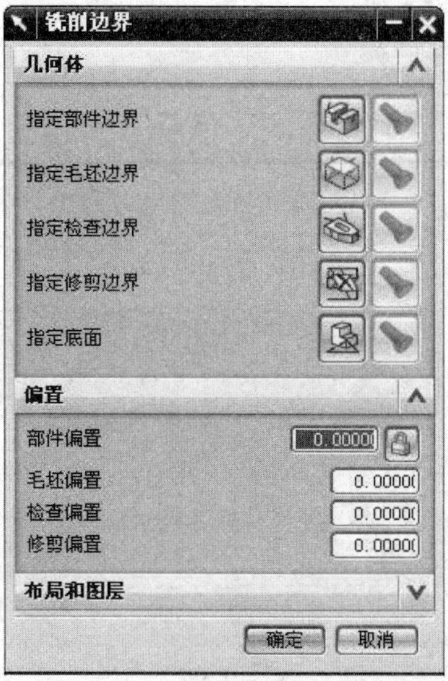

图 6-64

在图 6-64 中，单击，选择如图 6-65 所示的零件表面，注意材料侧为内部，选蓝色线指向的边界时“忽略倒斜角”项的勾要打上，选黑色线指向的边界时“忽略孔”项的勾要去掉。

在图 6-64 中，单击，选择如图 6-65 所示的底平面并确认。

在图 6-64 中，单击，单击“曲线边界”“手工”“通过对象”，选择模型中的圆柱端面，再选择底面 4 条外形边，单击“确定”。

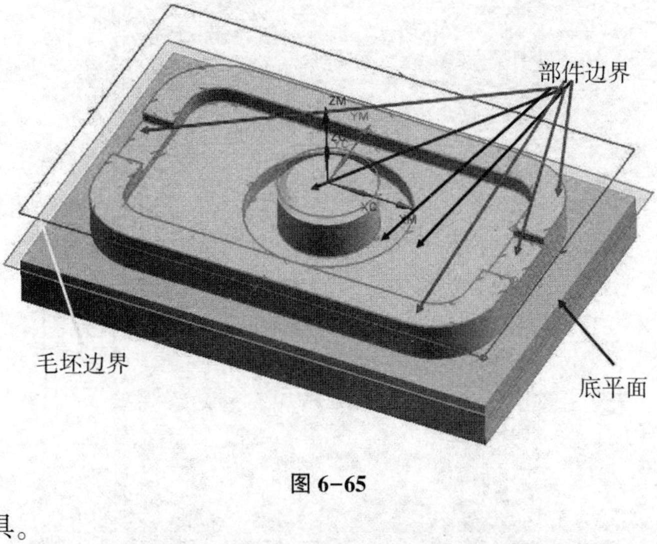

图 6-65

Step 5 创建刀具。

单击，创建 D8mm 立铣刀，具体过程请参考加工创建章节中的相关内容。

Step 6 创建粗加工工序。

单击，选择如图 6-66 所示的工序子类型和父节点。

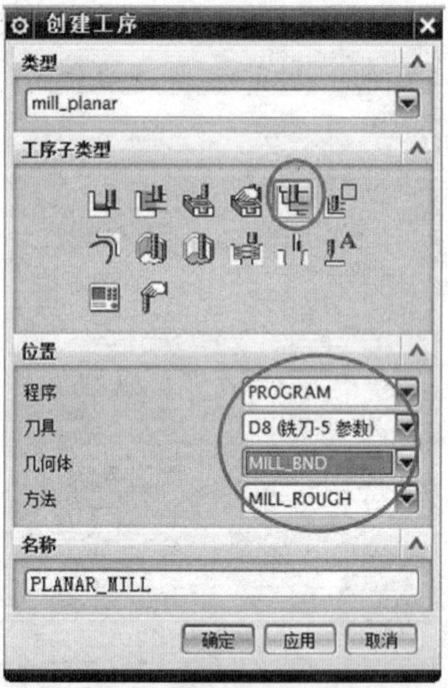

图 6-66

在图 6-66 中,单击“确定”打开工序对话框,如图 6-67 所示。

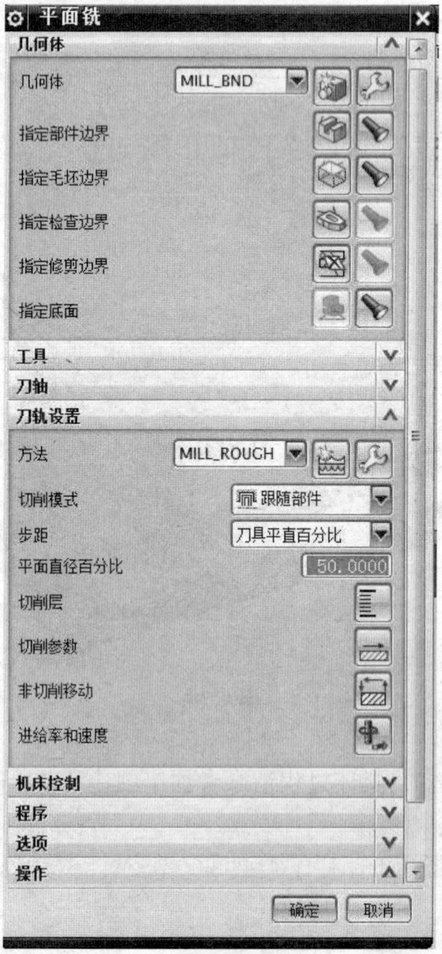

图 6-67

Step 7 设置参数。

单击，打开切削层参数设置，如图 6-40 所示。

单击，设置如图 6-41、图 6-42 和图 6-68 所示的切削参数，单击“确定”。

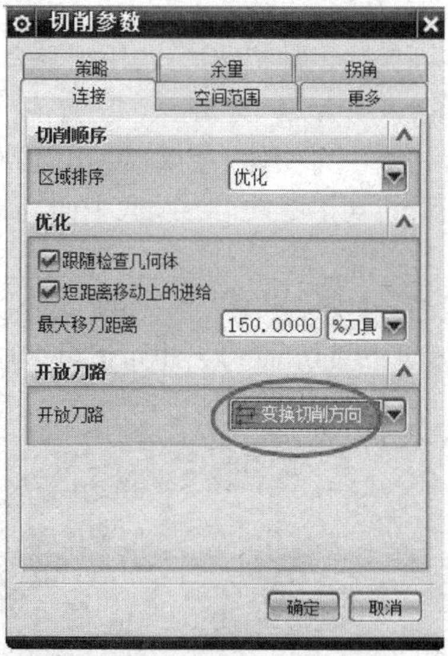

图 6-68

Step 8 生成刀轨 单击，生成如图 6-69 所示的刀轨。

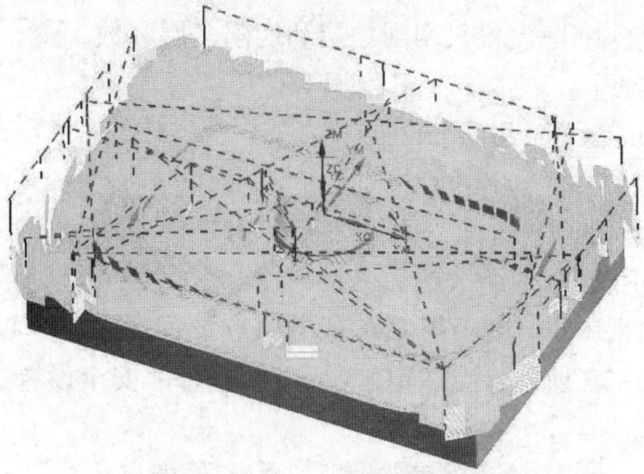

图 6-69

单击验证刀轨，加工结果如图 6-70 所示，单击“确定”，完成工序创建。

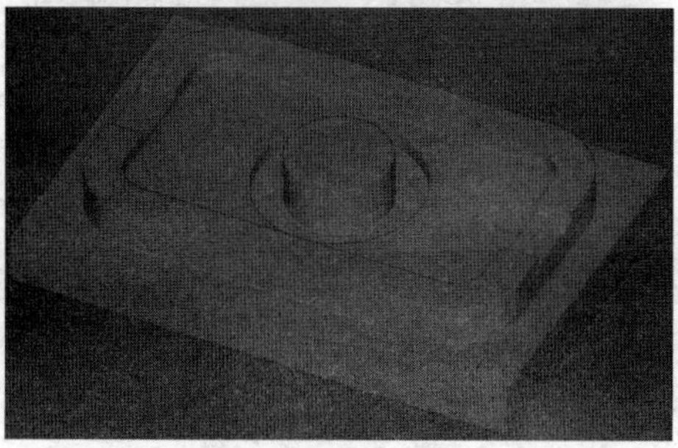

图 6-70

任务五　面　　铣

面铣(FACE MILLING)是平面铣的一种特殊形式,用于平表面的加工如图 6-71。

面铣简单、易用,主要特点如下:

(1)面铣要定义的“指定部件”为三维实体。当以 WORKPIECE 为几何体父级组时,面铣就继承了 WORKPIECE 的几何信息,包含了零件边界及底平面,因此,就加工平表面而言,面铣更方便。

(2)面铣的加工几何是平表面,只要选择平表面,系统就能自动地定义铣削范围。

(3)面铣刀轨为水平层状,既可以只切削一层,也可以分多层切削。

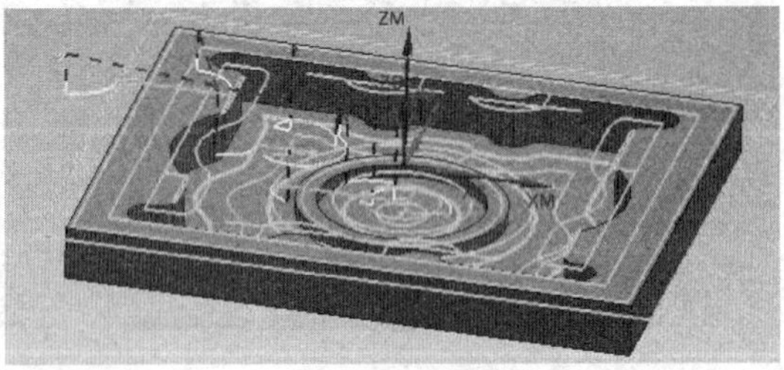

图 6-71

练习 6.7

【目的】创建面铣工序,掌握设置只切削一层和切削多层参数。

Step 1 打开零件。

Open→x:\parts\sixth\face_milling.prt。

Step 2 运行加工模块。

单击“开始”,再单击“加工”,进入平面铣加工环境。

Step 3 创建加工几何体。

单击▣,切换到几何视图,单击▣,把“WCS”的原点设置在工件中心的最高点,通过旋转功能定义 X—Y 方向如图 6-72 所示;定义 MCS 与 WCS 重合。安全设置选为平面,指定+ZC = 10 作为安全平面,单击“确定”。

图 6-72

Step 4 创建刀具。

创建 M20 的立铣刀,过程略。

Step 5 创建面铣工序。

单击▣,选择如图 6-73 所示的工序子类型和父节点。

在图 6-73 中，单击“确定”，打开工序对话框，设置如图 6-74 所示的参数。

图 6-73

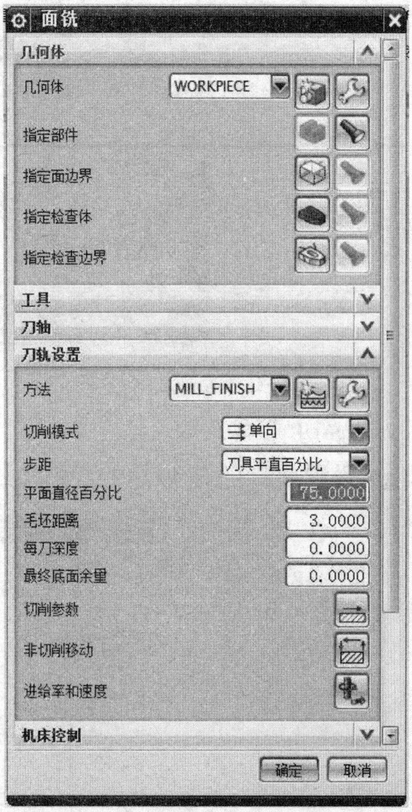

图 6-74

在图 6-74 中单击，选择零件上表面(取消忽略孔设置)，指定如图 6-75 所示的边界，单击“确定”。

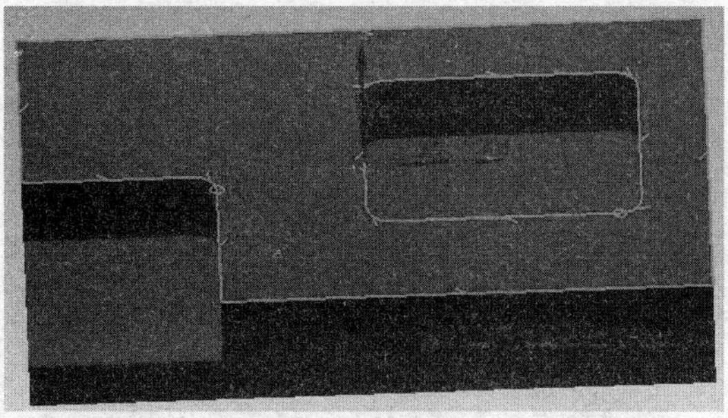

图 6-75

Step 6 生成刀轨。

切削模式选择“往复”；刀具百分比选择“60%”。单击，设置刀具显示为 2D，单击“确定”。单击，生成如图 6-76 所示的刀轨。

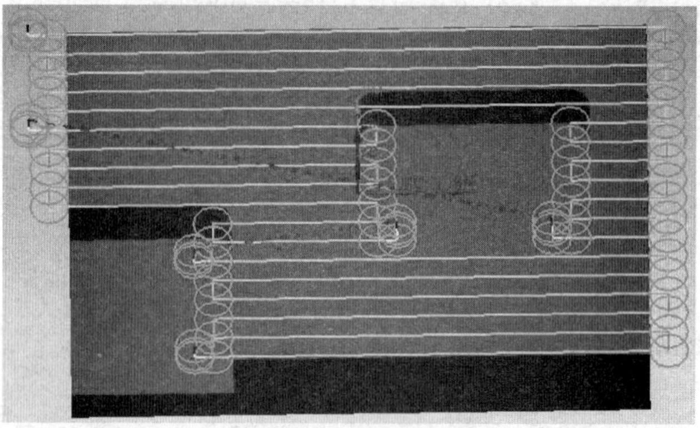

图 6-76

Step 7 设置切削参数。

单击，设置如图 6-77 所示的切削参数，单击“确定”。

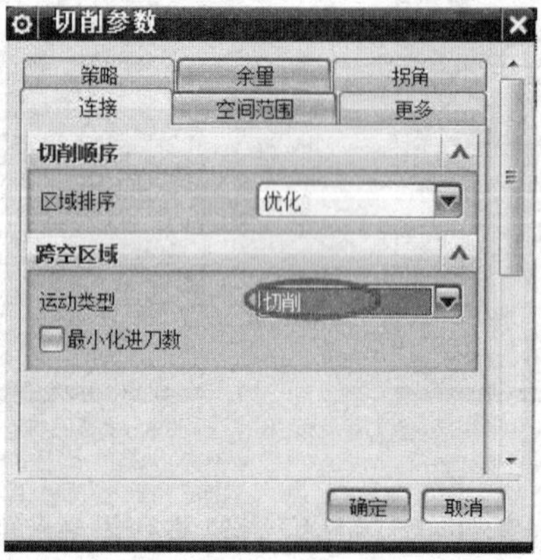

图 6-77

Step 8 单击，生成如图 6-78 所示的刀轨。

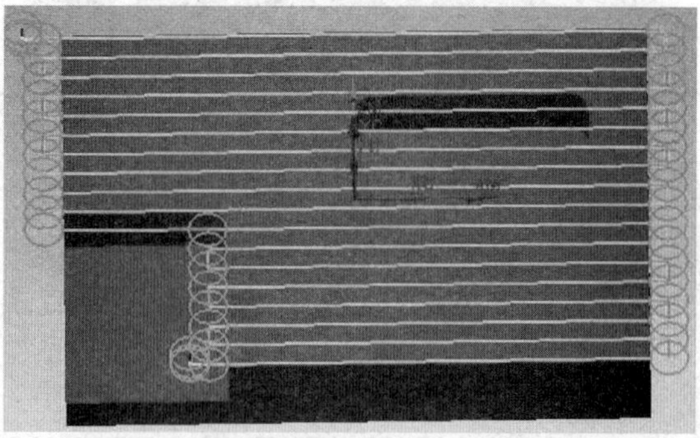

图 6-78

再次单击，设置如图 6-79 所示的切削参数，单击“确定”。

图 6-79

单击，生成如图 6-80 所示的刀轨。

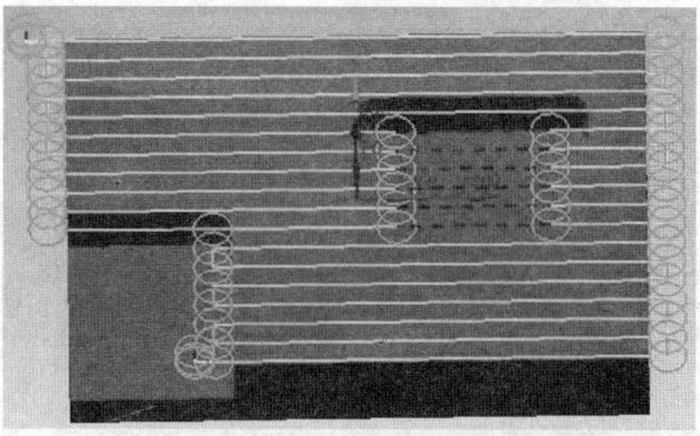

图 6-80

Step 9 生成多层刀轨。

多层刀轨是根据表面余量即“毛坯距离”“每刀深度”以及“最终底面余量”计算而得。

在图 6-74 中，将上述参数修改为如图 6-81 所示。

图 6-81

Step 10 单击，则生成如图 6-82 所示的 4 层刀轨，单击“确定”，单击，保存刀轨。

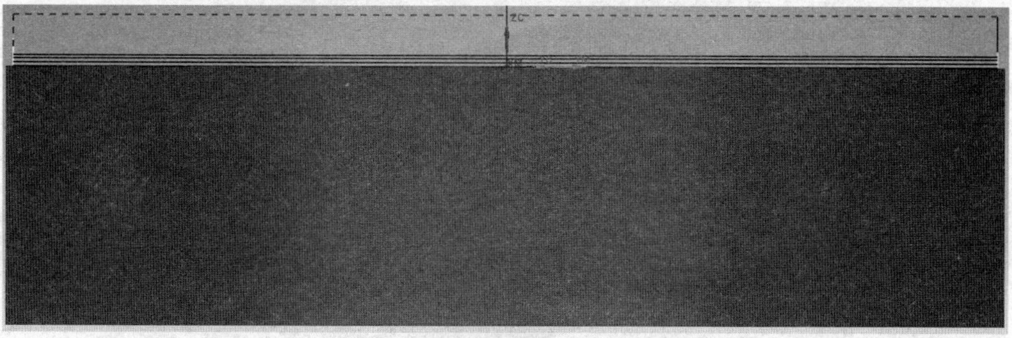

图 6-82

练习 6.8

【目的】使用平面铣工序和面铣工序进行粗加工、精加工。

Step 1 打开零件。

Open→x:\parts\sixth\ planar_4.prt。

Step 2 运行加工模块。

单击“开始”,再单击“加工”,进入平面铣加工环境。

Step 3 创建加工几何体。

单击,切换到几何视图,单击,把“WCS”的原点设置在工件中心的最高点;定义 MCS 与 WCS 重合。安全设置选为平面,指定 ZC = 10 作为安全平面,单击“确定”。

双击“WORKPIECE”,打开工件定义对话框。单击,选择窗口中的实体模型为被加工零件;单击,选择包容块定义毛坯;单击“确定”结束加工几何体定义。

Step 4 创建边界和底平面。

单击,选择如图 6-83 所示的参数。

图 6-83

在图 6-83 中,单击“确定”,打开创建边界对话框,创建如图 6-84 所示边界和底平面(毛坯边界比工件表面高 0.8 mm)。

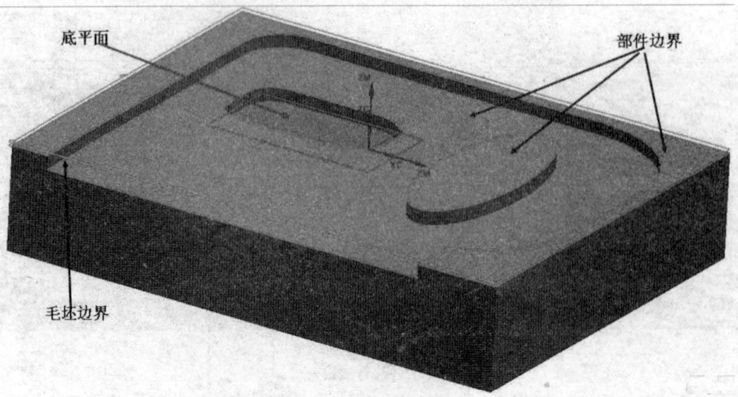

图 6-84

Step 5 创建刀具。

创建 D12 和 M10 两把立铣刀。

Step 6 创建平面铣粗加工工序。

单击,选择如图 6-85 所示的工序子类型和父节点,单击“确定”,打开工序参数设置对话框。

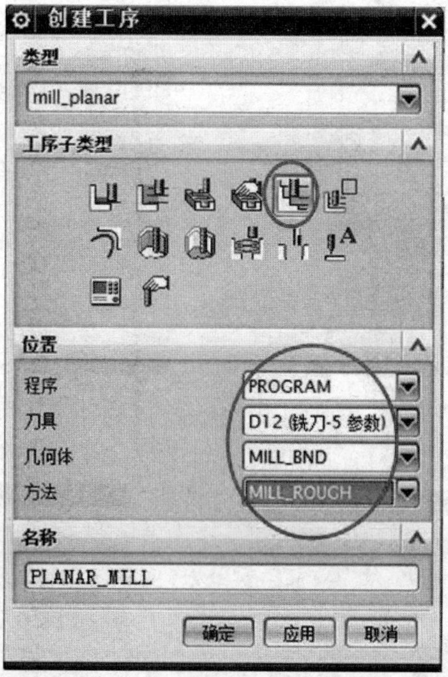

图 6-85

Step 7 定义切深。

单击,设置如图 6-86 所示的切深参数,单击“确定”。

图 6-86

Step 8 设置切削参数。

单击 ,设置如图 6-87、图 6-88、图 6-89 和图 6-90 所示的切削参数,单击“确定”。

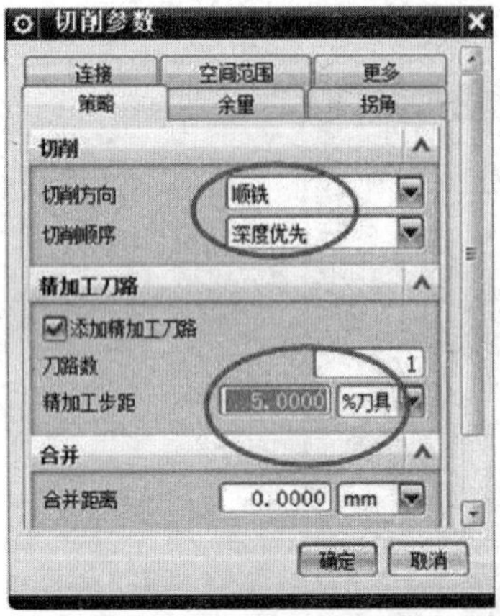

图 6-87

图 6-88

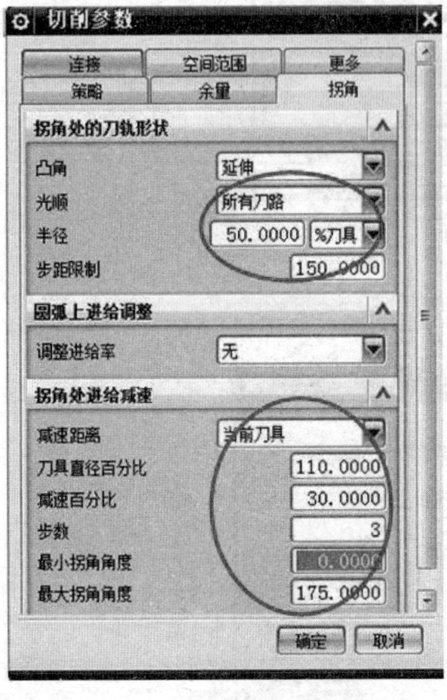

图 6-89

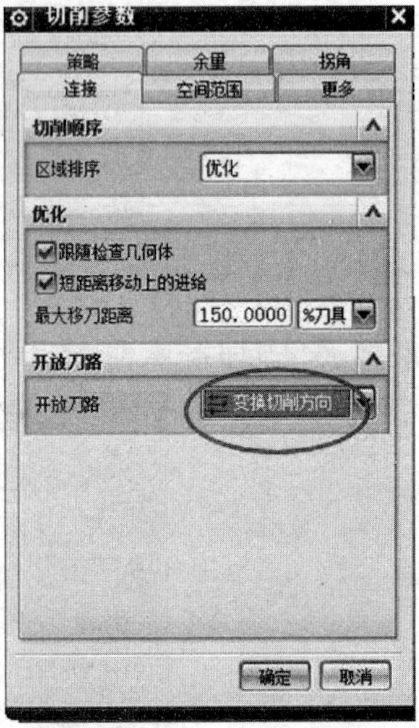

和图 6-90

Step 9 设置非切削运动参数。

单击,打开非切削运动参数设置对话框,设置如图 6-91 所示的参数,单击“确定”。

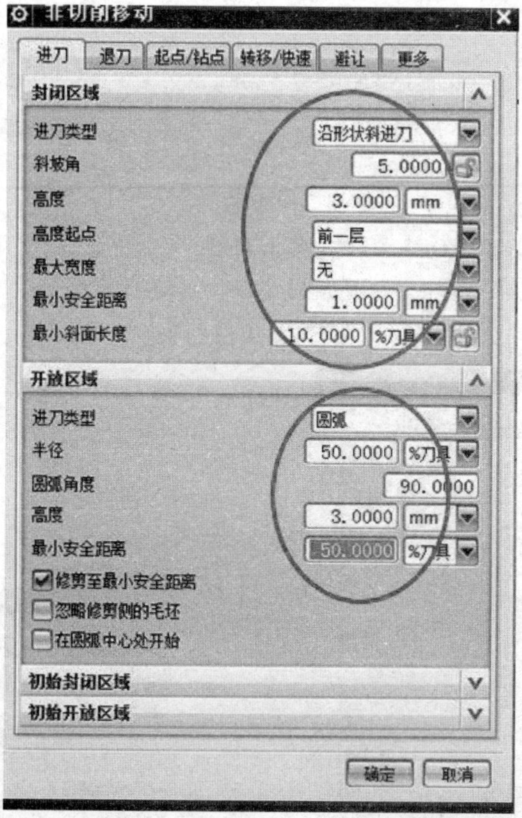

图 6-91

Step 10 生成刀轨。

单击生成刀轨,如图 6-92 所示,单击“确定”,完成工序创建。

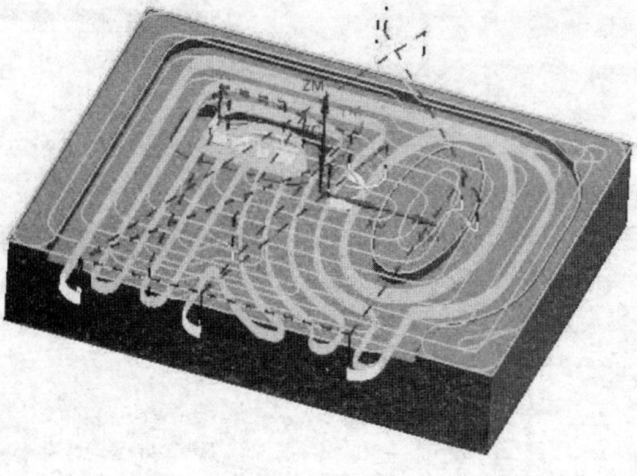

图 6-92

Step 11 创建精加工侧面工序。

单击,切换到刀具视图。

单击“ROUGH_FOLLOW”工序,单击右键,选择“复制”,复制此工序,右键单击刀具 M10,打开快捷菜单,选择“内部粘贴”,粘贴此工序,如图 6-93 所示。

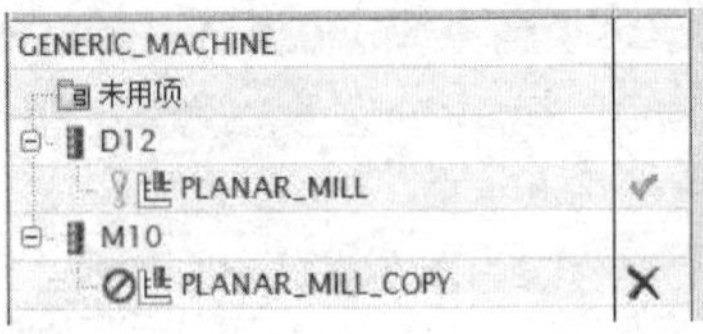

图 6-93

单击“ROUGH_FOLLOW_COPY”工序,单击右键,选择重命名,将工序名称更名为 SIDE。双击“SIDE”,打开工序对话框,设置如图 6-94 所示的参数。

单击 ,设置如图 6-95 所示的切深参数,单击“确定”。

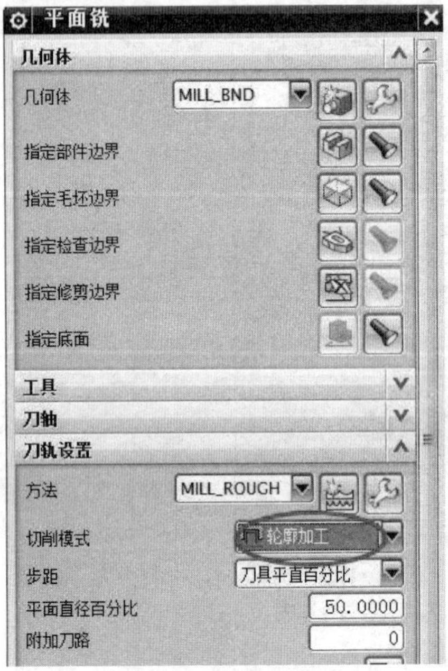

图 6-94

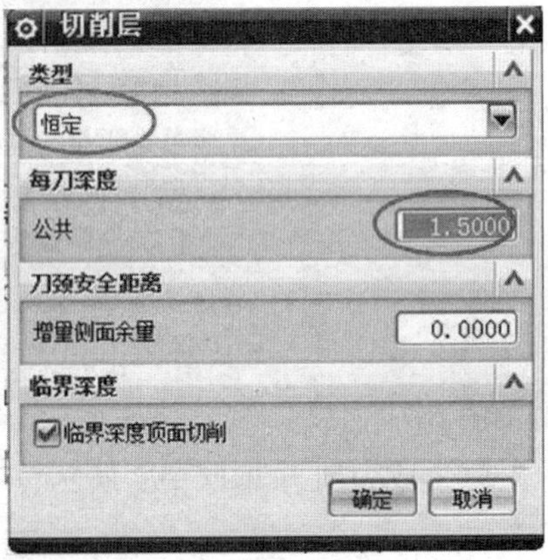

图 6-95

单击 ,设置如图 6-96 和图 6-97 所示的切削参数,单击“确定”。

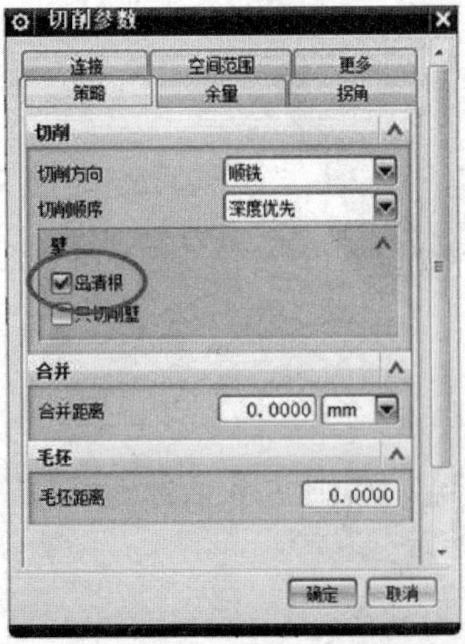

图 6-96

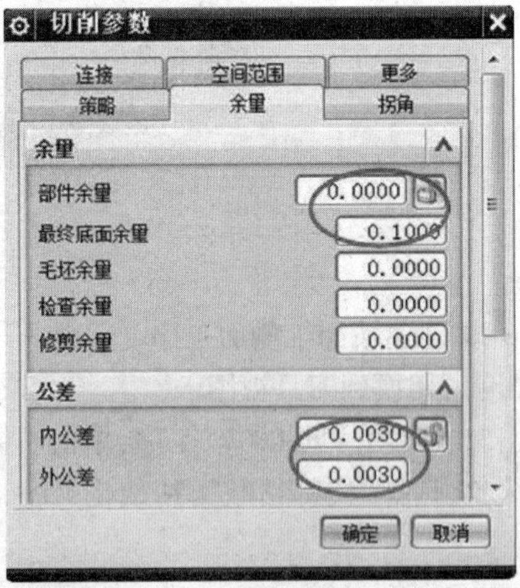

图 6-97

单击[icon],生成如图 6-98 所示的刀轨,单击“确定”。

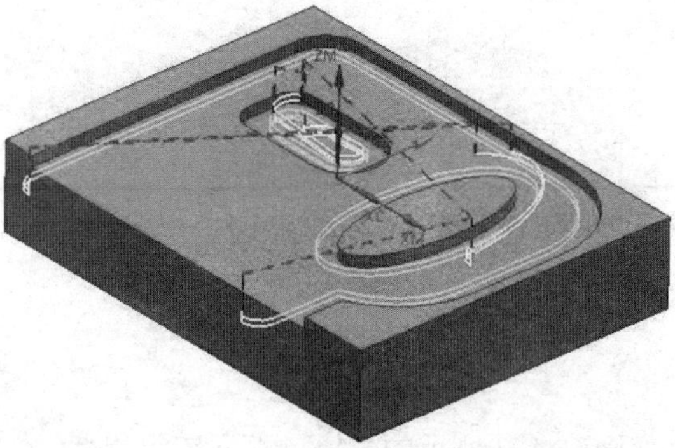

图 6-98

Step 12 创建精加工底面工序。

方法一:单击[icon],切换到刀具视图。

单击“ROUGH_FOLLOW”工序,单击右键,选择“复制”,复制此工序,右键单击刀具“M10”,打开快捷菜单,选择“内部粘贴”,粘贴此工序,如图 6-99 所示。

图 6-99

单击“ROUGH_FOLLOW_COPY”工序,单击右键,选择重命名,将工序名称更名为“FLOOR”。

双击“FLOOR”,打开工序对话框。

单击[icon],设置如图 6-100 所示的切深参数,单击“确定”。

单击[icon],设置如图 6-101 所示的切削参数,单击“确定”。

图 6-100

图 6-101

单击，生成如图 6-102 所示的刀轨，单击“确认”。

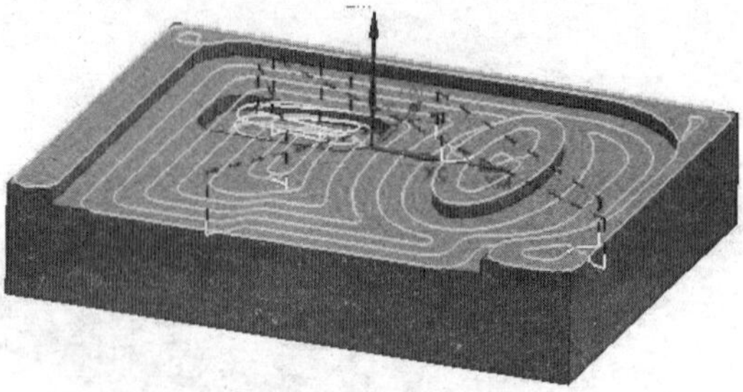

图 6-102

方法二：单击，选择如图 6-103 所示的工序子类型和父节点。

在图 6-103 中，单击“确定”，打开工序对话框，设置如图 6-104 所示的参数。

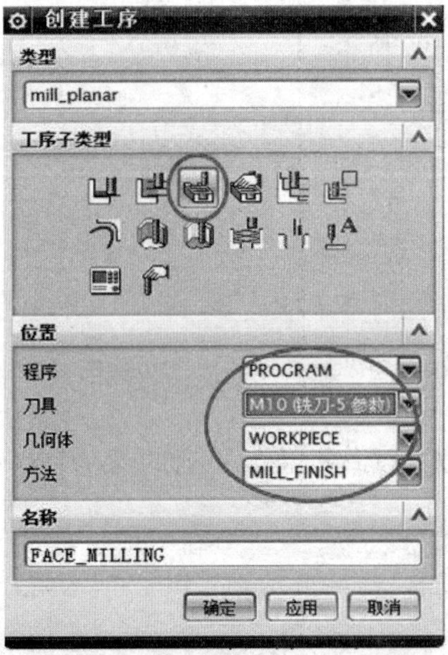

图 6-103

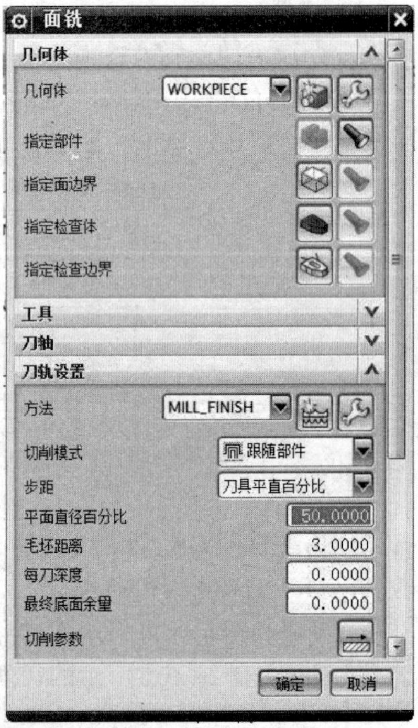

图 6-104

单击，选择零件的 4 个表面，如图 6-105 所示，单击“确定”。

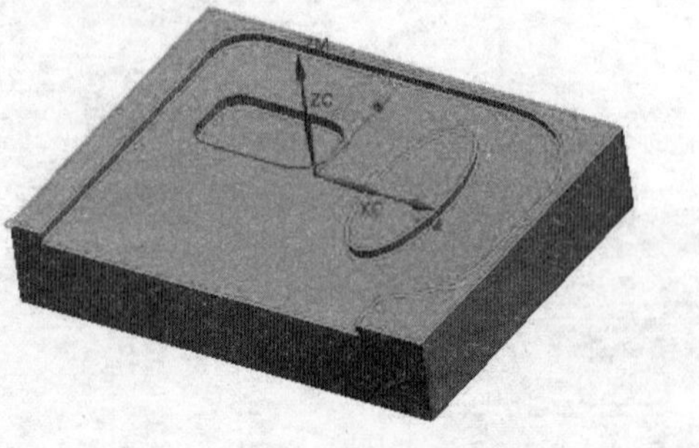

图 6-105

单击 ，设置如图 6-106 和图 6-107 所示的切削参数，单击“确定”。

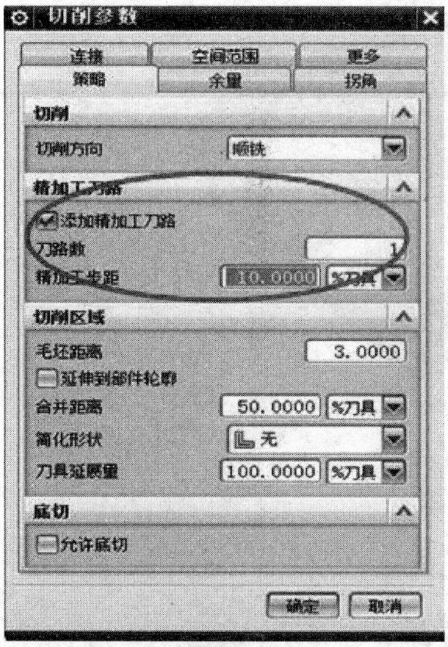

图 6-106

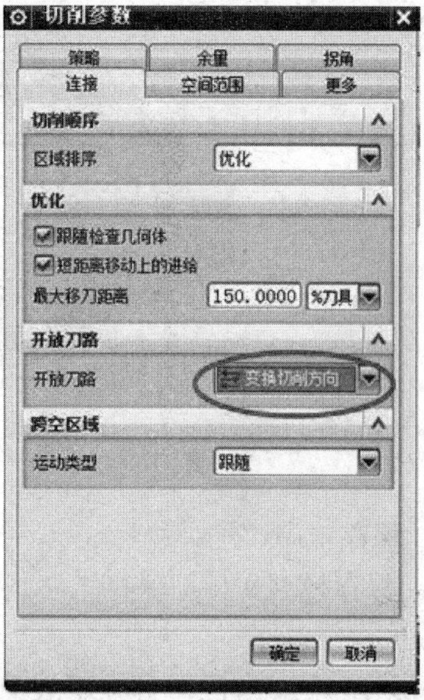

图 6-107

单击 ，打开非切削运动参数设置对话框，设置如图 6-108 所示的参数，单击“确定”。

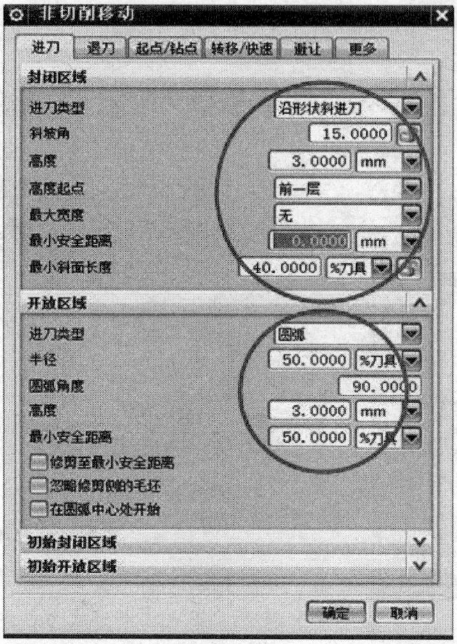

图 6-108

单击,生成如图 6-109 所示的刀轨,单击"确认"。

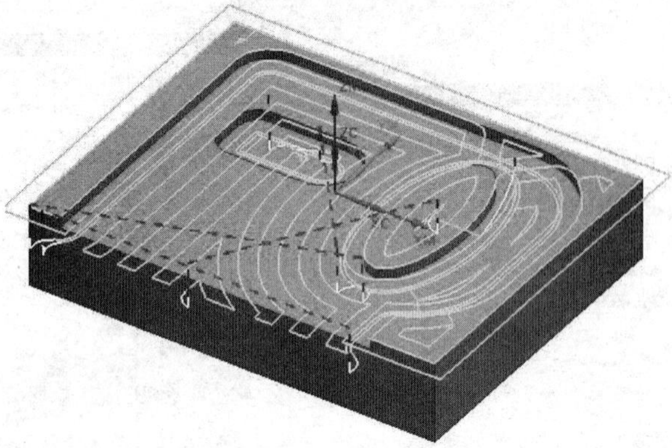

图 6-109

Step 13 保存工序。

单击,保存模型文件即保存工序。

练习 6.9

【目的】创建刻字工序,掌握在平表面上铣削字符方法。

Step 1 打开零件。

Open→x:\parts\sixth\planar _text.prt。

Step 2 运行加工模块。

单击"开始",再单击"加工",进入平面铣加工环境。

Step 3 书写字符。

如图 6-110 所示,选择"插入",下拉菜单中选择"注释",进入注释编辑器如图 6-111 所示。

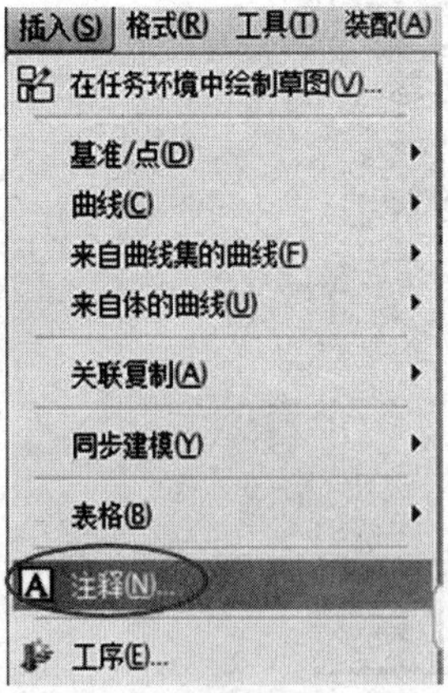

图 6-110

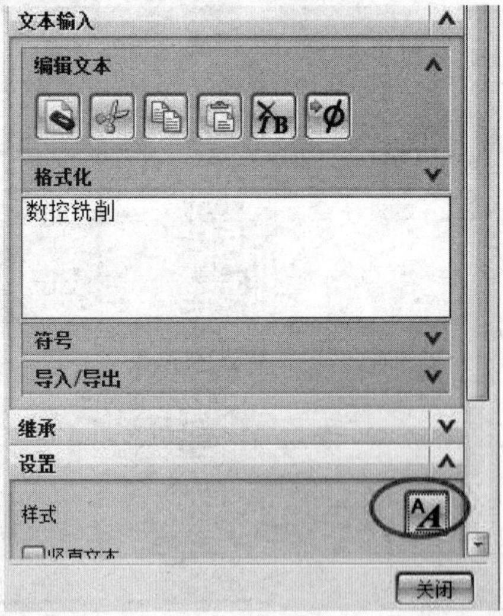

图 6-111

在图 6-111 中,单击,打开文本编程器,设置如图 6-112 所示的参数, 单击“确定”。

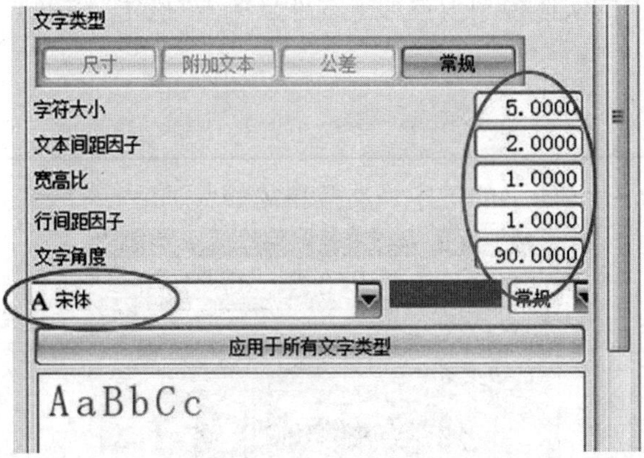

图 6-112

输入文字“数控铣编程”,如图 6-113 所示,移动鼠标,单击左键放置文字。

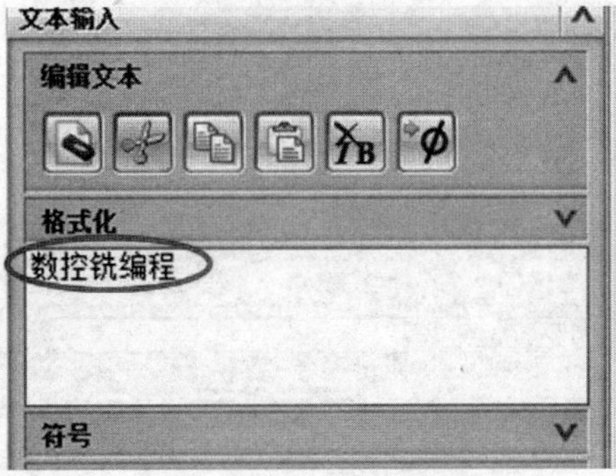

图 6-113

若文字没有放置在理想位置上,选择文字,按住左键移动鼠标拖动文字到理想位置上,松开左键放置,如图 6-114 所示。

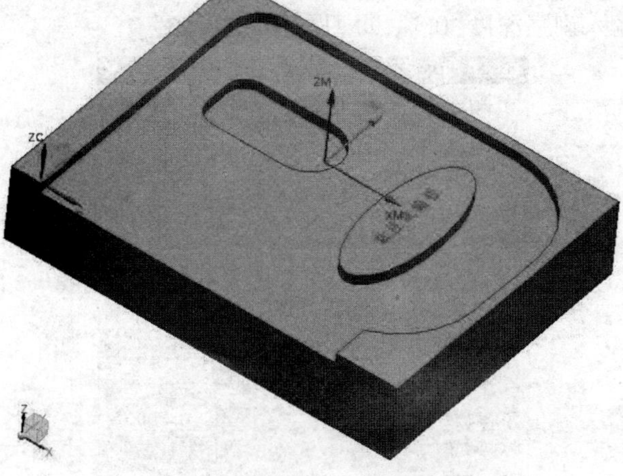

图 6-114

Step 4 定义工件。

单击切换到几何视图。

双击“MCS_MILL”,定义 MCS 与 WCS 重合,安全设置为自动,单击“确定”。

单击,选择窗口中的实体模型为被加工零件。单击“确定”结束加工几何体定义。

Step 5 创建刀具。

创建立铣刀 D1 mm,过程略。

Step 6 创建刻字工序。

单击,选择如图 6-115 所示的工序子类型和父节点。

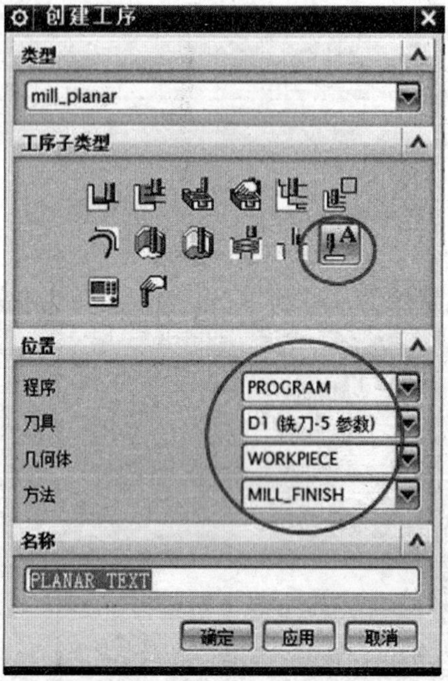

图 6-115

在图 6-115 中,单击“确定”,打开如图 6-116 所示的创建工序对话框。

单击A,选择已输入的文字,单击“确定”。

单击,椭圆凸台平面作为底平面,单击“确定”。

在文本深度栏中输入刻字深度“0.3”,每刀深度为“0.06”。

图 6-116

Step 7 生成刀轨。

单击生成刀轨，如图 6-117 所示，单击，保存工序。

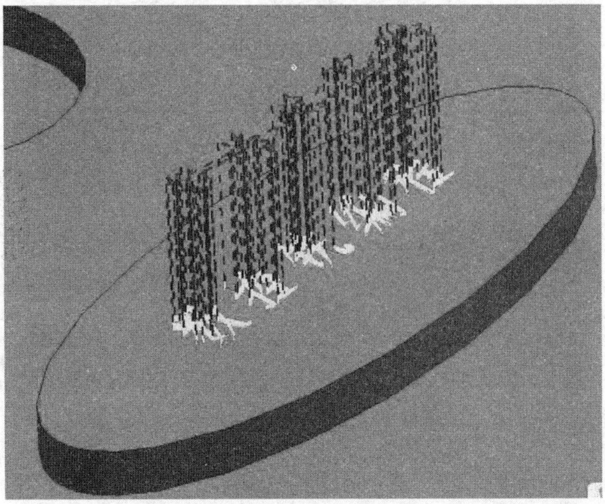

图 6-117

思考题

1.创建平面铣工序的几何体是什么形式？必须定义零件几何体吗？

2.不定义毛坯几何体能生成平面铣刀轨吗？

3.平面铣工序在什么情况下不定义毛坯边界却能生成刀轨？

4.平面铣切削层参数设置有几种方式？如何选择它们？

练习题

6.1 打开如图 6-118 模型零件（Open→x：\parts\ sixth \pln_milling_ex1.prt），使用平面铣完成粗加工、半精加工和精加工。

6.2 打开如图 6-119 模型零件（Open→x：\parts\ sixth \pln_milling_ex2.prt），使用平面铣完成粗加工、半精加工和精加工。

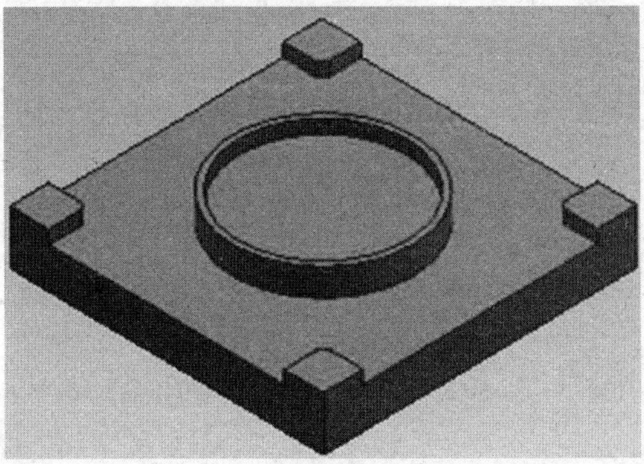

图 6-118

图 6-119

6.3 打开如图 6-120 模型零件(Open→x:\parts\ sixth \pln_milling_ex3.prt),使用平面铣完成粗加工、半精加工和精加工。

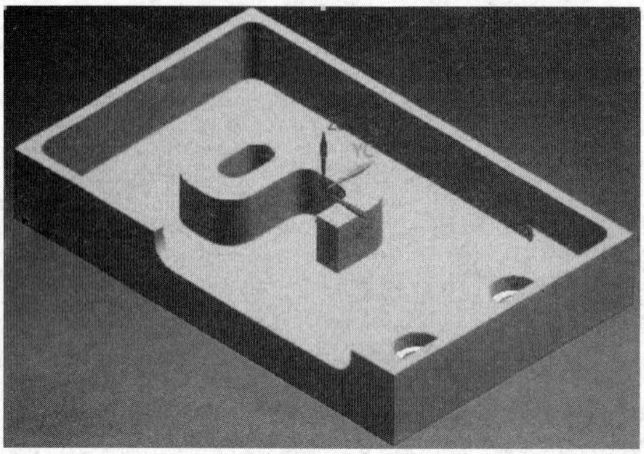

图 6-120

模块七　孔　加　工

[任务导读]

1.掌握孔加工工序的创建;
2.掌握钻削几何体的创建与设置;
3.掌握标准钻孔工序的创建与参数设置;
4.掌握深孔钻工序的创建与参数设置。

任务一　认识孔加工工序

一、孔加工概述

1.孔加工

孔加工泛指孔的各种加工,如钻孔(通孔、盲孔、中心孔、沉孔等)、铰孔、镗孔、扩孔以及铣螺纹等,其加工几何通常用点来指定,所以,孔加工又称为点位加工(Point To Point),图 7-1 中所示的 6 个点是指定的加工点位。

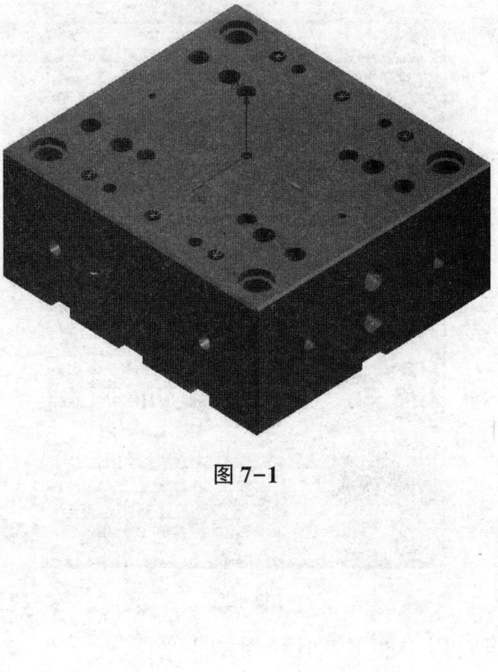

图 7-1

2.孔加工原理

钻孔加工的刀具运动由三部分组成:第一,刀具快速移动定位到加工孔位之上由最小安全距离确定的位置处;第二,以进给速度切入工件并到达指定的切削深度;第三,以退刀速度退回,完成一个孔加工,重复此过程,直至完成指定的切削任务,如图 7-2,图 7-3 是孔加工刀轨示意图。

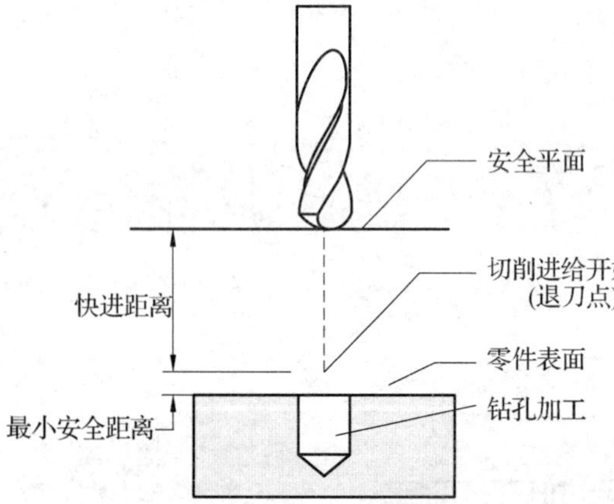

图 7-2

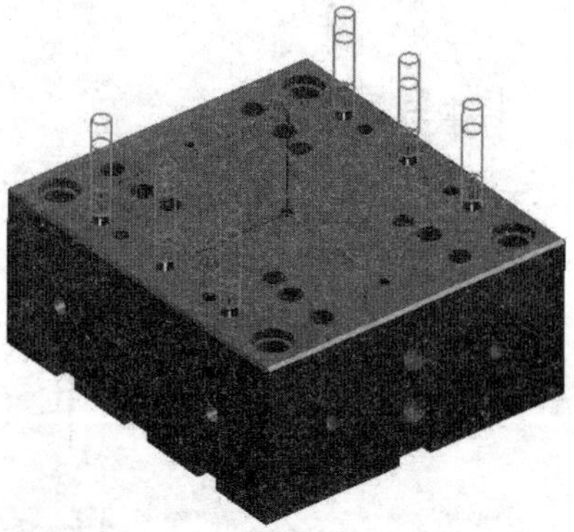

图 7-3

二、孔加工工序子类型

孔加工工序子类型如图 7-4 所示,每一种工序子类型都有其特点和用法,用户可根据以下的介绍和零件的加工要求,选择一种较为合适的工序子类型创建孔加工刀轨。另外,如果这些工序子类型不能满足要求,还可以根据自己的加工特点,创建新的工序子类型。

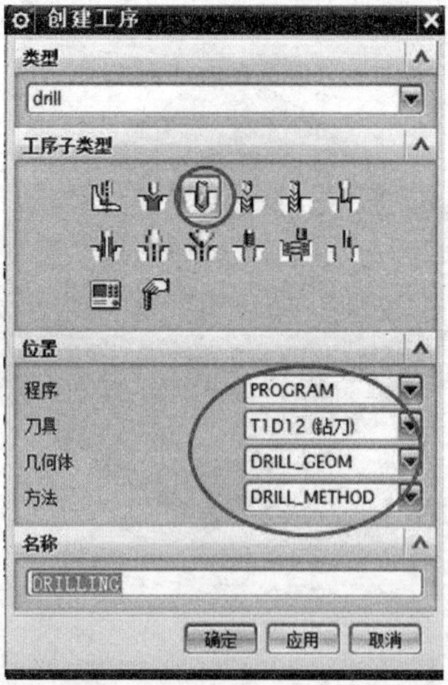

图 7-4

SPOT_FACING:锪钻,用于加工钻孔位置的小平面。

SPOT_DRILLING:中心钻,用于加工中心孔。

DRILLING：钻孔，孔加工基本模板，用于加工普通孔。

PECK_DRILLING：啄钻，啄式深孔加工。

BREAKCHIP_DRILLING：断屑钻，用于不易断屑材料的孔加工。

BORING：镗孔，用于加工较大直径的孔。

REAMING：铰孔，用于孔的精加工。

COUNTERBORING：锪沉孔，用于加工沉孔。

COUNTERSINKING：埋头孔，用于加工锥形沉孔。

TAPPING：攻螺纹，用丝锥攻螺纹。

HOLE_MILLING：铣削孔，用螺旋式铣削加工盲孔、通孔或凸台。

THREAD_MILLING：铣螺纹，用于加工大尺寸的螺纹。

MILL_CONTROL：机床控制，用于创建机床控制操作，添加后处理命令，如换刀、主轴开关、切削液开关以及夹具夹紧松开等。

MILL_USER：用户自定义铣削方式。

三、创建孔加工工序步骤

创建孔加工铣工序的步骤如图 7-5 所示。

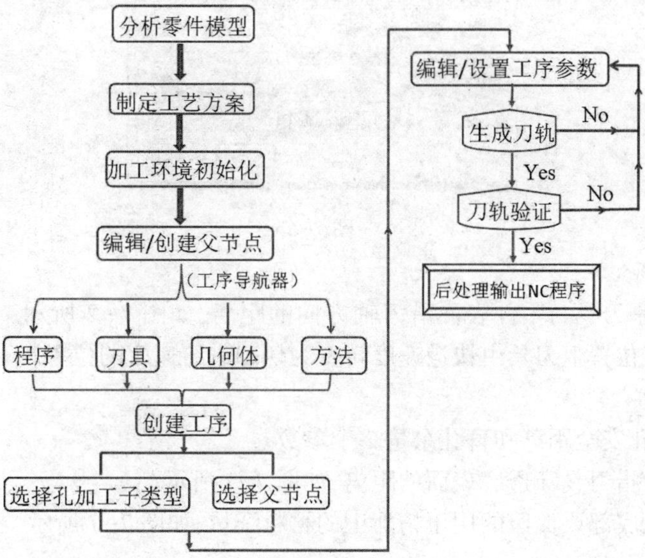

图 7-5

任务二　孔加工工序参数设置与钻削几何体定义

一、孔加工工序参数设置

创建任何一种孔加工工序，都将打开如图 7-6 所示的孔加工工序参数设置对话框。

图 7-6

1.最小安全距离

最小安全距离是刀具与零件表面沿刀轴方向的距离,如图 7-2 所示。最小安全距离指定的高度,是每个加工位置上刀具由快进速度转变为切削进给速度的位置。

2.深度偏置

深度偏置有通孔安全距离和盲孔余量 2 个参数。

通孔安全距离:指刀具穿透底表面的距离,如图 7-7 所示。

盲孔余量:指孔底部要保留的用于精加工的材料余量,如图 7-7 所示。

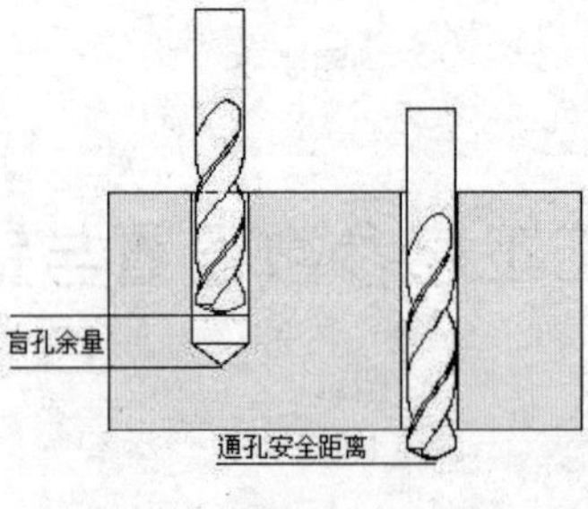

图 7-7

二、钻削几何体及其定义

如图 7-8 所示，钻削几何包括加工坐标系、工件、点位以及孔。这里重点介绍加工坐标系和点位。

1.创建/编辑加工坐标系

在孔加工中，创建 MCS 时要注意以下几点：

(1)若是三轴加工，且所加工孔的轴线相互平行，加工坐标系 MCS 的+ZM 轴应与待加工孔的轴线平行。

(2)若是三轴加工，但所加工孔的轴线若有不平行情况，则应在各个不同轴线方位上创建相应的 MCS 及其工序，现场加工时，也必须多次重新装夹工件。

(3)若使用四轴或更多轴机床，因刀具轴可变，在同一个工序中可为不同方位的加工孔指定相应的刀轴方位。

2.创建钻削几何体(DRILL_GEOM)

单击，打开创建加工几何对话框，选择类型为“Drill”，选择几何体子类型为孔位，父节点为 WORKPIECE。

单击“确定”，打开钻削几何创建对话框，如图 7-9 所示。钻削几何包括孔、部件表面和底面三部分。

图 7-8

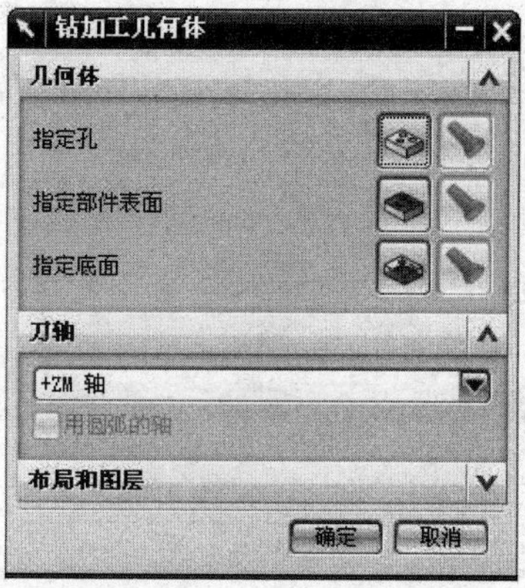

图 7-9

Holes：泛指被加工的孔，可以选择一般点、圆弧中心、圆心、椭圆以及实体或片体上的孔定义。孔是必须指定的，否则不能生成刀轨。

Part Surface：零件表面即刀具切入材料的位置，它可以是存在的表面或者用户指定的平面，如图 7-5 所示。若未定义此表面，刀具将从被选择的孔位开始切入。

Bottom Surface：底表面，根据需要指定，可用于指定通孔的切削深度，如图 7-10 所示。

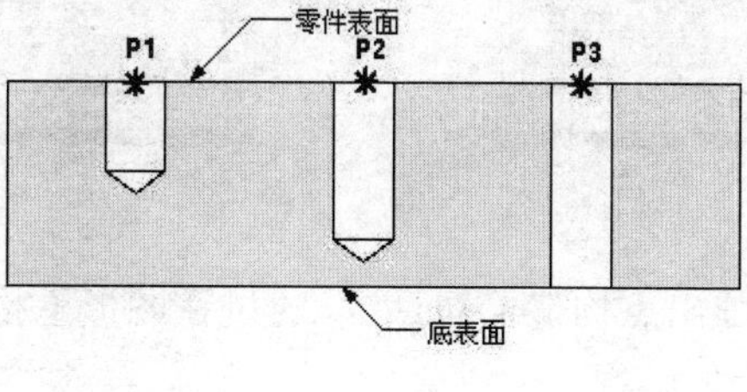

图 7-10

3. 定义和编辑加工孔位参数

孔是必须定义的加工几何体,在图 7-9 中,单击,打开如图 7-11 所示的定义和编辑孔位对话框。

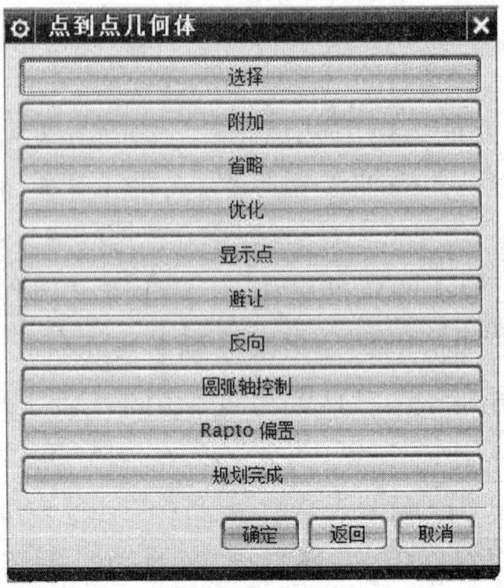

图 7-11

在图 7-11 中,单击“选择”,打开如图 7-12 所示的定义加工孔位对话框,此时可直接在模型上选择加工孔位,完成选择后确定退出,在孔位将显示序号。

Cycle 参数组-1:选择当前点所使用的参数组,指定不同的参数组可以对应于不同的循环参数。例如,按通孔、盲孔等类型分组,在加工时可分别设置通孔和盲孔的切削深度和切削参数。若不选择此项,当前选择的孔位使用第一循环参数组;若选择此项,则弹出如图 7-13 所示的对话框,显示 5 个可供选择的参数组。若要将被选择的孔位放到某一个参数组,单击该参数组,这样所选择的参数组就成为当前参数组,在改变当前参数组之前所选择的孔位都使用这一个参数组,结束后单击“确定”。

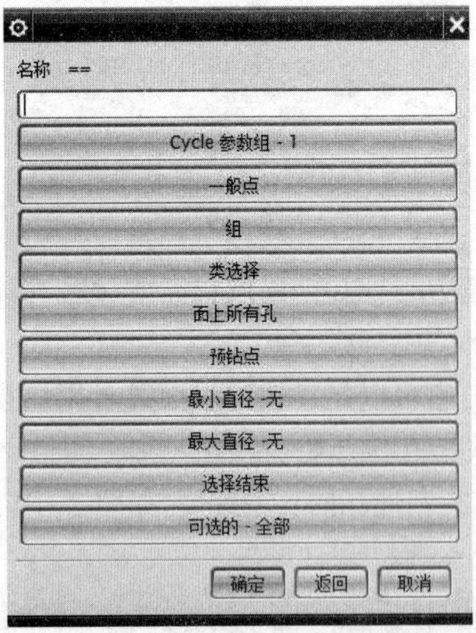

图 7-12

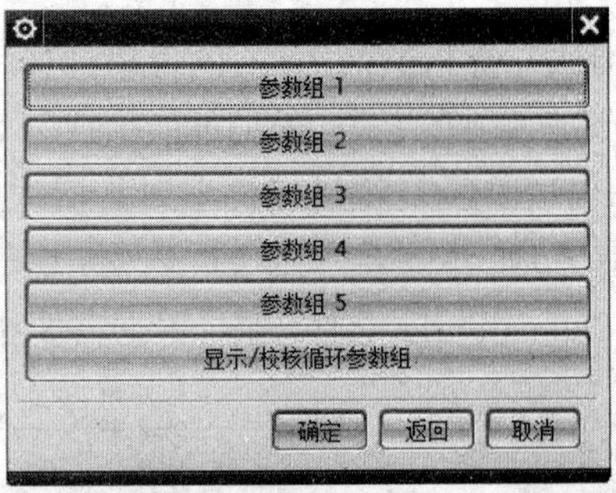

图 7-13

一般点:选择此选项,将弹出点构造器对话框,通过在图形上拾取特征点或者直接指定坐标值来指定一点作为加工位置。

面上所有孔：选择该选项，可以指定其直径大小范围的孔如图 7-14。直接在模型上选择表面，则所选表面上各孔的中心指定为加工位置点。

预钻点：指定在平面铣或型腔铣中产生的预钻进刀点作为加工位置点。

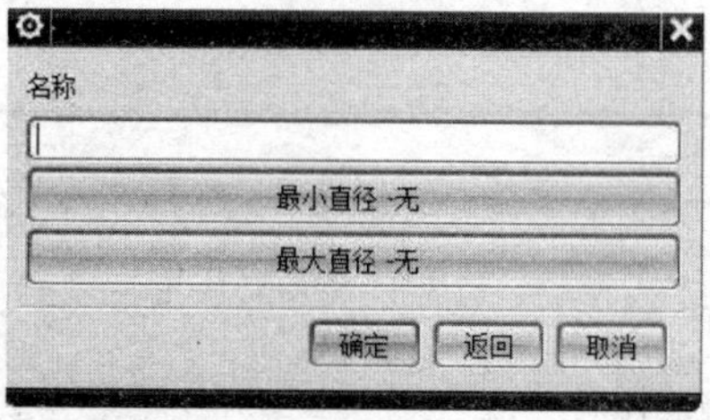

图 7-14

练习 7.1

【目的】创建钻中心孔、通孔及铰孔工序，掌握避让几何定义。

Step 1 打开零件。

Open→x：\parts\seventh\ drilling_1.prt。

Step 2 运行加工模块。

单击“开始”，再单击“加工”，选择“drill”，点击“确定”进入加工环境。

Step 3 定义工件和加工坐标。

单击切换到几何视图，定义 MCS 与 WCS 重合。安全设置选为平面，指定工件上表面“10 mm”作为安全平面，单击“确定”。双击“WORKPIECE”，单击，选择图形窗口中的实体模型为指定部件，单击“确定”。

Step 4 创建钻削几何体。

单击，设置如图 7-15 所示的参数。

在图 7-15 中，单击“确定”，打开钻削几何定义对话框，如图 7-16 所示。

图 7-15

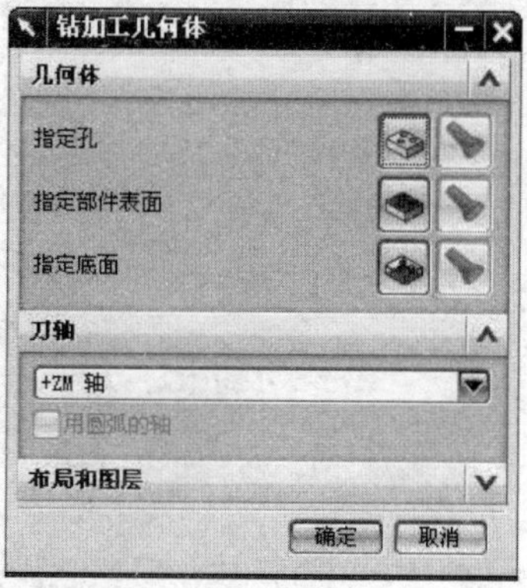

图 7-16

Step 5 单击，打开加工点位定义对话框，如图7-17所示。单击“选择”，使用默认参数组，选择如图 7-18 所示的 4 个孔位，单击“确定”。

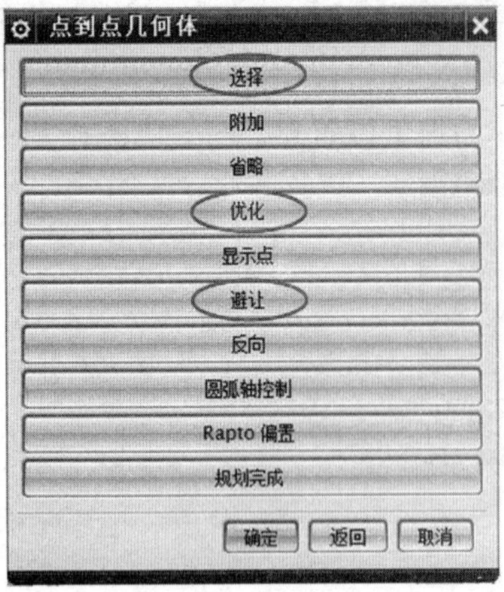

图 7-17

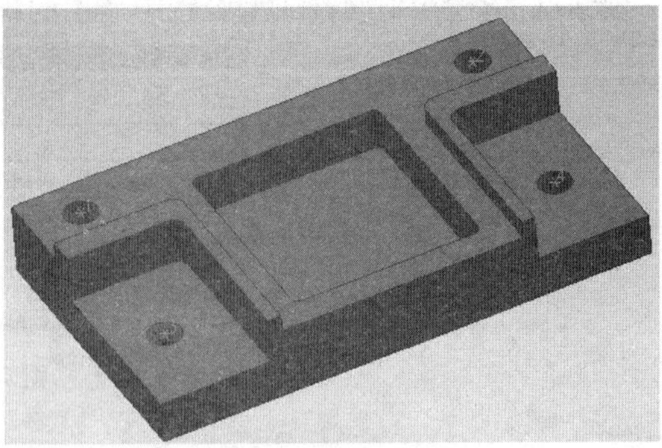

图 7-18

在图 7-17 中,单击“优化”,选择如图 7-19 所示的“最短刀轨”,单击“优化”,如图 7-20,再单击“接受”,结果如图 7-21 所示。

图 7-19

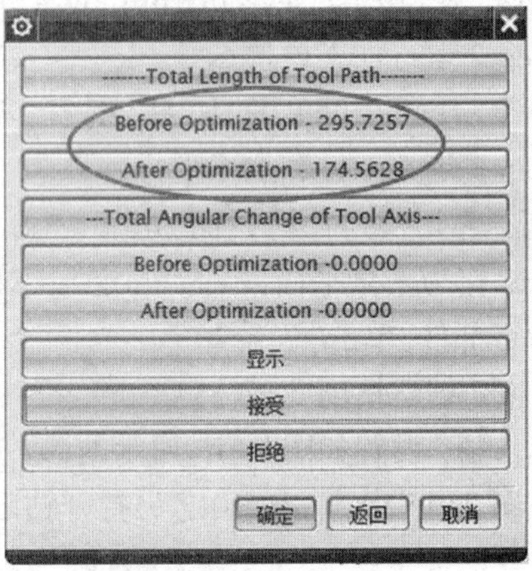

图 7-20

图 7-21

Step 6 在图 7-17 中,单击“避让”,分别选择优化后的孔 1 和孔 2 作为避让的开始点和结束点,选择安全平面避让,如图 7-22 所示。同理孔 2 和孔 3 的避让,孔 3 和孔 4 的避让都选择安全平面。

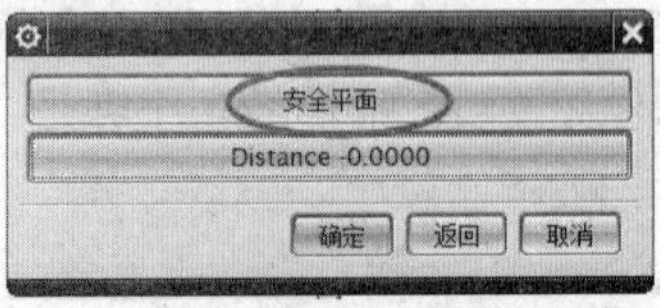

图 7-22

单击“确定”,结束加工点位定义,返回到如图 7-23 所示的对话框中,单击,定义如图 7-22所示的底表面,单击“确定”两次,结束钻削几何体定义。

图 7-23

Step 7 创建孔加工刀具。

创建如图 7-24 所示的中心钻、钻头和铰刀 3 把刀具,其中中心孔钻的顶角为 60 度。

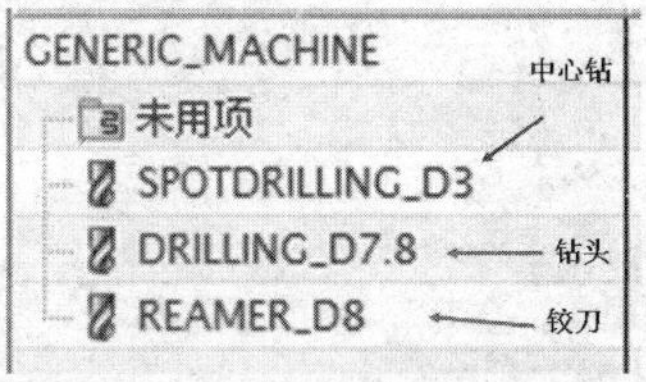

图 7-24

Step 8 创建中心孔工序。

单击,选择如图 7-25 所示的工序子类型和父节点。

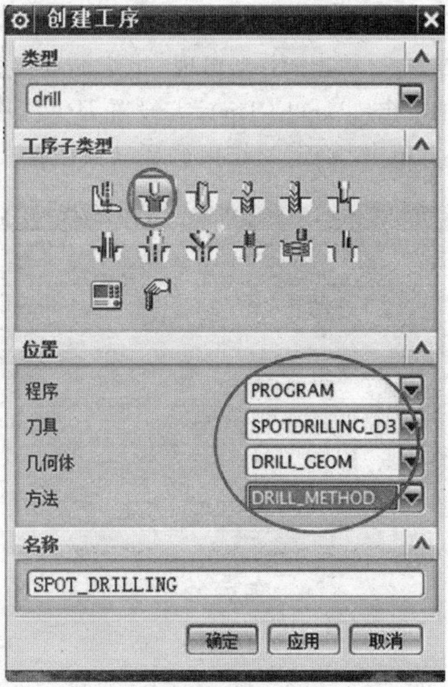

图 7-25

单击“确定”,打开如图 7-26 所示的工序参数设置对话框。

图 7-26

Step 9 循环模型选择“标准钻”,单击;当出现“指定循环参数组”对话框时,单击“确定”;打开“Cycle 参数”设置对话框,单击 “Depth(Tip)” ,设置刀尖深度“深度=3”,单击“确定”,其他选项默认,如图 7-27 所示,再单击“确定”,结束循环参数设置。

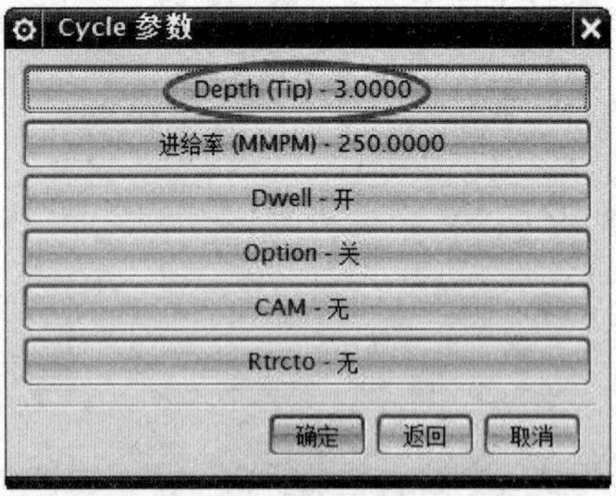

图 7-27

Step 10 生成刀轨。

单击生成刀轨,如图 7-28 所示,单击“确定”保存刀轨。

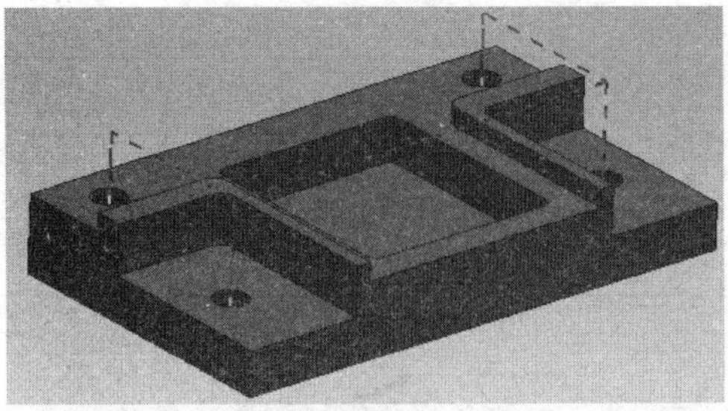

图 7-28

Step 11 创建钻孔工序。

单击，选择如图 7-29 所示的工序子类型和父节点。

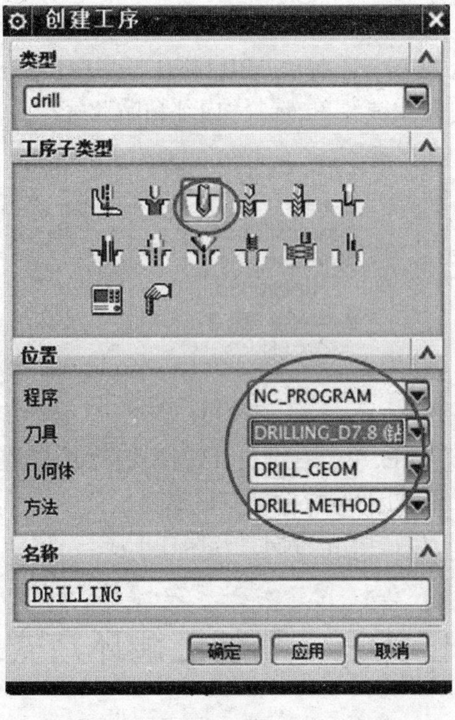

图 7-29

Step 12 循环模型选择“标准钻”，单击；当出现“指定循环参数组”对话框时，单击“确定”；打开“Cycle 参数”设置对话框，单击 “Depth(Tip)” ，选择“穿过底面”，单击“确定”，其他选项默认，如图 7-30 所示，再单击“确定”，结束循环参数设置。

图 7-30

Step 13 单击生成刀轨,如图 7-31 所示,单击“确定”保存。

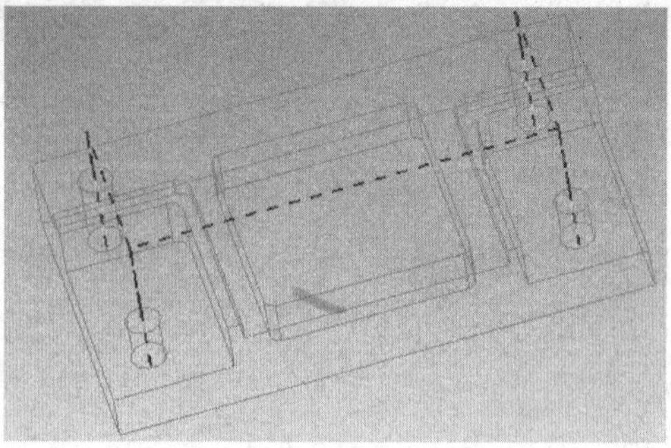

图 7-31

Step 14 创建铰孔工序。

单击,切换到刀具视图,选择“DRILLING”工序,单击右键,选择复制。单击“REAMER_D8”,单击右键打开快捷菜单,选择“内部粘贴”,完成工序复制,如图 7-32 所示。

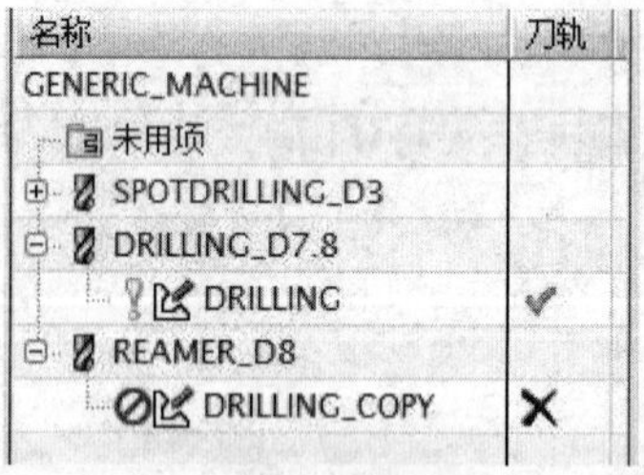

图 7-32

单击“DRILLING_COPY”工序,单击右键打开快捷菜单,选择重命名“RENAME”,更改工序的名称。双击“REAMER”工序,打开参数设置对话框。

Step 15 单击生成铰孔刀轨,单击“确定”并保存工序。

任务三　孔加工循环方式

在孔加工中,不论使用钻孔、铰孔或镗孔等任何一种孔加工方式,都要在孔加工工序对话框中,选择如图 7-33 所示的一种孔加工循环方式,以定义加工刀具的运动过程。

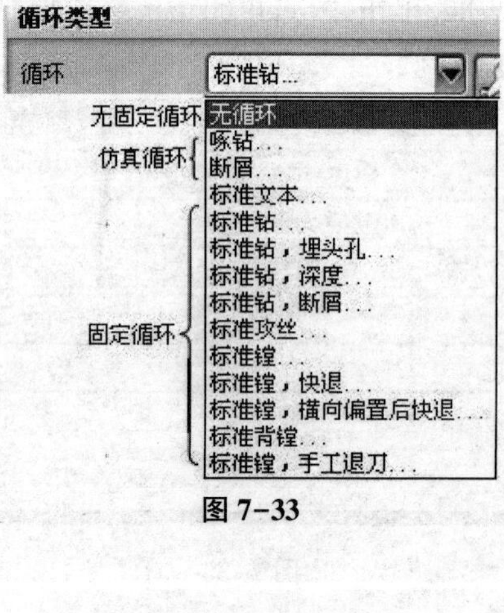

图 7-33

一、无固定循环

无固定循环，取消任何被激活的循环。当“无固定循环”被激活时，不需要设置循环参数组和定义其参数，只要选择加工孔位，系统直接生成刀轨（必须指定零件表面和底表面才能生成切削刀轨）。这种孔加工简单方便，适用于钻削加工要求相同的孔。注意，当选择“无固定循环”时，深度偏置参数无效。

二、仿真循环

1.啄钻

在每一个钻削位置上产生一个仿真啄钻循环，其切削原理如图 7-34 所示。

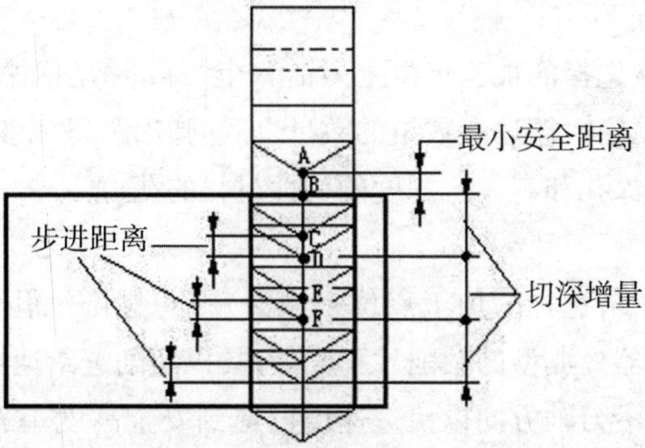

图 7-34

一个啄钻循环的刀具运动过程如下：

(1)刀具快进到最小安全距离确定的 A 点；

(2)刀具以循环进给速度切削进给到 D 点（通过加工开始点 B 后继续进刀一个切深增量）；

(3)刀具以退刀速度快退到 A 点（退刀到孔外以利于排屑和切削液进入）；

(4)快进到 C 点（前一次切削深度沿刀轴向上偏移一个步进距离）；

(5)刀具以循环进给速度切削进给到 F 点（切深为一个步进距离和一个切深增量之和）。

重复步骤 3,4 和 5，直至钻到要求的深度，刀具退回到安全点上，以快速进给速度移动刀具到下一个点位的安全点上，开始进行下一个孔的啄钻加工。

2.断屑钻

断屑钻在每一个钻削位置上产生一个断屑钻循环。断屑钻循环类似于啄钻循环，所不同的是：在每一个钻削深度增量之后，刀具不是退回到孔外的安全点上，而是退回到在当前切削深度之上的一个由步进安全距离指定的点位（这样可以将切屑拉断）。断屑钻的刀具运动过程如下：

(1)刀具以快进速度移动安全点上；

(2)刀具沿刀轴方向以循环切削进给速率钻削到第一个中间切削深度；

(3)刀具以退刀进给速率退回到当前切削深度之上的由安全距离确定的点位上；

(4)刀具继续以循环切削进给速率钻削到下一个中间增量深度；

重复步骤(3)和(4),直至钻削到指定的孔深之后,刀具以退刀进给速度从孔深位置退回刀具到安全点。

(5)以快速进给速度移动刀具到下一个点位的安全点上,开始进行下一个孔的断屑钻加工。

由上述断屑钻循环过程可知,断屑钻适合给韧性材料的盲孔加工。

三、固定循环

1.标准文本

标准文本,在每一个被选择的加工点位上激活一个标准循环。选择该循环,系统要求输入循环文本(长度达1至20个由字母和数字组成的非空的字符串)以及定义参数组及其他参数。

2.标准钻削

标准钻削,在每一个被选择的加工点位上激活一个“标准钻削”循环。选择此项,弹出定义循环参数组数的对话框,在输入循环参数组的数量之后,弹出为每个参数组定义参数的对话框。标准钻削循环不适于钻削深孔和有一定深度的韧性材料的孔。

3.标准沉孔钻循环

标准沉孔钻,在每一个被选择的加工点位上激活一个“标准沉孔钻”循环。该循环的刀具运动取决于机床和后处理器。典型的钻削过程为:刀具以切削进给速度钻削到由沉孔直径和刀尖角度计算所得的深度→沿刀轴方向以快进速度回退到安全高度→刀具以快进速度移动到下一个加工点位上的安全点开始下一个点位的循环。

4.标准深孔钻

标准深孔钻,在每一个被选择的加工点位上激活一个“标准深孔钻”循环。该循环的刀具运动取决于机床和后处理器。典型的钻削过程为:刀具以切削进给速度以一系列的切深增量钻削→在每进给一个深度增量之后,刀具以快退速度退出孔外排屑,如此反复,直到最终深度→快速退回安全高度→刀具以快进速度移动到下一个加工点位上的安全点开始下一个点位的循环。

5.标准断屑钻

标准断屑钻,在每一个被选择的加工点位上激活一个“标准断屑钻”循环。该循环的刀具运动取决于机床和后处理器。

6.标准攻螺纹

标准攻螺纹循环,在每一个被选择的加工点位上激活一个“标准攻螺纹”循环。该循环的刀具运动取决于机床和后处理器。典型的攻螺纹过程为:刀具进给到最终的切削深度→主轴反转并退回到工序安全点上→刀具以快进速度移动到下一个加工点位上的安全点开始下一个点位的循环。

7.标准镗

标准镗循环,在每一个被选择的加工点位上激活一个“标准镗”循环。该循环的刀具运动取决于机床和后处理器。典型的镗削过程为:刀具切削进给到孔的最终切深之后以切削进给速度退回到孔外→刀具以快进速度移动到下一个加工点位上的安全点开始下一个点位的循环。

8.标准镗、快退

标准镗、快退循环，在每一个被选择的加工点位上激活一个“标准镗、快退”循环，其主要特点是在退刀前主轴停止旋转。

该循环的刀具运动取决于机床和后处理器。典型的镗削运动过程为：刀具镗削进给到孔深→主轴停止旋转并以快进速度退出孔外到工序安全点上→刀具以快进速度移动到下一个加工点位上的安全点开始下一个点位的循环。该循环的缺点是退刀过程，刀刃划伤已加工表面，因此一般用于粗镗。

9.标准镗、横向偏置后快退

标准镗、横向偏置后快退，在每一个加工点位上激活一个“标准镗、横向偏置后快退”循环，其主要特点是在退刀前主轴停止旋转、定角位、主轴偏置。

该循环的刀具运动取决于机床和后处理器。典型的“标准镗、横向偏置后快退”的镗削运动过程为：刀具镗削进给到孔深→主轴停止旋转→定主轴方位角→在主轴方位角决定的方向偏移主轴→最后快退到孔外→刀具以快进速度移动到下一个加工点位上的安全点开始下一个点位的循环。该循环方式在退刀前主轴偏置，刀刃不会划伤已加工表面，因此适合精镗。

10.标准背镗

标准背镗循环，在每一个被选择的加工点位上激活一个“标准背镗”循环。

该循环的刀具运动取决于机床和后处理器。典型的背镗运动过程为：主轴停止旋转→定主轴方位角→在主轴方位角决定的方向偏移主轴→主轴进给到孔深→主轴移动到孔的中心→主轴开始旋转退回，在退回过程中镗孔→刀具以快进速度移动到下一个加工点位上的安全点开始下一个点位的循环。

11.标准镗、手工退刀

标准镗、手工退刀循环，在每一个被选择的加工点位上激活一个“标准镗、手工退刀”循环，其特点是退刀运动由手动工序解决。

该循环的刀具运动取决于机床和后处理器。典型的镗削运动过程为：刀具镗削进给到孔深→主轴停止旋转，同时程序停止→工序者手动操纵机床退刀到孔外。

练习 7.2

【目的】创建多孔加工工序，掌握参数设置。

Step 1 打开零件。

Open→x：\parts\seventh\ drilling_2.prt。

Step 2 运行加工模块。

单击“开始”，再单击“加工”，选择“drill”，点击“确定”进入加工环境。

Step 3 定义工件和加工坐标系。

单击切换到几何视图，定义 MCS 与 WCS 重合。安全设置选为平面，指定“ZC = 10 mm”作为安全平面，单击“确定”。双击“WORKPIECE”，单击，选择图形窗口中的实体模型为指定部件几何体，单击“确定”。

Step 4 创建钻削几何。

单击▣，设置如图 7-35 所示的参数。

在图 7-35 中，单击“确定”，打开钻削几何定义对话框，如图 7-36 所示。

图 7-35

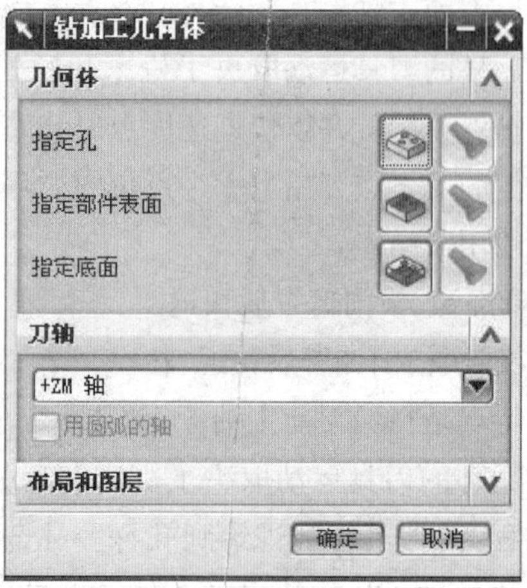

图 7-36

Step 5 单击▣，打开加工点位定义对话框，如图 7-37 所示。

图 7-37

在图 7-37 中，单击“选择”，进入选择对话框，单击“Cycle 参数组-1”如图 7-38 所示，单击“参数组 1”，并选择最上面三个孔，如图 7-39。再次单击“Cycle 参数组-1”，单击“参数组 2”，并选择最下面三个孔如图 7-40 所示。选择使用默认参数组，选择如图 7-38 所示的 4 个孔位，单击“确定”。

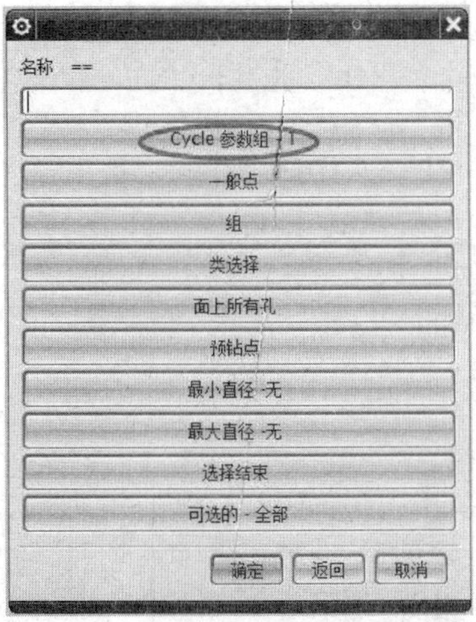

图 7-38

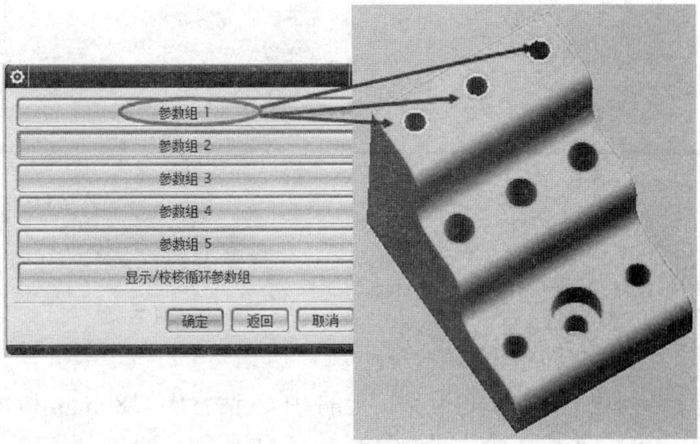

图 7-39

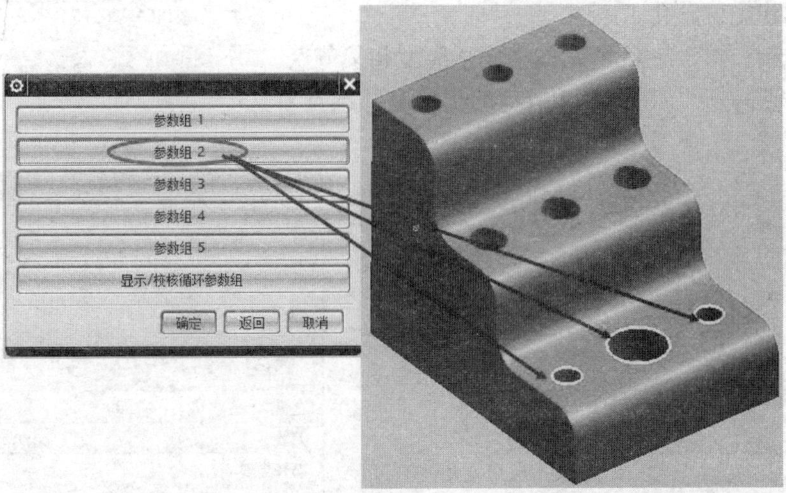

图 7-40

单击“确定”，结束选择。单击“优化”，打开对话框，选择“最短刀轨”，再单击“优化”，选择“接受”，可观察到优化后的孔加工顺序编号，如图 7-41 所示。

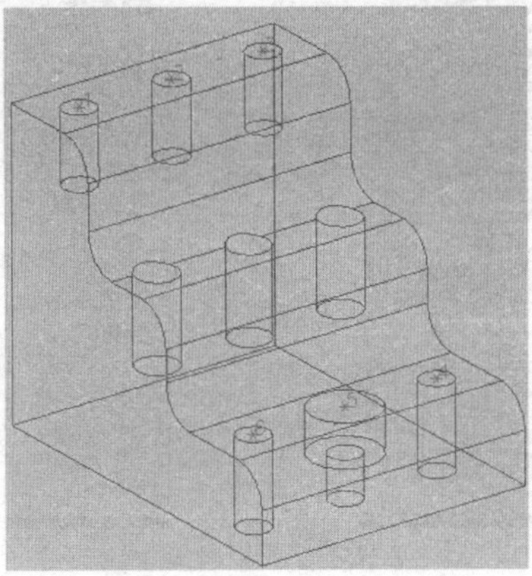

图 7-41

Step 6 单击，定义如图 7-42 所示的底表面，单击“确定”两次，结束钻削几何体定义。

图 7-42

Step 7 创建孔加工刀具。

创建一把顶角为 60 度的中心钻，D11.8 mm 和 D14.8 mm的钻头各一把，D12 mm 和 D15 mm 的铰刀各一把，如图 7-43 所示。

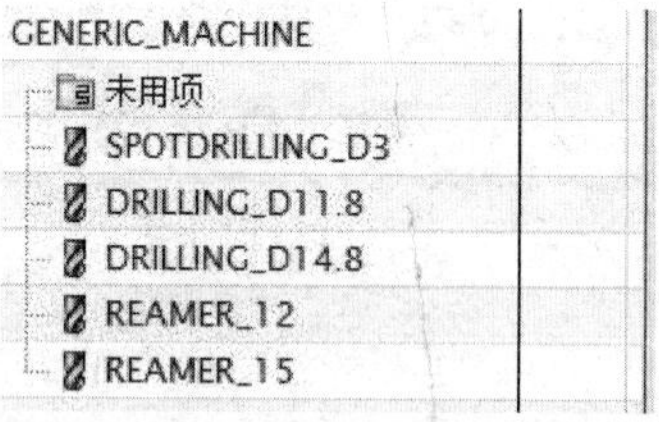

图 7-43

Step 8 创建定位钻孔工序。

单击，选择如图 7-44 所示的工序子类型和父节点。

单击“确定”，打开如图 7-45 所示的工序参数设置对话框。

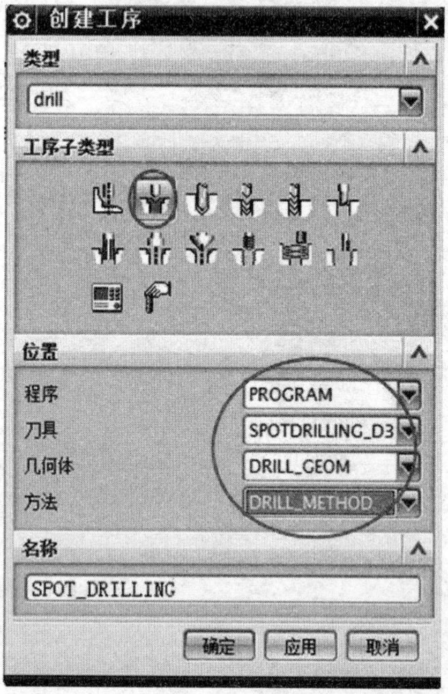

图 7-44

图 7-45

Step 9 循环模型选择“标准钻”,单击;当出现“指定循环参数组”对话框时,单击“确定”;打开“Cycle 参数”设置对话框,单击 “Depth(Tip)” ,设置参数组 1“刀尖深度”为“3”;单击“确定”,再次单击 “Depth(Tip)” ,设置参数组 2 “刀尖深度”为“3”;单击“确定”,其他选项默认,如图 7-46 所示,再单击“确定”,结束循环参数设置。

单击生成刀轨,如图 7-47 所示,单击“确定”保存刀轨。

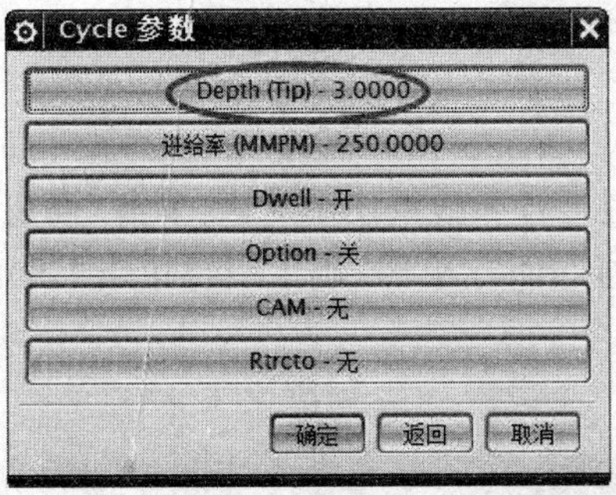

图 7-46

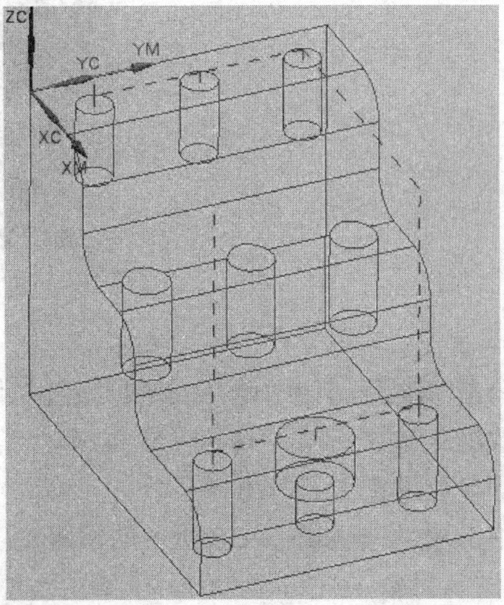

图 7-47

Step 10 创建钻孔工序。

单击,选择如图 7-48 所示的工序子类型和父节点。

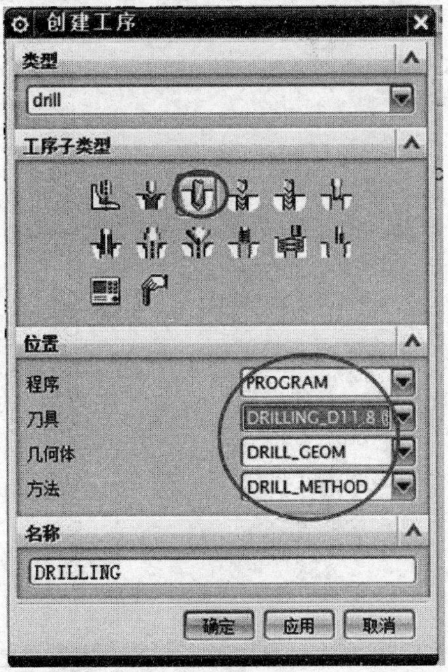

图 7-48

单击“确定”,打开参数设置对话框,循环模型选择“标准钻”。单击,当出现“指定循环参数组”对话框时,单击“显示循环参数组”,单击“所有”,显示结果如图 7-49 所示。

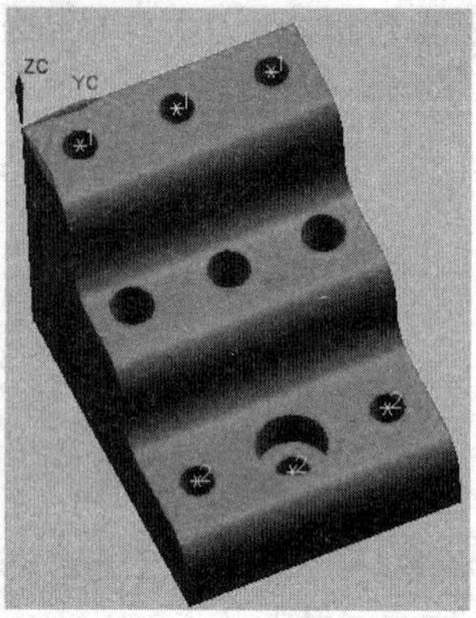

图 7-49

单击“确定”,打开“Cycle 参数”设置对话框,参数组 1 各项参数使用默认,单击“确定”。设置参数组 2 参数,单击 “Depth(模型深度)”; 选择“穿过底面”,单击“确定”;再单击“确定”,结束循环参数设置。

单击,生成如图 7-50 所示的刀轨。

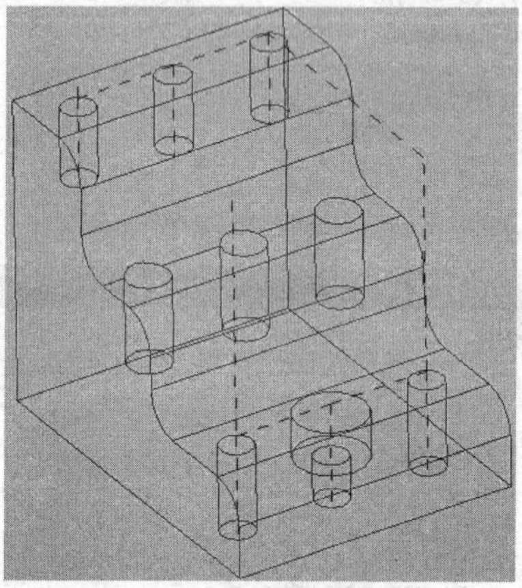

图 7-50

Step 11 创建铰孔工序。

单击,切换到刀具视图,选择“DRILLING”工序,单击右键,选择复制。单击“REAMER_D12”,单击右键打开快捷菜单,选择“内部粘贴”,完成工序复制,如图 7-51 所示。

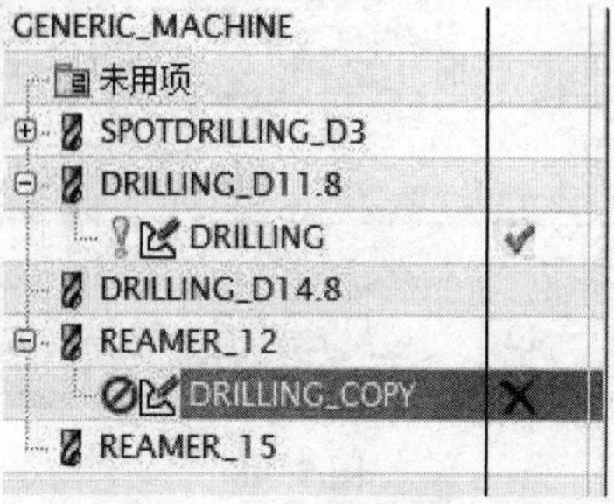

图 7-51

单击“DRILLING_COPY”工序,单击右键打开快捷菜单,选择重命名“RENAME1”,更改工序的名称。双击“REAMER1”工序,打开参数设置对话框。

单击生成铰孔刀轨,单击“确定”保存。

Step 12 创建孔工序。

单击,选择如图 7-52 所示的工序子类型和父节点。

单击“确定”,进入钻工序参数对话框,如图 7-53 所示。

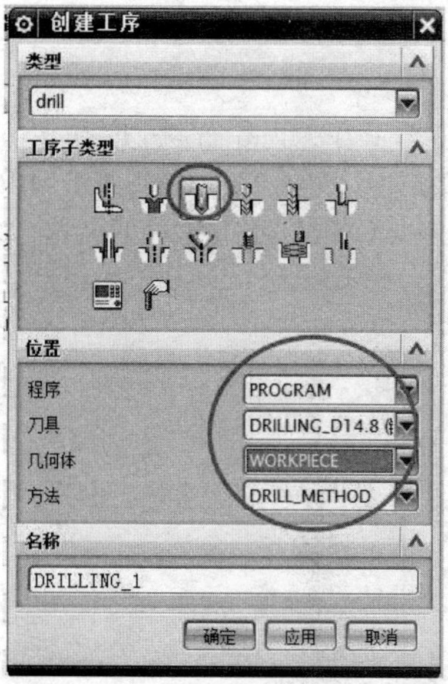

图 7-52

图 7-53

单击指定孔,打开加工点位定义对话框,单击“选择”,选择如图 7-54 所示的 3 个孔,使用默认参数组,单击两次“确定”。

图 7-54

单击,生成如图 7-55 所示的刀轨,单击“确定”。

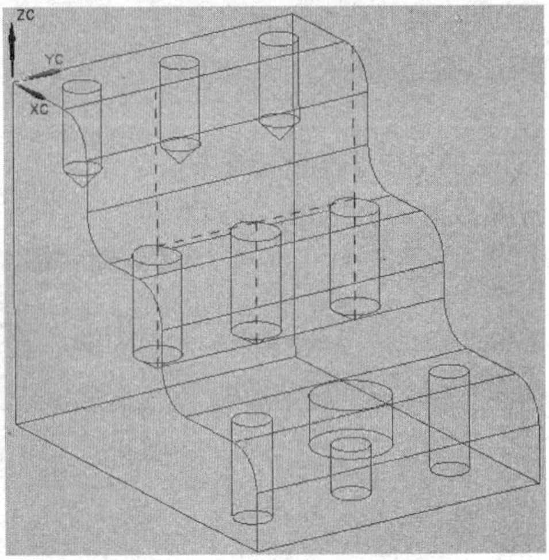

图 7-55

Step 13 创建铰孔工序。

单击,切换到刀具视图,选择“DRILLING_1”工序,单击右键,选择复制。单击“REAMER_D15”,单击右键打开快捷菜单,选择“内部粘贴”,完成工序复制,单击“DRILLING_1_COPY”工序,单击右键打开快捷菜单,选择重命名“RENAME2”,更改工序的名称,如图 7-56 所示。

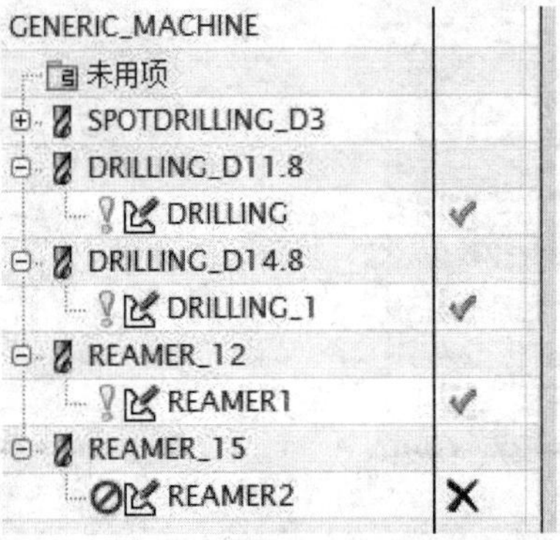

图 7-56

双击“REAMER2”工序,打开参数设置对话框,单击生成刀轨,单击“确定”,单击保存。

四、循环参数设置

在练习 7.2,创建孔加工工序对话框中,选择一种循环方式后,显示在指定钻削几何时已定义的循环参数组数,如图 7-57 所示表示已定义了 2 个循环参数组。

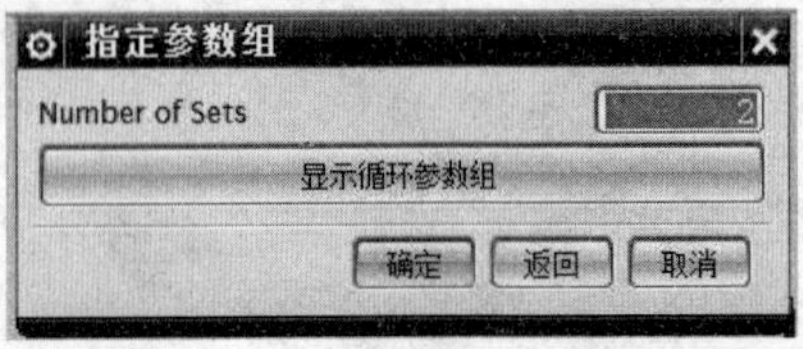

图 7-57

在图 7-57 中,单击“确定”,弹出第一循环参数组 1 参数设置对话框,如图 7-58 所示,确认之后,会提示设置第二循环参数组 2 参数。若有更多参数组,可依次设置循环参数组参数。

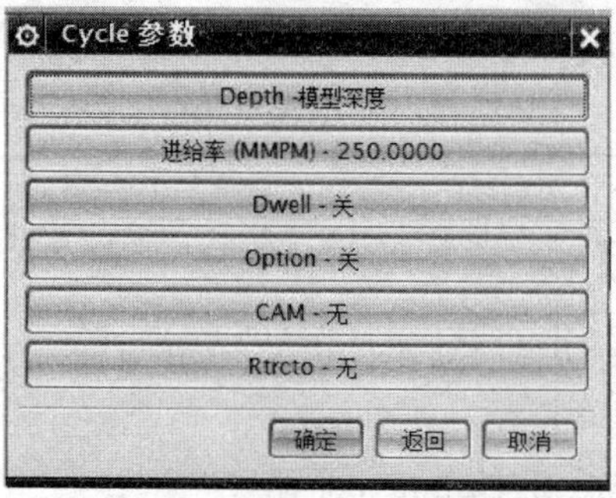

图 7-58

1.钻削深度(Depth)

钻削深度是指零件表面到刀尖的深度。在图 7-58 中,单击“Depth”,将弹出如图 7-59 所示的切削深度定义对话框,除模型深度是指实体模型上特征孔的实际深度外,其他每一种深度定义方式所表示的意义如图 7-60 所示。

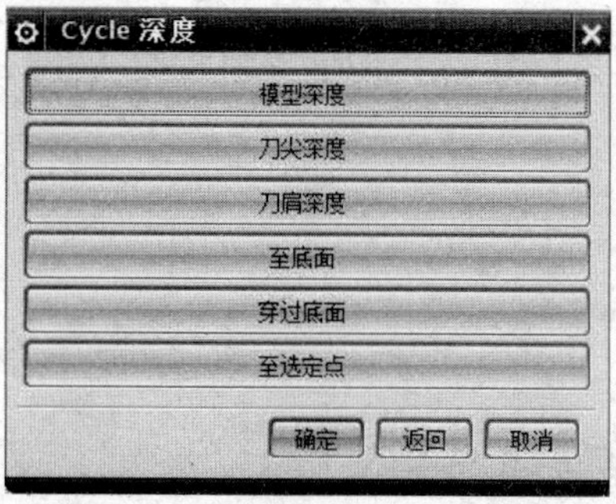

图 7-59

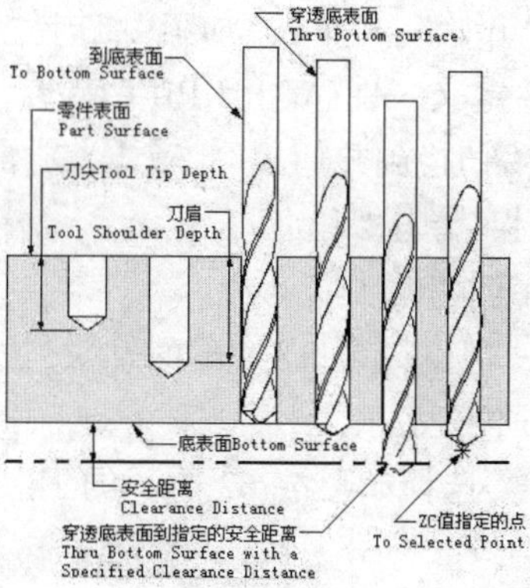

图 7-60

2.进给率(MMPM)

指钻削时的速度,可选每分钟进给多少毫米(MMPM)或每转进给多少毫米(MMPR)。

3.停留时间(Dwell)

停留时间是指刀具到达指定的钻削深度之后要停留的时间,选择此项,将弹出如图 7-61 所示的对话框。

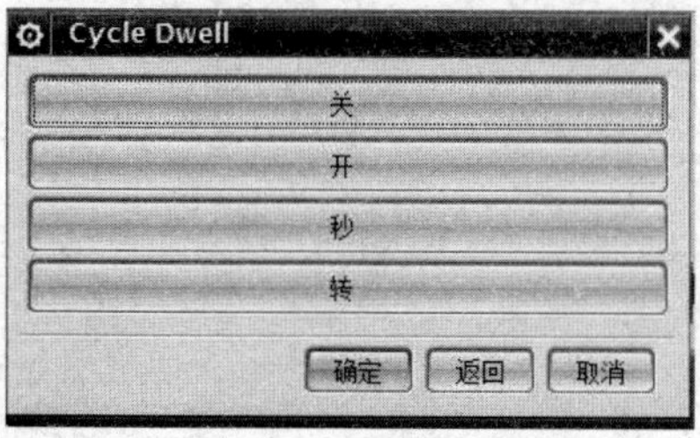

图 7-61

关:刀具不停留。

开:刀具停留,仅用于标准循环。

秒：指定停留秒数，单位为秒(s)。

转：指定停留转数，单位为转数(r)。

4.选项(Option)

该选项用于所有标准循环，其值只有 On 和 Off，其功能取决于后处理器。

5.CAM

设置 CAM 值，用于没有可编程 Z 轴的机床，指定一个预置的 CAM 停刀位置以控制刀具深度。

6.退刀距离(RTRCTO)

退刀距离，是指沿刀轴方向测量的从零件表面(Part Surface)到退刀点的距离。

7.沉孔直径(Csink Diameter)

指定沉孔直径，仅用于 Standard Drill，Csink 循环。

练习 7.3

【目的】使用啄钻仿真循环创建深孔钻削工序，掌握钻削增量的设置。

Step 1 打开零件。

Open→x:\parts\seventh\ drilling_3.prt。

Step 2 运行加工模块。

单击“开始”，再单击“加工”，选择“drill”，点击“确定”进入加工环境。

Step 3 定义工件(WORKPIECE)。

单击切换到几何视图，双击“WORKPIECE”，单击，选择图形窗口中的实体模型为指定部件几何体。单击“确定”。

Step 4 创建钻头。

创建一把直径为 5.8 mm 的钻头，过程省略。

Step 5 创建钻孔工序。

单击，选择如图 7-62 所示的工序子类型和父节点。

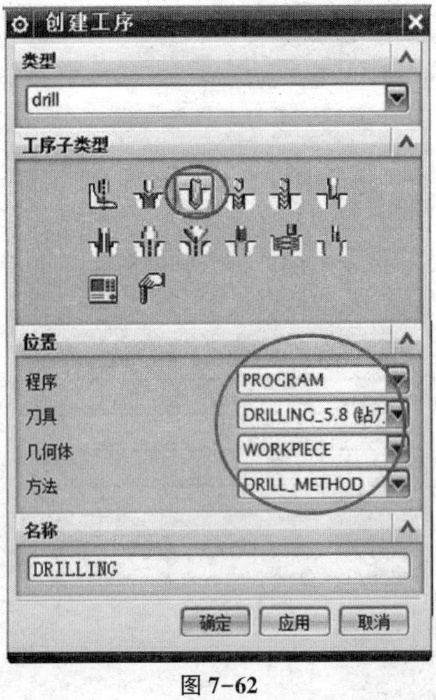

图 7-62

单击“确定”,进入钻工序参数对话框,如图 7-63 所示。

图 7-63

Step 6 创建工序几何体。

单击指定孔,打开加工点位定义对话框,单击“选择”,选择工件表面上的 4 个孔,使用默认参数组,单击两次“确定”。

单击,定义如图 7-64 所示的底表面,单击“确定”,结束钻削几何体定义。

图 7-64

Step 7 设置啄钻工序参数。

循环类型选择“啄钻”，如图 7-65 所示。

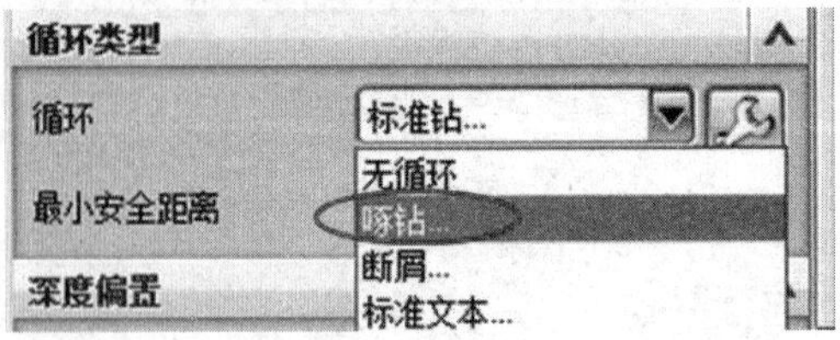

图 7-65

设置步进安全距离为“2”；单击“确定”，进入“指定参数组”，单击“确定”；“Depth”选择“穿过底面”；“Increment”设置为“恒定”，其值为“5”，单击“确定”如图 7-66 所示。再次单击“确定”，结束参数设置。

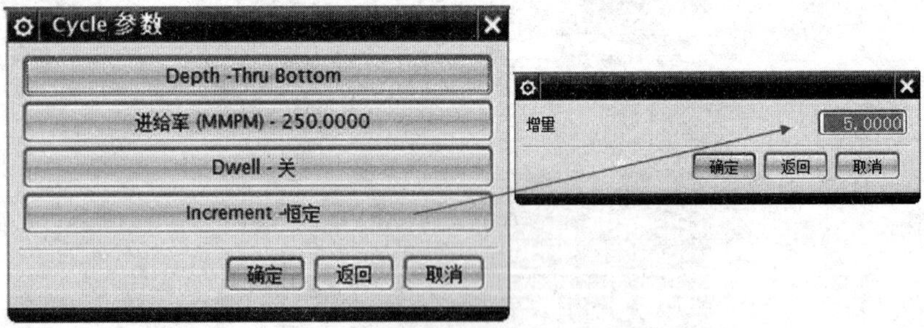

图 7-66

Step 8 单击生成刀轨，如图 7-67 所示，单击“确定”，单击保存。

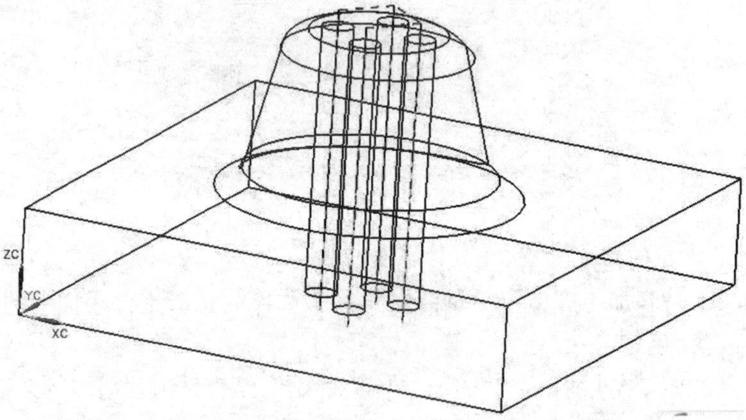

图 7-67

思考题

1.钻削几何有哪些？哪种钻削几何可以不定义？

2.避让有几种定义方法？可以不定义避让吗？

3.孔加工中，定义切削深度的方法有哪些？

4.孔加工工序可以定义几个循环参数组？能加工不同直径的孔吗？

5.如何区别啄钻与断屑钻？

练习题

7.1 打开如图 7-68 模型零件(Open→x:\parts\ seventh \ drilling_ex1.prt),创建中心钻孔工序,创建钻孔工序,创建铰孔工序。

7.2 打开如图 7-69 模型零件(Open→x:\parts\ seventh \ drilling_ex2.prt),创建中心钻孔工序,创建钻孔工序,创建铰孔工序,创建沉头孔工序,创建锥孔钻削工序。

图 7-68

图 7-69

7.3 打开如图 7-70 模型零件(Open→x:\parts\ seventh \ drilling_ex3.prt),创建中心钻孔工序,创建钻孔工序,创建铰孔工序,创建沉头孔工序。

图 7-70

模块八　共同参数选项

[任务导读]

1.加深理解切削模式和切削步距的设置；

2.加深理解策略、余量、拐角、连接、空间范围各项切削参数的设置；

3.加深理解进刀/退刀、快速转移等非各项切削参数的设置；

4.掌握切削速度和机床控制的设置。

前面工序创建的学习中，对刀轨、切削参数、非切削参数、切削速度、机床控制各项只做出参数设置，这一模块将各项参数设置做出详细的解释。

任务一　刀 轨 设 置

一、切削模式(Cut Method)

切削模式是确定刀具在切削工件时的走刀方式，如图 8-1 所示。

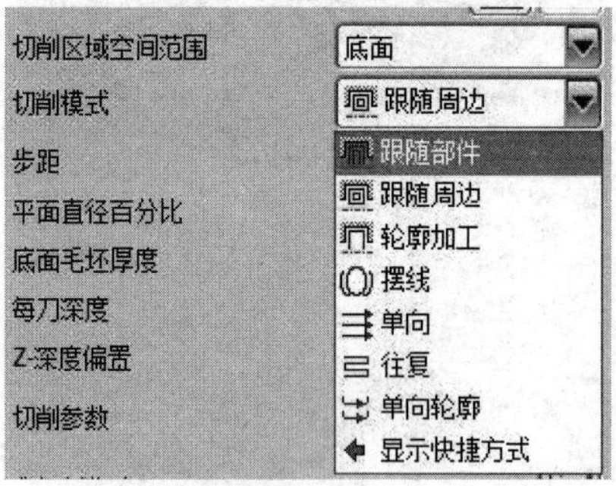

图 8-1

1.跟随周边走刀

这种切削方法能够产生一些与轮廓形状相似的封闭轨迹，且是同心的刀轨轨迹，如图 8-2 所示。在切削过程中能够维持持续地进刀，顺铣逆铣交替进行，抬刀少，切削效率比较高，但对机床和刀具的使用寿命影响较大。多用于型芯形状的零件加工。

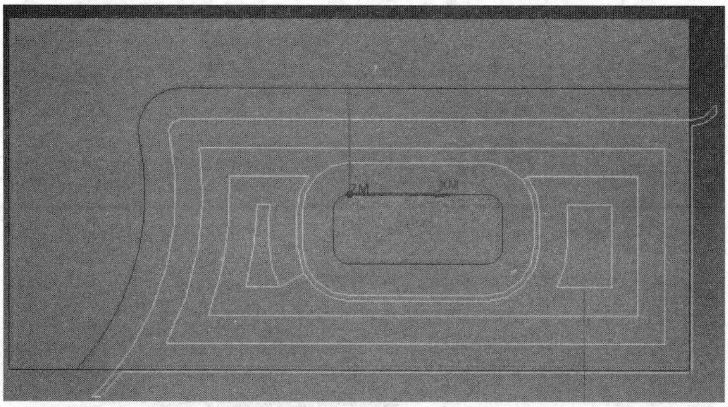

图 8-2

2.跟随部件

这种切削模式能够产生一些与部件形状相似的刀具轨迹,且这些轨迹是通过轮廓形状偏置得到的,如图 8-3 所示。切削过程中只维持一种切削方向,要么顺铣,要么逆铣,抬刀较多。相对其他模式的走刀比较安全,多用于复杂模型的零件加工。

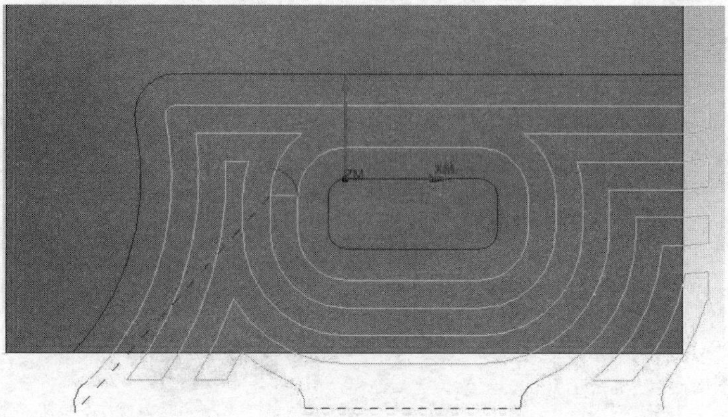

图 8-3

3.单向

这种模式只产生一些平行且单向的刀具轨迹,如图 8-4 所示。抬刀多,切削效率低,但能够铣出高精度的平面。

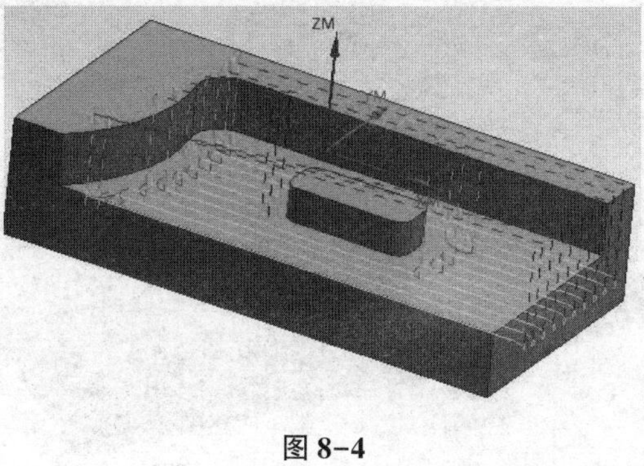

图 8-4

4.往复式

这种模式能够产生一些平行往复的刀具轨迹,如图 8-5 所示。抬刀少,刀轨连续,切削效率较高。

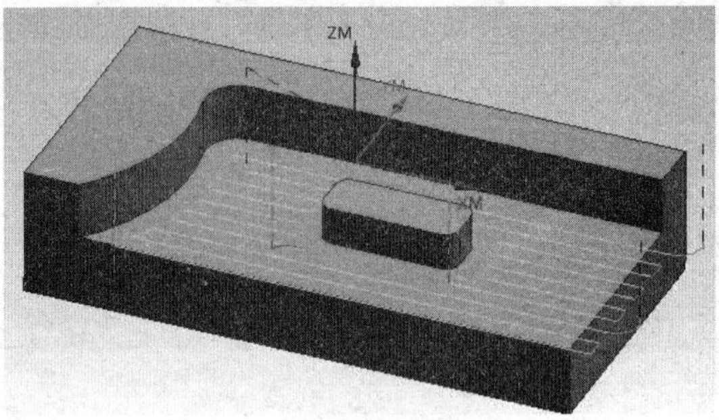

图 8-5

5.轮廓加工

这种模式能够产生一些平行沿着加工区域轮廓的刀具轨迹,如图 8-6 所示。多用于轮廓精加工。

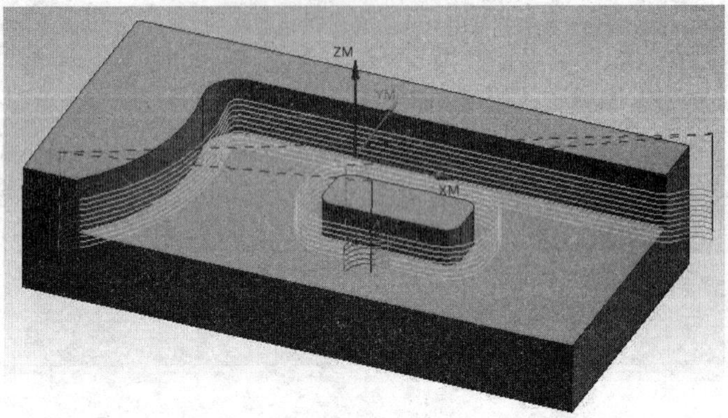

图 8-6

6.单向轮廓

这种模式能够产生一些平行且单向沿着加工区域轮廓的刀具轨迹,如图 8-7 所示。加工的壁面质量比往复模式、轮廓模式高,多用于薄壁加工。

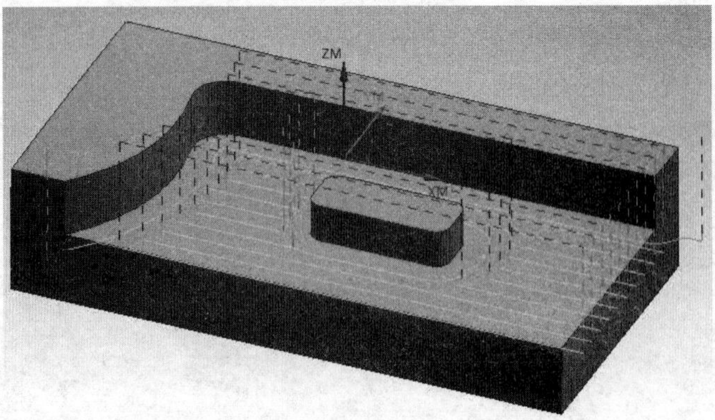

图 8-7

7.摆线

这种模式能产生一些回转的小圆圈刀具轨迹,切削过程中没有折线刀路,螺旋式进刀和退刀,刀路顺畅,避免过切,如图 8-8 所示。一般用于高速加工。

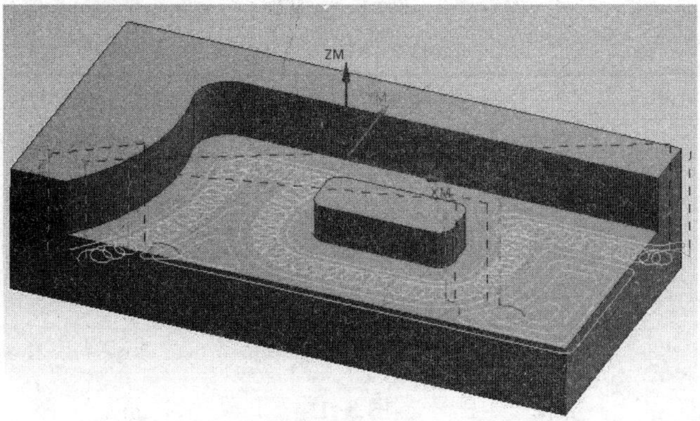

图 8-8

二、切削步距

切削步距是指相邻两次走刀之间的距离,在 X-Y 平面上计算。对于粗加工,由于切削用量大,应选用较小的步距,而精加工可选用较大的步距;步距与加工刀具相关,如果使用立铣刀(平底刀),步距可大些,对于球刀,步距应小些。总之,步距应根据加工方式及使用的刀具类型等因素设定。

在工序对话框中,如图 8-9 所示,选择步距有 4 种定义方式:恒定(Constant)、残余高度(Scallop)、刀具平直百分比(Tool Diameter)以及多个(Variable)。

图 8-9

1.刀具平直百分比

若输入的刀具直径的百分比数值无法平均等分切削区域,则系统自动计算出一个略小的步距来平均等分切削区域。对于平底刀而言,粗加工时,步距应不超过刀具直径 50%,精加工时可取较大值。若使用球刀加工,则应选用更小的步距。对于如图 8-10 所示的牛鼻刀,以刀具有效直径来计算有效直径的百分数。一般情况整个加工过程中,需要多把刀具,不同大小的刀具步距一般不同,所以这种步距设置比较常用。

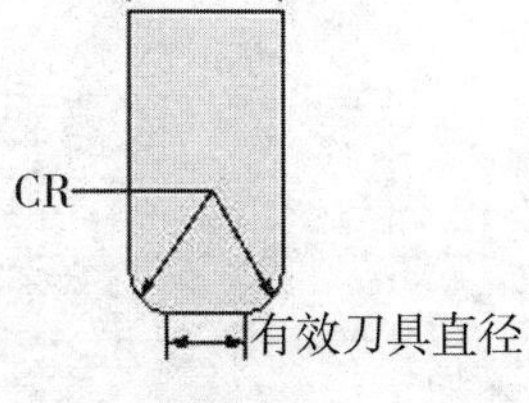

图 8-10

2.恒定

直接输入数值指定步距。使用此方式定义步距时应注意,输入的步距值不能大于刀具直径,图 8-11 是常数步距示意图。

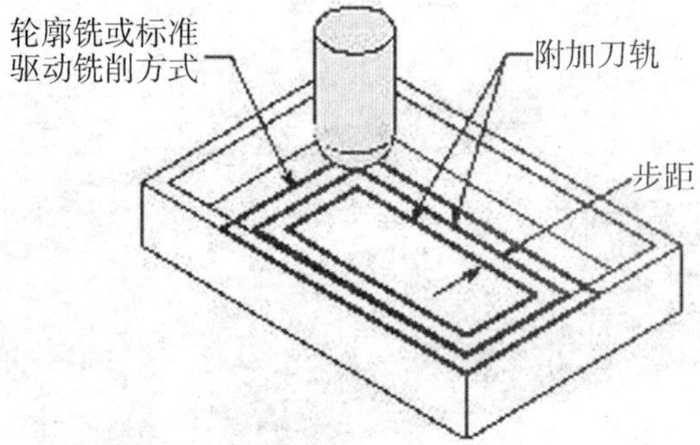

图 8-11

3.残余高度

相邻两刀轨之间残留材料的高度,如图 8-12 所示。残留高度直接影响加工精度,对于精加工,通常使用残留高度设置步距。

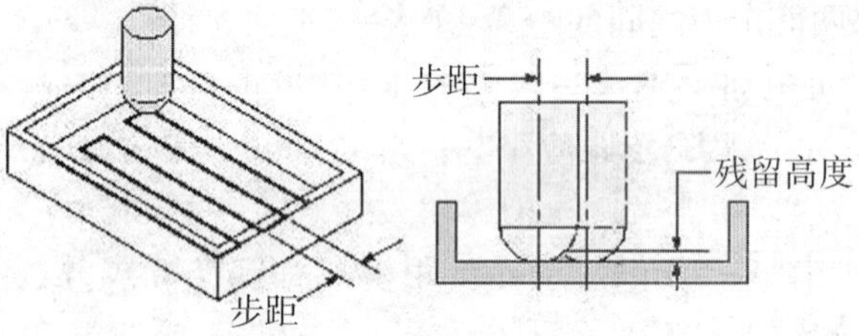

图 8-12

4.多个

有两种设置方法:

(1)当选用往复式走刀、单向走刀及单向轮廓走刀时,可变步距只设置最大和最小步距,如图 8-13 所示,系统自动计算余量最小的刀轨数。

(2)当选用其他走刀方式(摆线走刀除外)时,不但要输入刀路数,同时要指定每一条刀轨使用此步距值,最多可以指定 6 组数据,如图 8-14 所示。

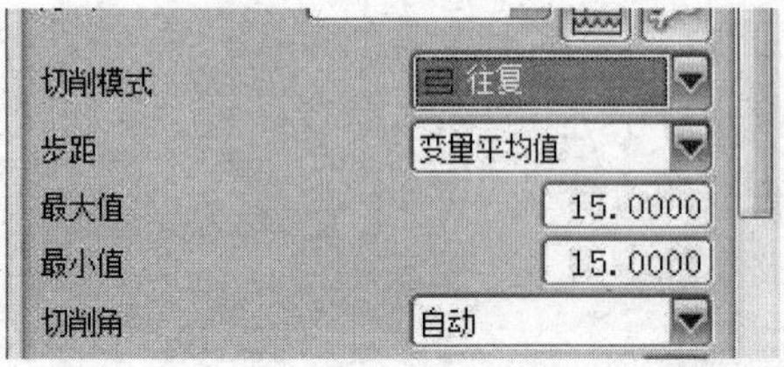

图 8-13

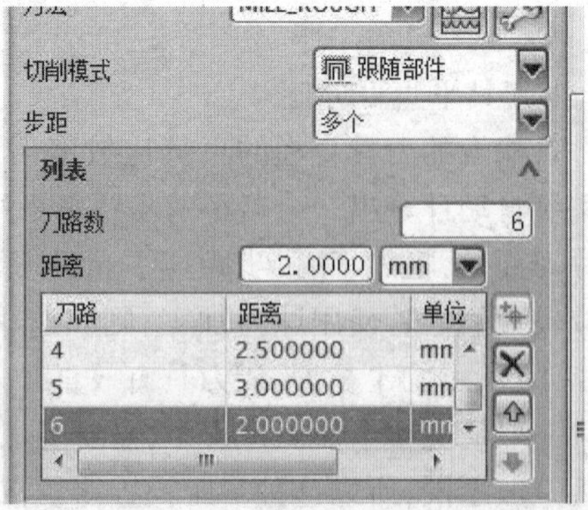

图 8-14

任务二　切削参数

切削参数用于设置刀具在切削工件时的一些处理方式。切削参数被分为 6 个选项卡，分别是策略、余量、拐角、连接、空间范围、更多。但型腔铣与平面铣略有不同如图 8-15、8-16 所示。

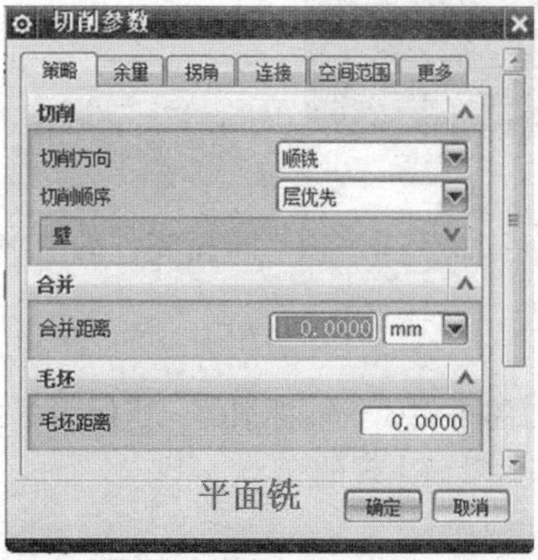

图 8-15

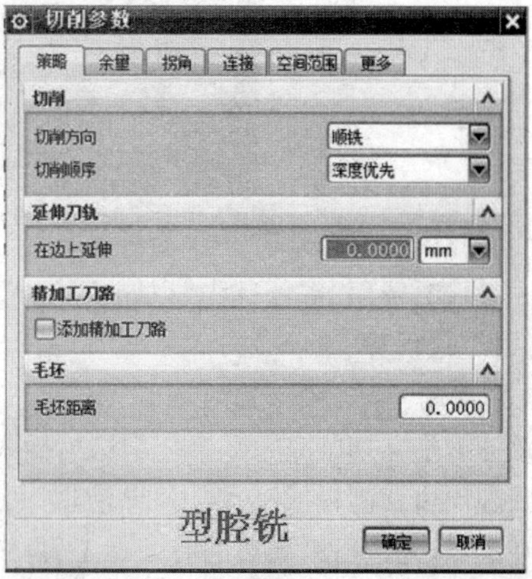

图 8-16

一、策略

策略是切削参数设置中的重点，生成的刀轨在实际加工中对机床和刀具寿命影响大。

1.切削方向

顺铣：表示刀具的旋转方向与进给率方向一致，刀刃受力较小。

逆铣：则表示刀具的旋转方向与进给率方向相反，刀刃受力较大。

通常情况下切削方向选择“顺铣”，但在加工工件为锻件或铸件且表面未粗加工时应优先选择“逆铣”。

2.切削顺序

指定含有多个区域和多个层的刀轨切削顺序。

(1)深度优先：在切削过程中按区域进行加工，加工完成一个切削区域内后再转移到下一个切削区域，如图 8-17 所示。

图 8-17

(2)层优先:是指刀具完成在一个深度上所有的加工区域铣削,再进行下一个深度的铣削,在切削过程中刀具在各个切削区域间不断转换,抬刀较多,如图 8-18 所示。

图 8-18

一般情况选用“深度优先”以减少抬刀,单对外形一致性要求高或者薄壁零件的精加工中应该选择“层优先”。

3.壁清理

壁清理是在切削完每一个切削层后插入一个轮廓刀路来完成清壁铣削的。当使用单向、往复和跟随周边切削模式时,使用“壁清理”可以移除沿部件壁面出现的脊。

在起点:先进行沿周边的清壁加工,再作区域内的切削加工;

在终点:在区域加工后再沿周边进行清壁加工。

4.延伸刀轨

在选定加工区域的所有边向外延,即将切削区域向外扩大。只有在选择了切削区域几何体后“延伸刀轨”才起作用。通过在边上延伸,可以保证边上不留残余。

5.精加工刀路

指定刀具沿着轮廓拐角切削时,在拐角处刀刃的吃刀量增大,可能导致侧面产生一定的误差。需要在零件轮廓周边添加精加工刀轨。

精加工刀路可以指定行数与步距,方便在边界和所有岛的周围创建单个或多个刀路。

6.毛坯距离

通过部件几何体或零件表面偏置距离以形成毛坯几何体。

一些铸件形状比较复杂,不方便设置毛坯几何体时,可以通过设置毛坯距离,来生成毛坯距离范围内的刀轨。

二、余量

1.部件余量

部件侧面余量:表示部件在水平方向的余量。

部件底余量:表示部件平面在垂直方向的余量。

2.毛坯余量

指定刀具偏离已定义毛坯几何体的距离,设置毛坯余量可将毛坯放大或缩小。当加工的毛坯不规则时,设置毛坯余量可以扩大加工范围,保证彻底去除材料。

3.检查余量

表示切削时刀具离开检查几何体的距离。

把一些重要的加工面或者夹具设置为检查几何体,设置检查余量,可以防止刀具与这些几何体接触,以起到安全和保护的作用。

4.修剪余量

指定刀具位置与已定义修剪边界的距离。

三、拐角

拐角选项设置用于产生在拐角处平滑过渡的刀轨,有助于预防刀具在进入拐角处产生偏离或过切(刀具与零件材料发生干涉)。特别是对于高速铣加工,拐角控制可以保证加工的切削负荷均匀。

四、连接

连接用于设置区域间连接方式,通过合理地连接选项设置可以缩短切削路径,提高切削效率。

(1)标准:一般按照切削区边界的创建顺序来决定切削顺序。

(2)优化:系统按照横越运动的总长度最短的原则决定加工顺序,效率较高。

(3)跟随起点:系统根据用户为切削区指定的起始点顺序来决定切削顺序。

(4)跟随预钻点:系统根据用户为切削区指定的预钻进刀点顺序来决定切削顺序。

五、开放刀路

1.保存切削方向

刀轨始终朝着一个方向切削,抬刀多,类似"单向"切削模式,如图 8-19 所示。

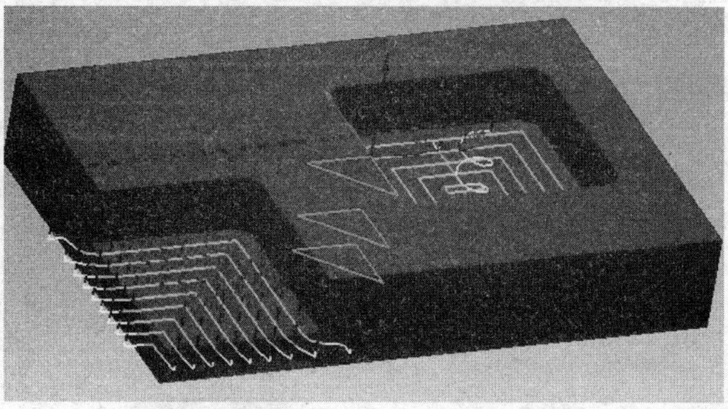

图 8-19

2.变换切削方向

刀轨双向来回切削,抬刀少,类似"往复"切削模式,如图 8-20 所示。

图 8-20

任务三　非切削参数

非切削运动是为完成切削运动而进行的辅助运动。非切削运动可发生在切削运动之前、切削运动之后或者切削运动之间，它们可以是简单的进刀和/或退刀运动，也可以是用户定义的一系列进刀、退刀和横越运动，图 8-21 中的虚线轨迹均为非切削运动。

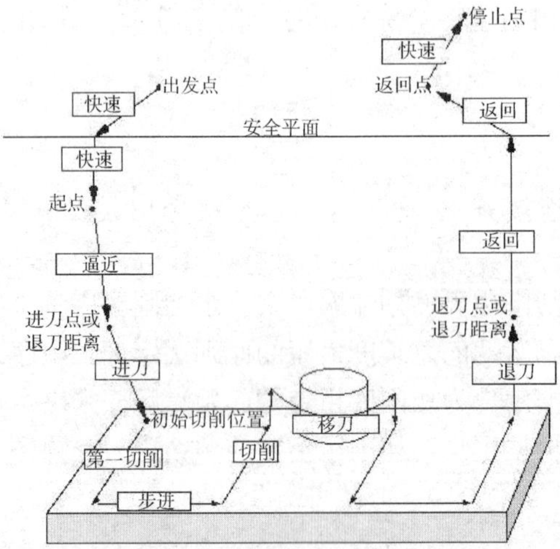

图 8-21

在工序参数设置对话框中，单击，打开如图 8-22、图 8-23、图 8-24 所示的非切削运动参数设置对话框。

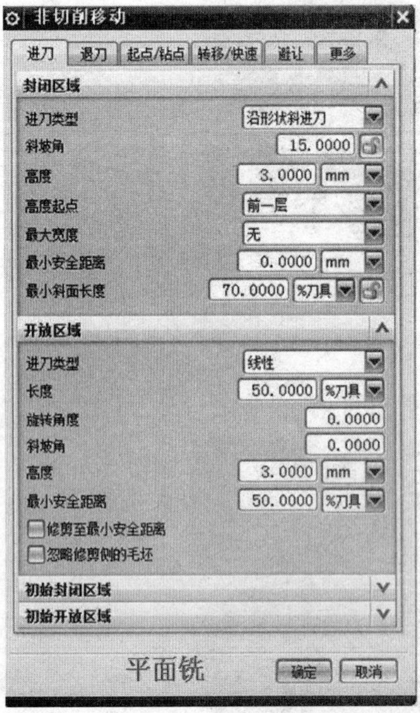

图 8-22

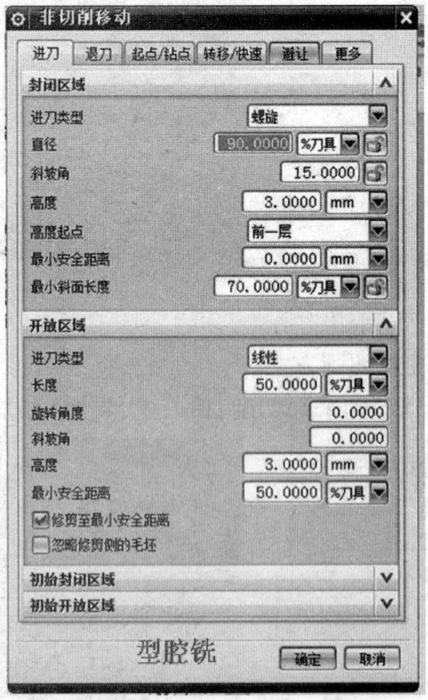

图 8-23

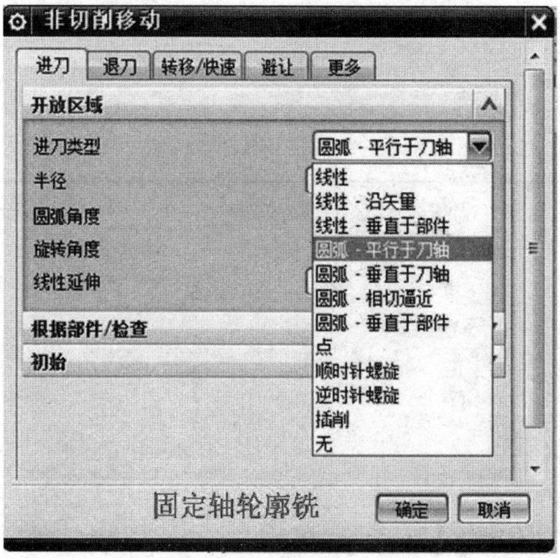

图 8-24

一、进刀

进刀是指开始切削之前,刀具接近工件的运动。

1.封闭区域

(1)螺旋线:进刀路线将以螺旋方式渐降,需要设置螺旋直径、斜角、高度等参数。

(2)沿形状斜进刀:其路径沿着所生成的切削行进行倾斜下刀。

(3)插削:选择进刀类型为插削时,需要设置高度值,可以直接输入距离或者使用刀具直径的百分比,除非带有中心切削刃的刀,否则尽量不要采用这种进刀方式。

(4)无:不设置进刀段,直接快速下刀到切削位置。

(5)与开放区域相同:处理封闭区域的方式与开放区域类似,由开放区域定义。

对于粗加工,封闭区域通常使用螺旋或斜线进刀且斜角不大于 5°,开放区域则可插削进刀,以减少进刀时间;对于固定轴曲面轮廓铣削,则有如图 8-24 所示的多进刀方法可供选择。

2.开放区域

开放区域的进刀类型有多个选项。通常选择线性或者圆弧,线性类型生成直线的进刀运动;圆弧类型生成圆弧的进刀运动。

二、退刀

退刀则是指刀具完成切削之后,刀具离开工件的运动,通常设置为"与进刀相同"。

三、起点/钻点

起点/钻点选项如图 8-25 所示。

图 8-25

1.重叠距离

在进刀位置,由于初始切削条件的影响,可能产生较大让刀量,因而产生进刀痕,设置重叠距离将确保该处完全切削干净,消除进刀痕迹,如图 8-26、图 8-27 所示。

图 8-26

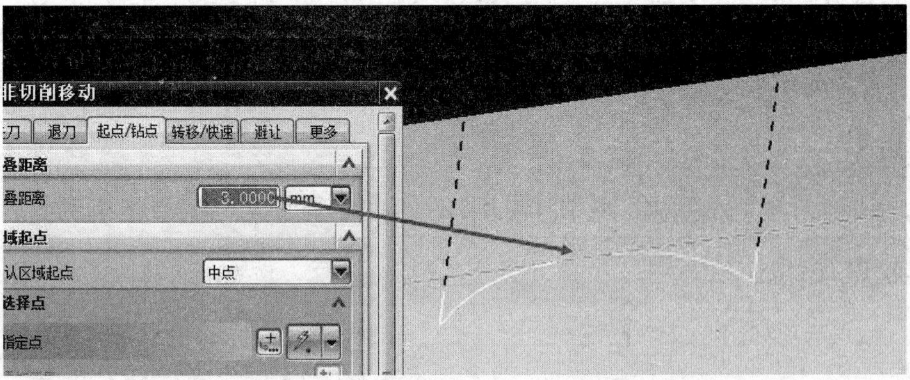

图 8-27

2.区域起点

区域起点指定下刀位置和步距方向。系统默认的点是中点,在实际加工中有时为了避开夹具,保证进刀安全,需要指定的点作为开始切削点。

3.预钻孔点

预钻孔点指定在预先加工的孔位或在毛坯材料的空处进刀,以加快进刀速度,提高切削效率,通常用于在整块实心毛坯上挖槽的加工。例如,在图 8-28 中,当在毛坯上钻孔并将其指定为预钻进刀点之后,加工时刀具先移动到预钻孔点之上的由安全平面或最小安全距离定义的位置处,沿刀轴方向对准预钻进刀点垂直下刀,到达切削层位置时刀具以切削速度水平运动进行切削。

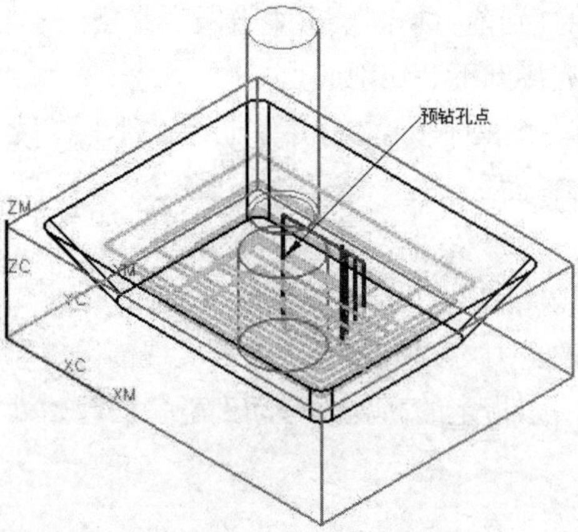

图 8-28

四、转移/快速

此项是指刀具从一个切削区域移动到另一个切削区域的横越运动,图 8-29 是参数设置对话框。

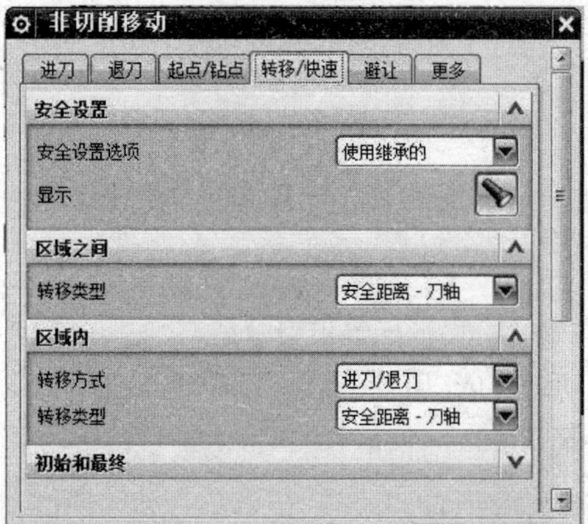

图 8-29

1.安全设置

在切削加工过程中将以该安全设置作为安全距离进行退刀。

(1)使用继承的:以上级几何体(MCS)中设置的安全平面为当前操作的安全平面。

(2)无:不设置安全距离。

(3)自动平面:系统自动根据几何体(部件、毛坯、检查)的最高点向上偏置10 mm作为安全平面。

(4)平面:指定一个平面并设置距离作为安全平面。

2.区域之间

(1)安全距离:退刀到安全设置选项指定的平面高度位置。

(2)前一平面:刀具将抬高到前一切削层上垂直距离高度。

(3)直接:不提刀,直接连接到下一切削起点。

(4)最小安全值Z:抬刀一个最小安全值,并保证在工件上有最小安全距离。

(5)毛坯平面:抬刀毛坯平面之上。

3.区域内

区域内表示在同一切削区域范围中刀具的传递方式。

(1)进刀/退刀:以设置的进刀方式与退刀方式来实现传递。

(2)抬刀/插铣:抬刀到一个指定的高度再移动到下一层起始处插铣下刀,进行切削。

(3)无:直接连接。

五、避让

用于定义切削开始之前或切削结束之后的刀具运动,以避免撞刀。

六、更多

碰撞检查:当刀具碰到如检查几何等障碍物时抬刀,避免与之碰撞。

刀具补偿:在加工过程中,由于刀具磨损等原因会引起刀具直径尺寸的变化,为了保证加工精度,需要对刀具尺寸进行补偿。其补偿值通常放置在机床的寄存器中。

任务四 切削速度

一般情况下,非切削运动如快进、返回等可设置较高的进给速度,而切削运动则应根据零件材料、刀具材料、切削方式、切削深度、加工余量、公差等参数进行设置。

在工序对话框中,单击打开的对话框,用户可以根据经验或查阅相关资料确定切削和进给速度;设置主轴速度和切削进给率后,单击,由系统自动计算,如图8-30所示。也可以通过定义工件材料、刀具材料及加工方法后,单击按钮由系统自动计算,如图8-31所示。表8-1对各种进给速度进行了说明,供设置时参考。

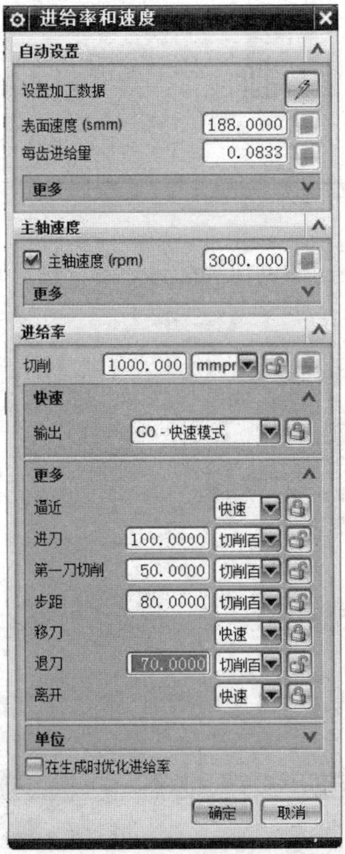

图 8-30

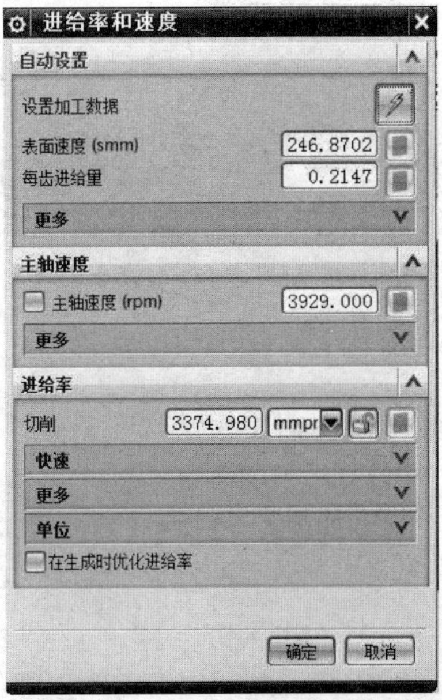

图 8-31

表 8-1

进给速度	含　义
快进速度	一般可取较大值。如果为零,则由机床系统 G00 速度或最大的进给速度替代
逼近速度	刀具进入切削前的进给速度,可比快进速度小些。如果为零,系统则根据不同的切削情况,可能使用快进、逼近或进刀速度替代
进刀速度	刀具进入切削前的进给速度,可比逼近和切削速度小些。如果为零,系统则用切削速度替代
第一刀切削速度	切削进给速度,考虑毛坯的不规则、硬皮等因素,可取比切削小的值。一般可使用默认的零值,系统则用切削速度替代
步距进给速度	相邻两刀之间的跨越切削速度。如果抬刀跨过,则系统使用快进速度替代。一般可使用默认的零值,系统将使用切削速度替代
切削速度	刀具正常切削进给速度,可根据经验输入,或在切削手册中查找,或使用由系统计算
横越速度	刀具从一个切削区域转到另外一个切削区域时的运动速度,一般可使用默认的零值,系统将使用快进速度替代
退刀速度	刀具离开切削区的速度。一般可使用默认的零值,系统将使用快进速度替代,但若采用圆弧退刀方式,则系统使用切削速度替代
返回速度	刀具切削结束后返回的速度,一般可使用默认的零值,系统将使用快进速度替代

任务五　机 床 控 制

机床控制用于控制机床动作,如主轴停转、换刀以及冷却液开关等,这些后处理命令一旦定义,将输出在刀位文件和 NC 程序中。

在工序对话框中,单击机床控制,显示如图 8-32 所示的创建和编辑开始刀轨事件和结束刀轨事件对话框。

图 8-32

单击,打开如图 8-33 所示的后处理命令重新初始化对话框。在对话框中,可以选择从模板或操作中复制后处理命令。

单击,打开如图 8-34 所示的后处理命令编辑对话框,可使用增加、删除等功能编辑后处理命令。

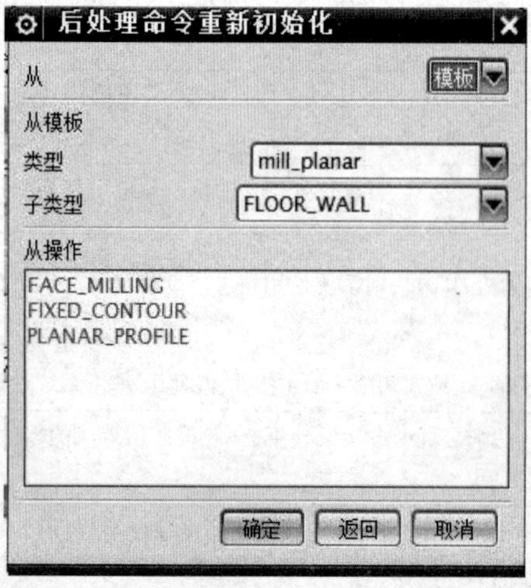

图 8-33

图 8-34

表 8-2 列出了一些常用的后处理命令，供参考。

表 8-2

后处理命令	说明	刀具路径输出	NC 输出
Extra Tool Change	特殊换刀	LOAD/TOOL	M06
Extra Spindle On	主轴特殊旋转	输出 SPINDL/	M03
Spindle Off	主轴停转	输出 SPINDL/OFF	M05
Coolant On	冷却液开	输出 COOLNT/	M08
Coolant Off	冷却液关	输出 COOLNT/OFF	M09
Tool Length Compensation	刀长度补偿	输出 SET/ADJUST	H
Cutter Compensation	刀具直径补偿	当设定的刀具尺寸与实际尺寸不符时，使用此补偿以修正刀轨，输出 CUTCOM/（只适用于平面铣和型腔铣）	D
Sequence Number	顺序号	控制程序行号的生成，输出 SEQNO/	
Clamp	夹紧工作台	输出 CLAMP/	
Tool Preselect	刀具预选	在换刀前预选刀具，以节约换刀时间，输出 SELECT/（部分机床支持此命令）	
Stop	程序结束	如有多个操作，则在最后一个程序中使用，生成 STOP	M02

练习

【目的】学习添加机床控制命令。

Step 1 打开零件。

Open→x：\parts\options\8_3.prt。

Step 2 设置机床控制参数。

单击，打开工序导航器对话框，如图 8-35 所示。

图 8-35

双击“CAVITY_MILL”工序,打开工序对话框,如图 8-36 所示。

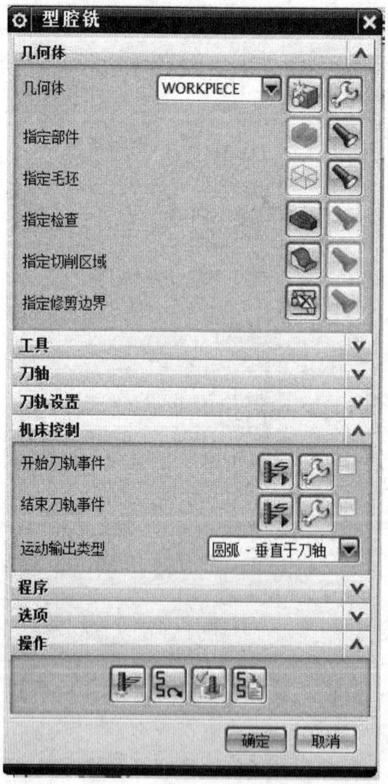

图 8-36

在结束刀轨事件中,单击,打开如图 8-24 所示的对话框。单击“Coolant Off”,单击“添加新事件”,选择“不活动的”,单击“确定”,如图 8-37 所示。

图 8-37

单击“Spindle Off”,单击“添加新事件”,选择“不活动的”,单击“确定”,如图 8-38 所示。

图 8-38

则在定义的列表中显示已添加的主轴停转和关闭冷却液功能，如图 8-39 所示，单击“确定”。

图 8-39

Step 3 生成刀轨。

在工序对话框中，单击重新生成刀轨，单击“确定”，保存工序。

模块九　自定义模板及综合加工

［任务导读］

1.掌握自定义模板；

2.使用自定义模板进行综合加工。

任务一　自定义模板

在进行创建工序时，都要先选择一种工序子类型，NX 为用户提供了许多子类型。例如在创建平面铣工序时要选择如图 9-1 所示的一种工序子类型，而在创建加工几何时要选择如图 9-2 所示的一种几何体子类型，这些子类型就是模板。

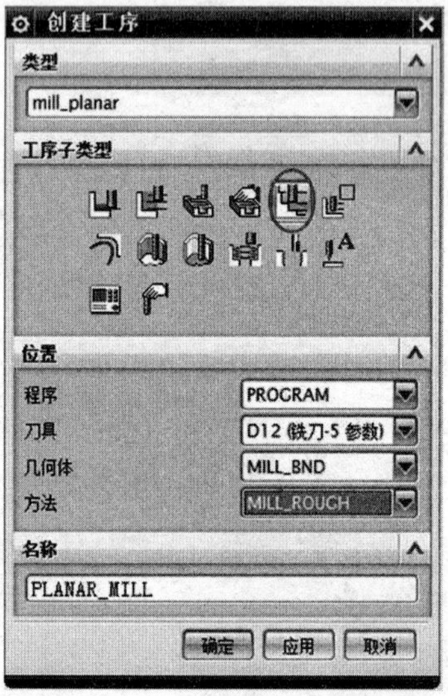

图 9-1

图 9-2

NX 允许用户自定义子类型即创建模板，自定义模板能够提高编程效率。下面通过一个例子讲述用户自定义模板的创建过程。

练习 9.1

【目的】创建自定义模板，学习模板和刀库创建。

1.新建模板文件：如图 9-3 所示

文件名称："my_cam"。

文件路径：C:\Program Files\Siemens\NX 8.5\MACH\resource\template_part\metric\。

2.运行加工模块

在图 9-3 中依次单击“确定”,单击“开始”,单击“加工”,单击“确定”,进入加工环境。

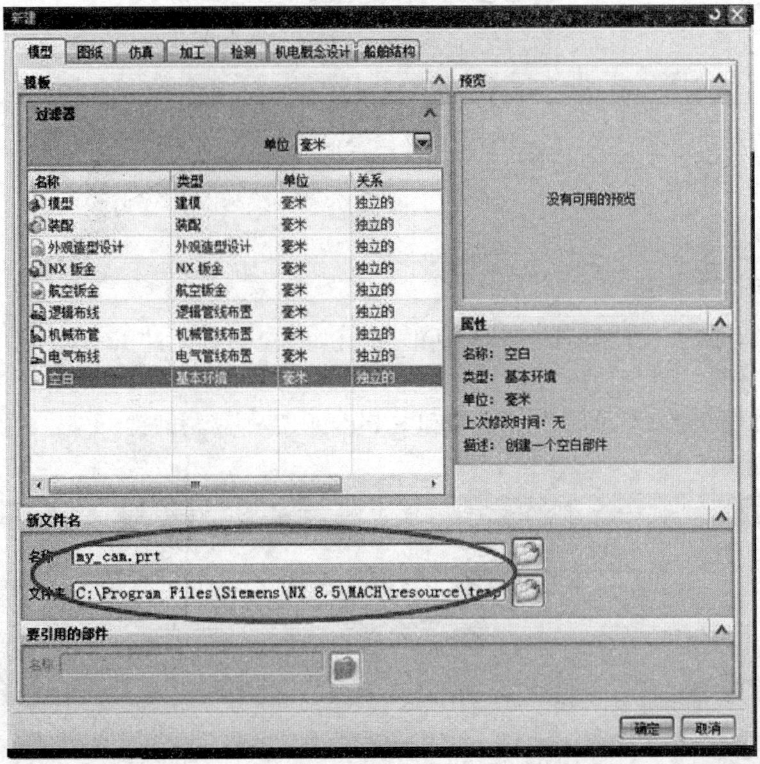

图 9-3

3.创建刀具

(1)单击,切换到机床视图。

(2)创建如图 9-4 所示的立铣刀,过程略。

(3)选中创建的所有立铣刀,单击右键,打开快捷菜单,选择“对象”,选择“模板设置”。

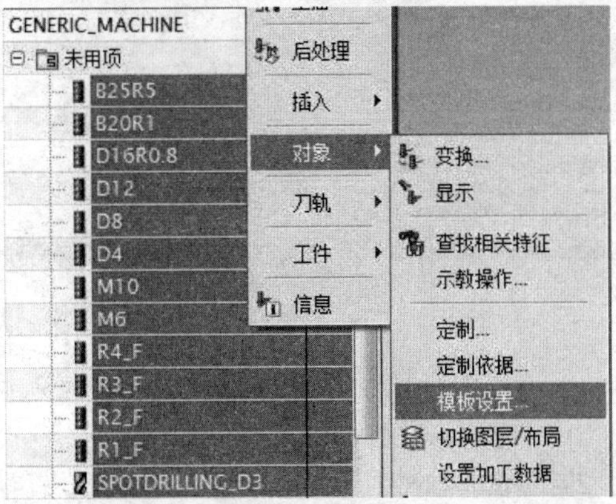

图 9-4

打开模板设置对话框,选择如图 9-5 所示的参数,单击“确定”。

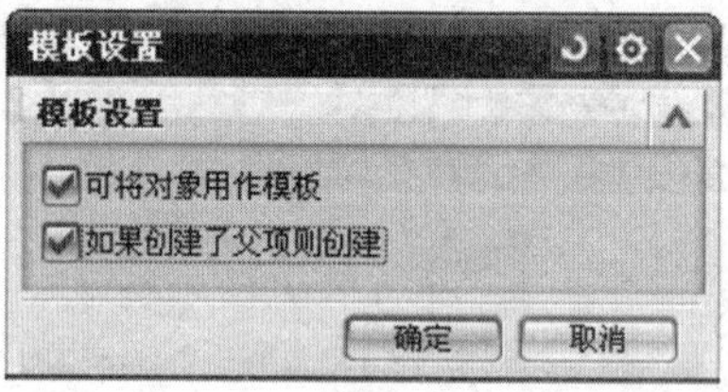

图 9-5

4.创建工序

(1)切换到程序视图。

(2)单击,打开创建型腔铣工序对话框,选择如图 9-6 所示的工序子类型和父节点,单击“应用”,单击“确定”,继续创建工序。

(3)选择如图 9-7 所示的工序子类型和父节点,创建等高轮廓铣工序。单击“应用”,单击“确定”,继续创建工序。

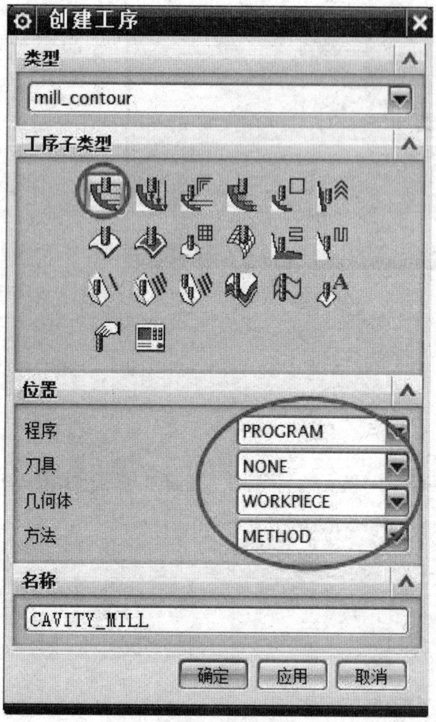

图 9-6

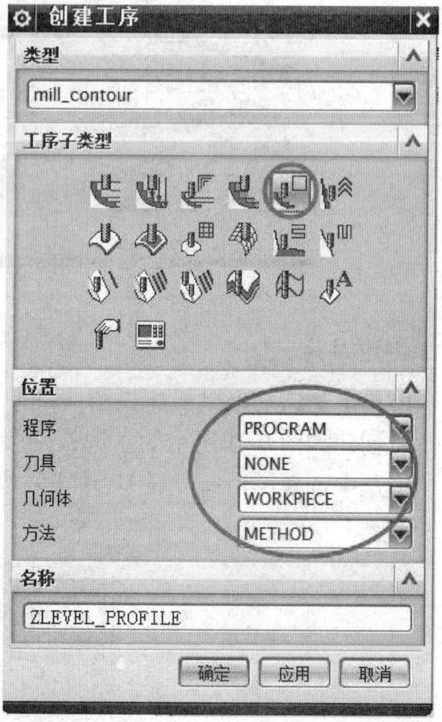

图 9-7

(4)选择如图 9-8 所示的工序子类型和父节点,创建固定轴轮廓铣工序。单击“应用”,单击“确定”,继续创建工序。

(5)选择如图 9-9 所示的工序子类型和父节点,创建参考刀具清根工序。单击“应用”,单击“确定”,继续创建工序。

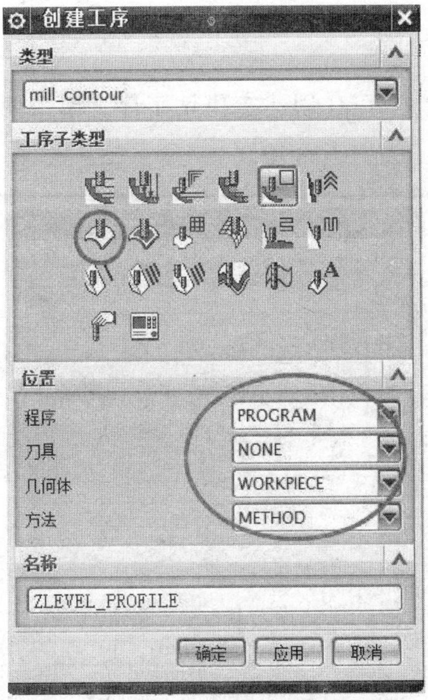

图 9-8

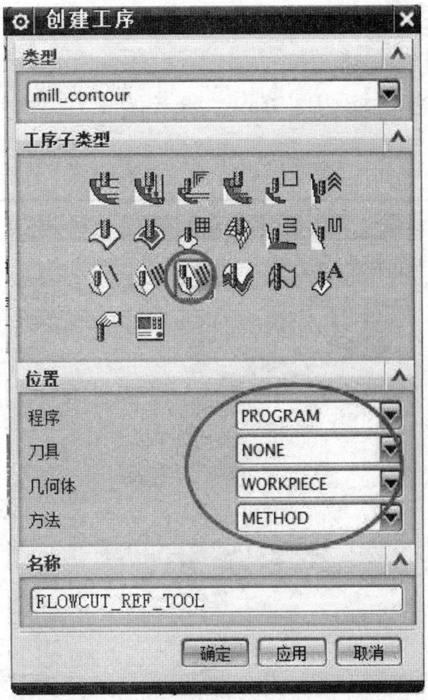

图 9-9

(6)选择如图 9-10 所示的工序子类型和父节点,创建刻字工序。单击“应用”,单击“确定”,继续创建工序。

(7)选择如图 9-11 所示的工序类型、子类型和父节点,创建平面铣工序。单击“应用”,单击“确定”,继续创建工序。

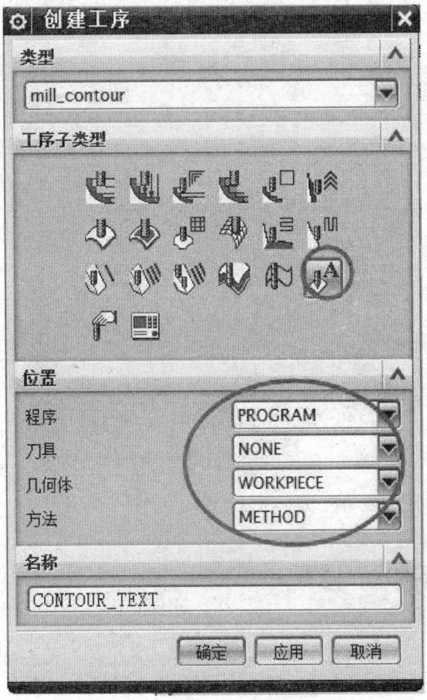

图 9-10

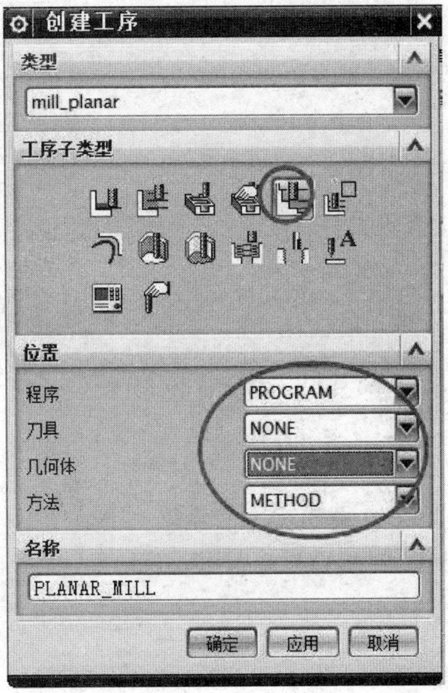

图 9-11

(8)选择如图 9-12 所示的工序子类型和父节点,创建面铣工序。单击“应用”,单击“确定”,继续创建工序。

(9)选择如图 9-13 所示的工序类型、子类型和父节点,创建定位钻工序。单击两次“确定”。

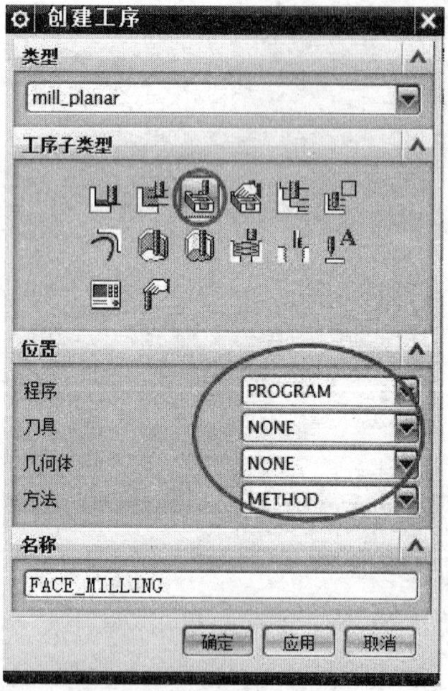

图 9-12

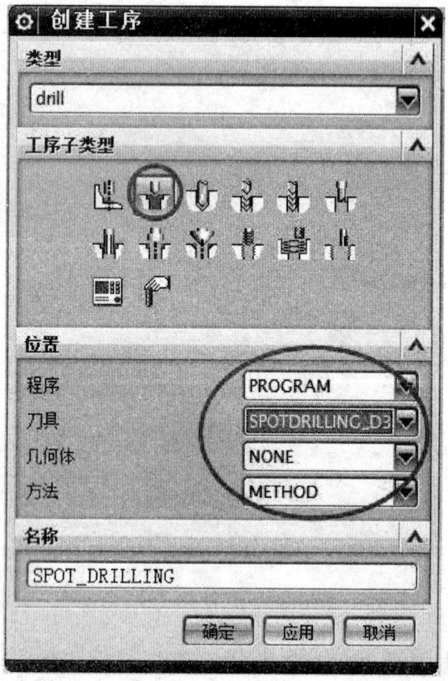

图 9-13

结果如图 9-14 所示。

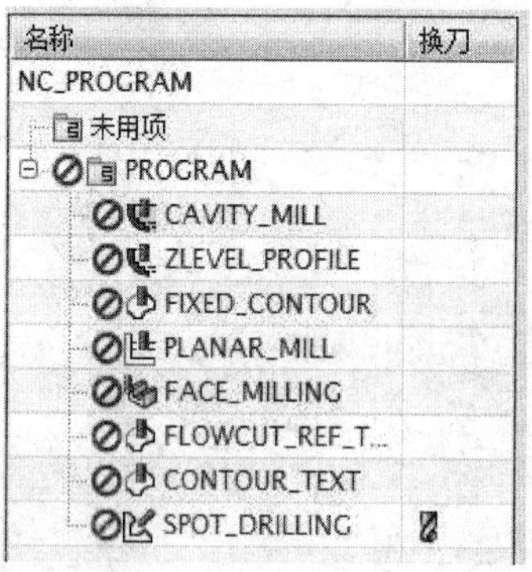

图 9-14

5.设置工序参数

(1)设置型腔铣工序参数。

①双击“CAVITY_MILL”,打开工序对话框,设置如图 9-15 所示的参数。

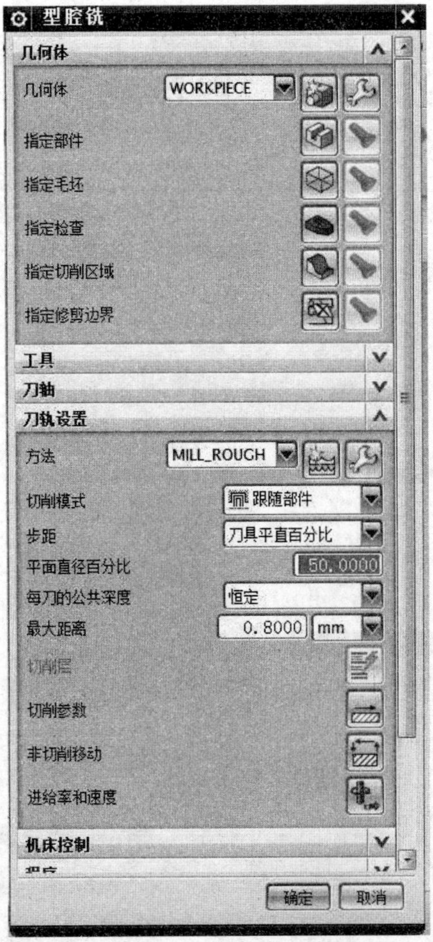

图 9-15

②单击▭,设置如图 9-16、图 9-17 和图 9-18 所示的参数,其余参数使用默认值,单击“确认”。

图 9-16

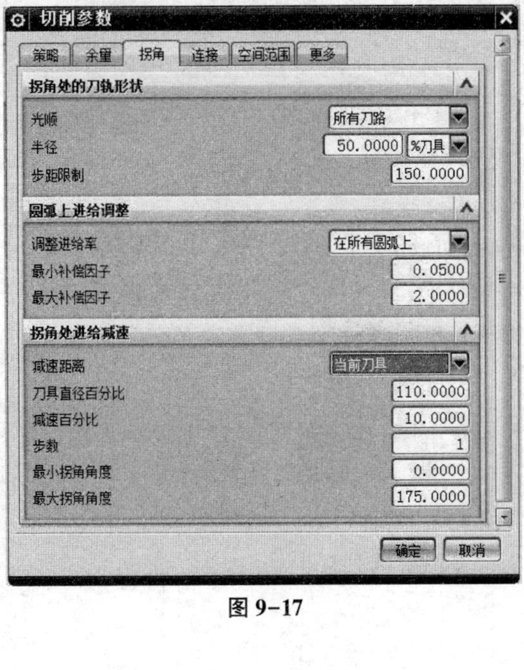

图 9-17

图 9-18

③单击，设置如图 9-19、图 9-20 所示的非切削运动参数，单击“确定”。

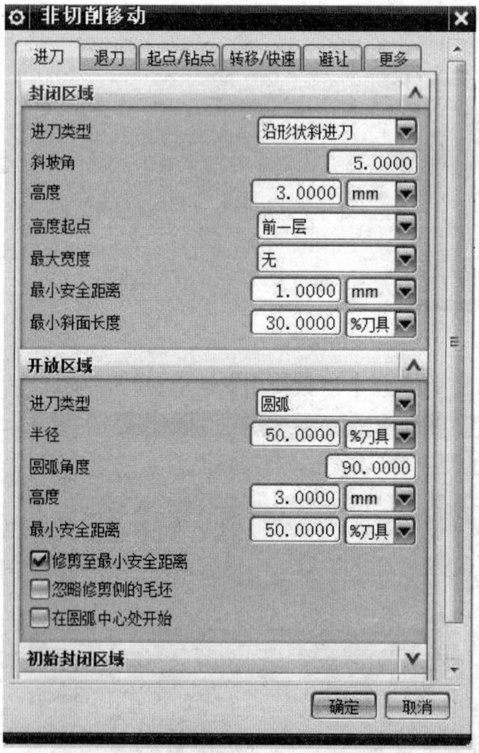

图 9-19

图 9-20

④在工序对话框中，单击“确定”，保存工序。

(2)设置等高轮廓铣工序参数。

①双击“ZLEVEL_PROFILE”，打开工序对话框，设置如图 9-21 所示的参数。

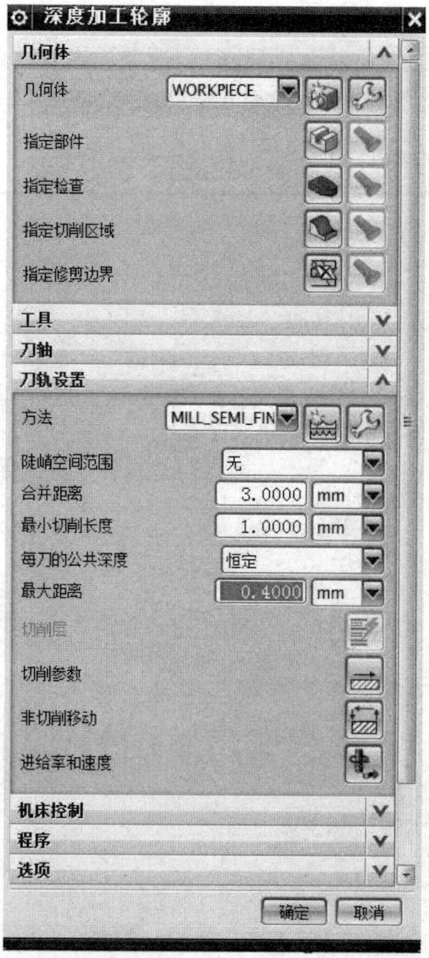

图 9-21

②单击,设置如图 9-22、图 9-23 所示的参数,其余参数使用默认值,单击“确定”。

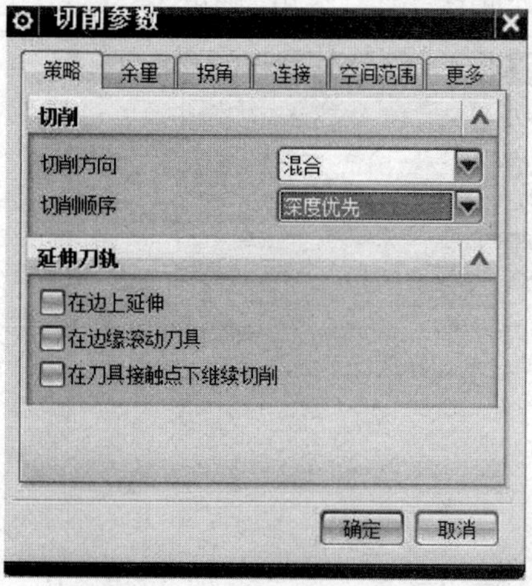

图 9-22

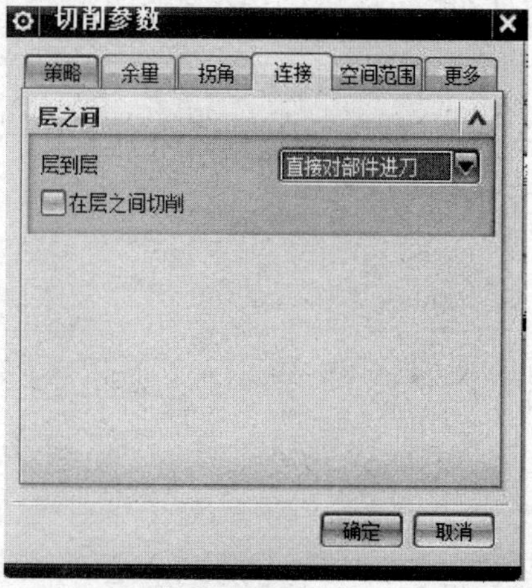

图 9-23

③单击“确定”,保存创建的模板文件。

(3)设置固定轴轮廓铣工序参数。

①双击“FIXED_CONTOUR”,打开工序对话框,设置如图 9-24 所示的参数。

图 9-24

②单击,设置如图 9-25 所示的参数,单击“确定”。

③单击,设置如图 9-26 所示的参数,其余参数使用默认值,单击“确定”。

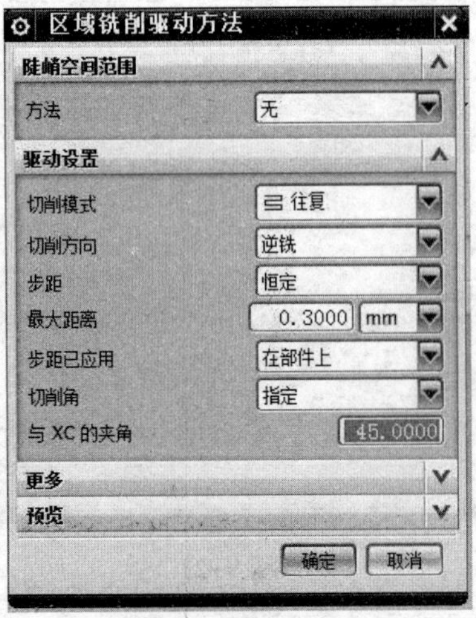

图 9-25

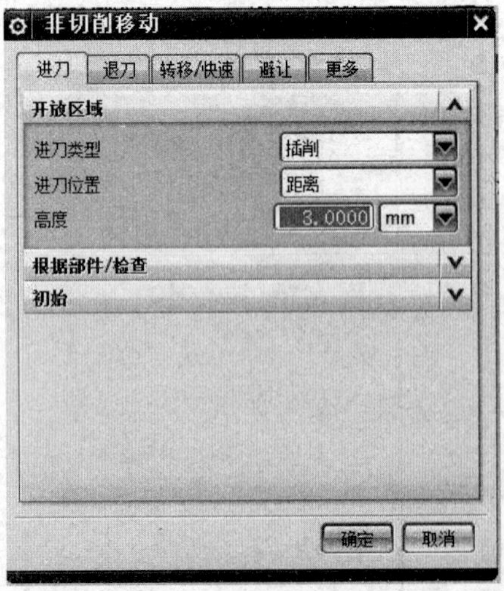

图 9-26

④单击“确定”,保存创建的模板文件。

(4)设置平面铣工序参数。

①双击“PLANAR_MILL”,打开工序对话框,设置如图 9-27 所示的参数。

图 9-27

②单击,设置如图 9-28 所示的参数,单击“确定”。

③单击,设置如图 9-29 所示的参数,其余参数使用默认值,单击“确定”。

图 9-28

图 9-29

④单击,设置如图 9-30 所示的非切削运动参数,单击“确定”。

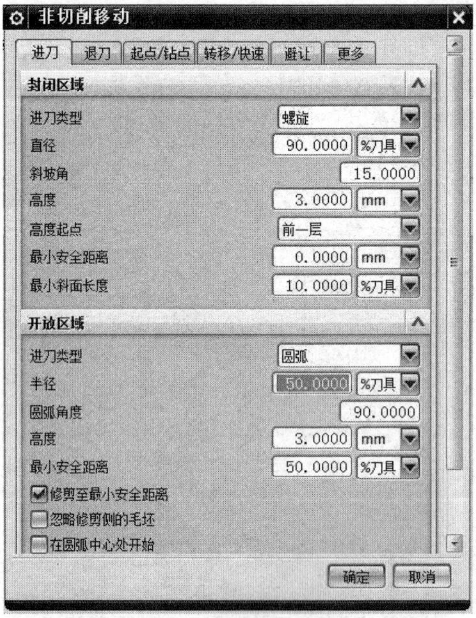

图 9-30

⑤单击“确定”,保存创建的模板文件。

(5)设置面铣工序参数。

①双击“FACE_MILLING”,打开工序对话框,设置如图 9-31 所示的参数。

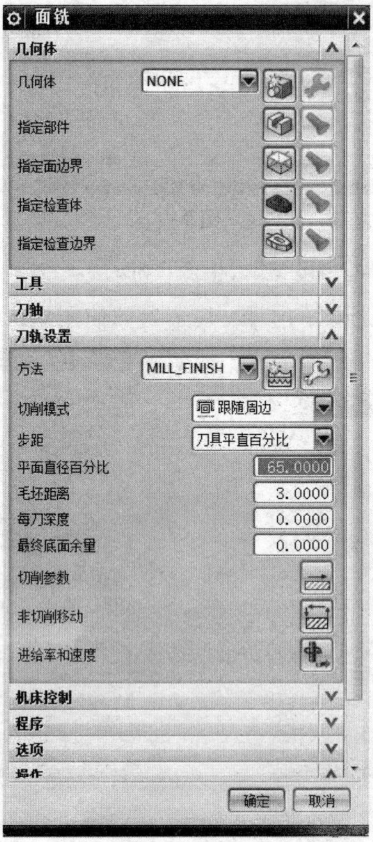

图 9-31

②单击，设置如图 9-32 所示的参数，其余参数使用默认值，单击“确定”。

图 9-32

③单击“确定”，保存创建的模板文件。

(6)设置定位钻工序参数。

①双击“SPOT_DRILLING”，打开工序对话框，单击，设置如图 9-33 所示的参数。其余参数使用默认值，单击“确定”。

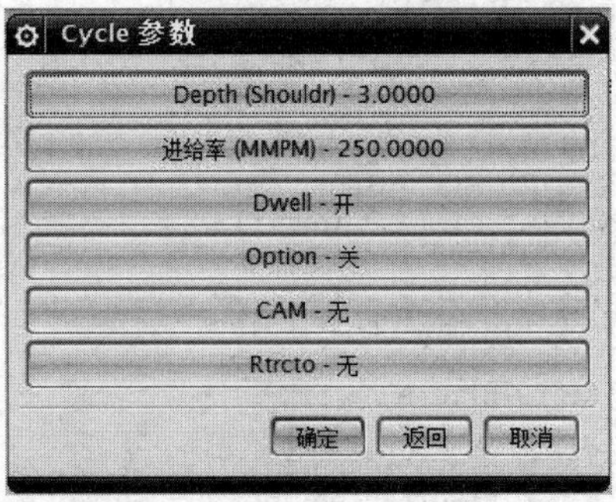

图 9-33

②单击“确定”，保存创建的模板文件。

6.保存设置模板

(1)选中所创建的工序，单击右键，打开快捷菜单，选择“对象”→“模板设置”，如图 9-34 所示。

(2)打开模板设置对话框，选择如图 9-35 所示的参数，单击“确定”。

(3)单击，保存创建的模板文件。

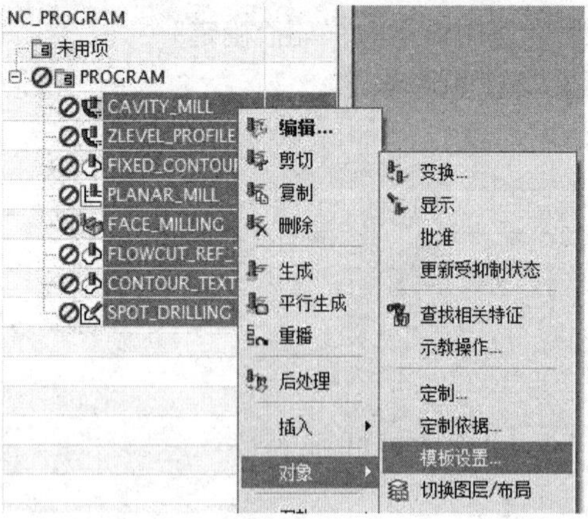

图 9-34

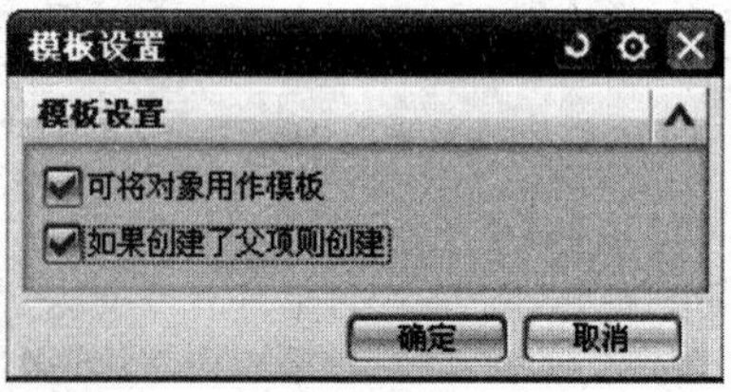

图 9-35

7.编辑模板设置文件

(1)运行记事本文字编程程序。

C:\Program Files\Siemens\NX 8.5\MACH\resource\template_set\cam_general.opt

(2)在公制模板中使用复制、粘贴,增加自己的模板文件,并把不需要显示的类型前面加“#”,如图 9-36 所示。

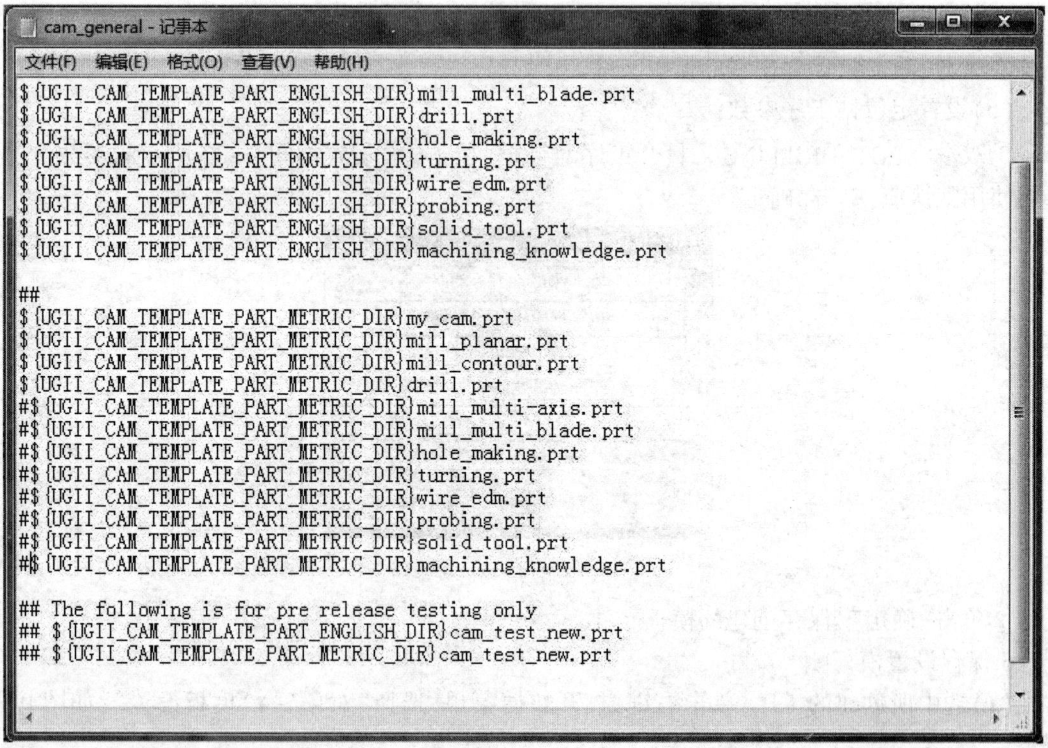


```
${UGII_CAM_TEMPLATE_PART_ENGLISH_DIR}mill_multi_blade.prt
${UGII_CAM_TEMPLATE_PART_ENGLISH_DIR}drill.prt
${UGII_CAM_TEMPLATE_PART_ENGLISH_DIR}hole_making.prt
${UGII_CAM_TEMPLATE_PART_ENGLISH_DIR}turning.prt
${UGII_CAM_TEMPLATE_PART_ENGLISH_DIR}wire_edm.prt
${UGII_CAM_TEMPLATE_PART_ENGLISH_DIR}probing.prt
${UGII_CAM_TEMPLATE_PART_ENGLISH_DIR}solid_tool.prt
${UGII_CAM_TEMPLATE_PART_ENGLISH_DIR}machining_knowledge.prt

##
${UGII_CAM_TEMPLATE_PART_METRIC_DIR}my_cam.prt
${UGII_CAM_TEMPLATE_PART_METRIC_DIR}mill_planar.prt
${UGII_CAM_TEMPLATE_PART_METRIC_DIR}mill_contour.prt
${UGII_CAM_TEMPLATE_PART_METRIC_DIR}drill.prt
#${UGII_CAM_TEMPLATE_PART_METRIC_DIR}mill_multi-axis.prt
#${UGII_CAM_TEMPLATE_PART_METRIC_DIR}mill_multi_blade.prt
#${UGII_CAM_TEMPLATE_PART_METRIC_DIR}hole_making.prt
#${UGII_CAM_TEMPLATE_PART_METRIC_DIR}turning.prt
#${UGII_CAM_TEMPLATE_PART_METRIC_DIR}wire_edm.prt
#${UGII_CAM_TEMPLATE_PART_METRIC_DIR}probing.prt
#${UGII_CAM_TEMPLATE_PART_METRIC_DIR}solid_tool.prt
#${UGII_CAM_TEMPLATE_PART_METRIC_DIR}machining_knowledge.prt

## The following is for pre release testing only
## ${UGII_CAM_TEMPLATE_PART_ENGLISH_DIR}cam_test_new.prt
## ${UGII_CAM_TEMPLATE_PART_METRIC_DIR}cam_test_new.prt
```

图 9-36

(3)保存并退出记事本,结束模板文件编辑,并退出 NX。

8.加载自定义模板

(1)重新启动并打开一个要准备加工的 PRT 文件。

(2)运行加工模块,打开如图 9-37 所示的加工环境对话框。

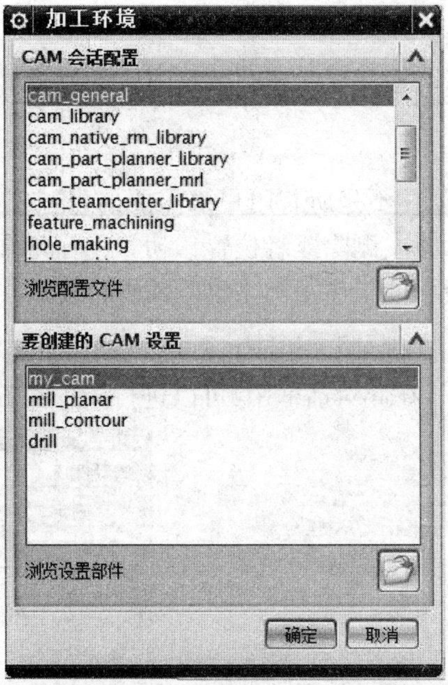

图 9-37

(3)在 CAM 设置中,选择“my_cam”文件,单击“确定”。可以看到之前创建的工序和刀具,此时只要对工序进行复制、删除及编辑即可完成编程工作。

9.使用自己定义模板创建工序

单击 ,打开创建工序对话框,选择如图 9-38 所示的自定义模板,再选择父节点,如刀具或加工方法,单击“确定”,打开工序参数设置对话框进行编辑,则完成编程工作。

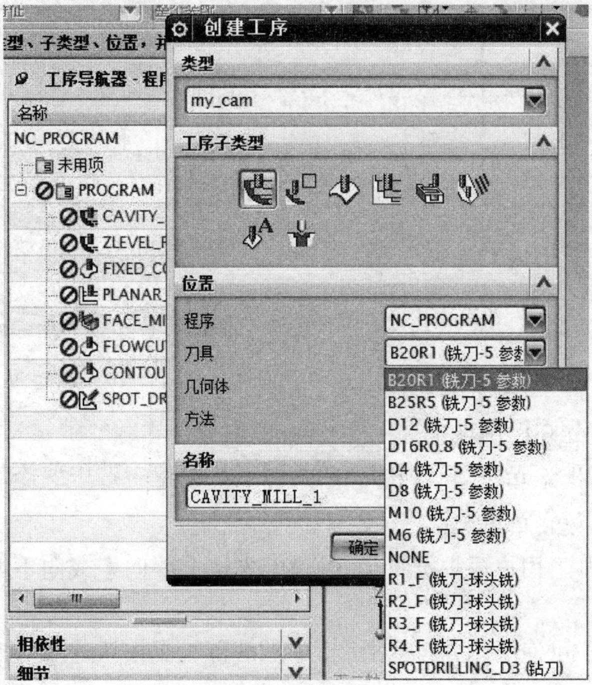

图 9-38

任务二　定制工序对话框

在每一个工序中,一些选项并不是所有用户都需要的,定制工序对话框的意义就在于对工序中的选项进行编辑,它包括增加、删除或者位置移动等,从而获得必要的工序选项和友好的用户界面。特别对于自定义模板中的工序子类型更应该进行编辑,以满足企业的需求。

在任意工序对话框中,单击“选项”,均有如图 9-39 所示的定制对话框选项。单击，打开如图 9-40 所示的定制对话框。在此对话框中,可以进行 4 方面工作。

图 9-39

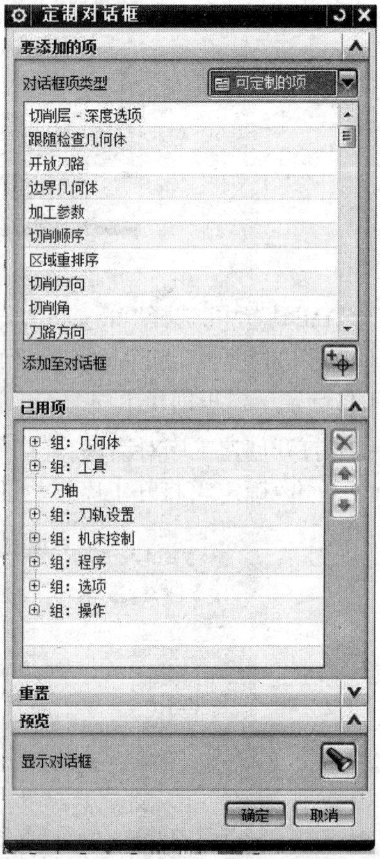

图 9-40

(1)删除已用项。先在已用项中选中要删除的项,再单击。

(2)增加要添加的项。先在要添加的项的类型下拉菜单中选中要添加的类型,再选择要添加的项(并设置相关参数),单击。

(3)调整已用项顺序,用户可根据自己的喜好,先选定要向上或向下调整的选项,单击右侧的或。

(4)其他设置,用户可使用图 9-40 对话框中的底部工具按钮进行从模板中更新或重置。

练习 9.2

【目的】学习定制工序对话框。

1.打开模板文件

Open→C:\Program Files\Siemens\NX 8.5\MACH\resource\template_part\metric\ my_cam.prt。

2.运行加工模块

单击“开始”,单击“加工”。

3.定制工序对话框

(1)单击,切换到几何视图,显示如图 9-41 所示的工序。

(2)双击工序“FIXED_CONTOUR”,打开如图 9-42 所示的对话框。

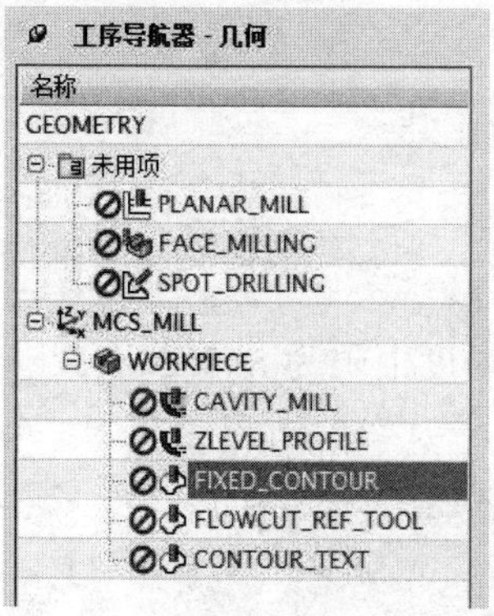

图 9-41

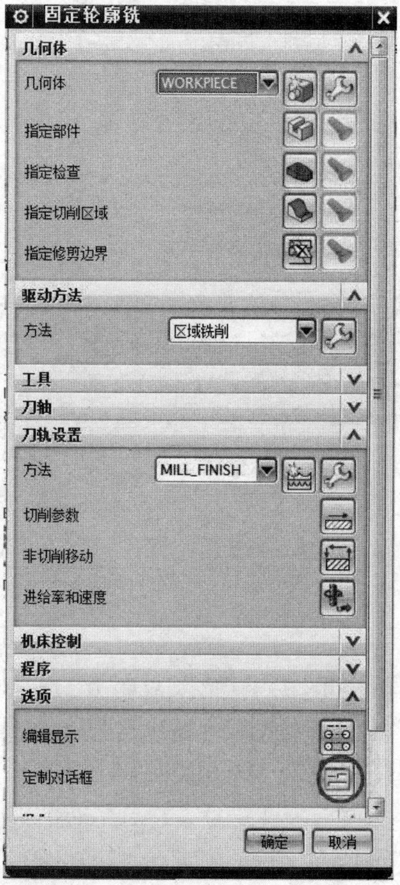

图 9-42

(3)单击,打开如图 9-43 所示的定制对话框,选择已用项“几何体-检查体/面”选项,单击,则从已用选项中删除了此项。

单击“确定”,显示如图 9-44 所示的工序对话框,可以看到检查几何选项已被删除。单击“确定”结束定制。

(4)单击,保存模板文件,保存定制工序对话框。

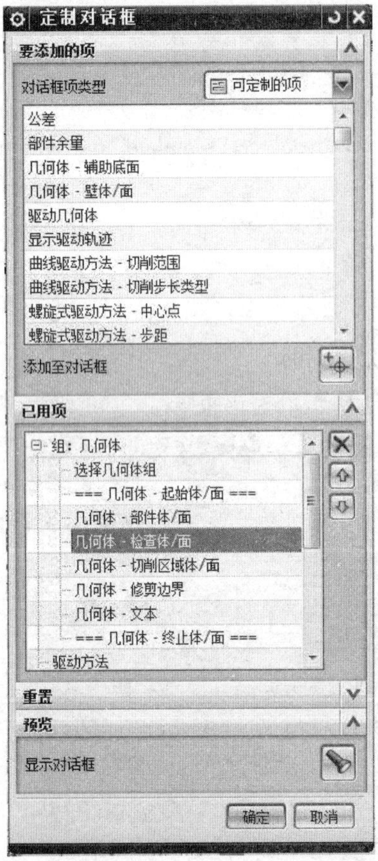

图 9-43

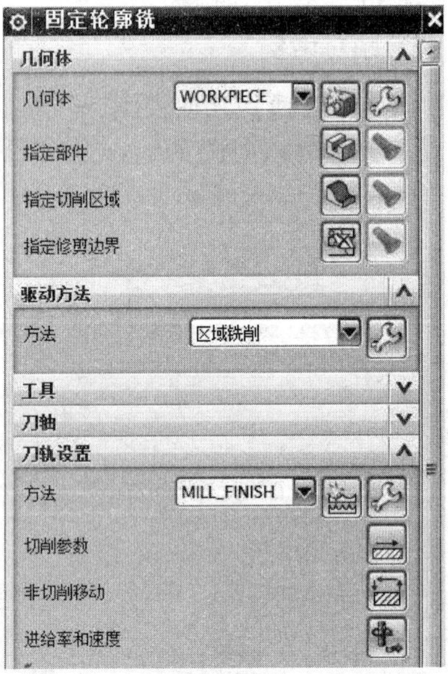

图 9-44

任务三　实例加工

工　　件：如图 9-45 所示，材料为 718，硬度为 HRC52。

加工要求：所有铣削尺寸精度均为±0.01 mm；表面粗糙度上限为 *Ra*3.2。

加工条件：机床为 MA KINO-V56，使用虎钳装加。

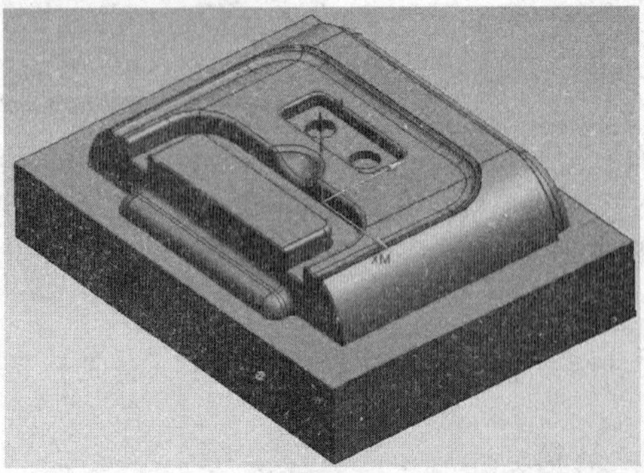

图 9-45

根据加工要求,制订如表 9-1 所示的加工工艺方案,各操作中的切削参数如切深、主轴转速、进给量等均按上述加工条件设定。

表 9-1

工序	程序组	刀具	余量	备注
粗加工	CORE-1	D25R5	0.25	机夹刀(可换硬质合金刀片)
		D8		
半精加工	CORE-2	D8 D4R2	0.05	氮钛铝涂层刀具(半新)
精加工	CORE-3	M8	0	氮钛铝涂层刀具(全新)
		D6		
		D8R4		
		D3R1.5		

练习 9.3

Step 1 打开零件。

Open→X:\parts\zhonghe\example.prt。

Step 2 运行加工模块。

单击“开始”,再单击“加工”,选择“my_cam”,点击“确定”进入加工环境。

Step 3 创建加工几何体。

单击,切换到几何视图,把 WCS 定在工件中心的最高点。双击“MCS_MILL”,定义 MCS 与 WCS 重合,同时安全设置选为“平面”,距离设置为“10”,单击“确定”。

双击“WORKPIECE”,单击,点击模型作为加工的“指定部件”;单击,选择包容块为“指定毛坯”,Z+设为“0.8”,单击“确定”。

Step 4 双击“CAVITY_MILL”,打开工序对话框,选择“B25R5”刀具,如图 9-46 所示。

单击,设置如图 9-47 所示的参数,单击“确认”。

图 9-46

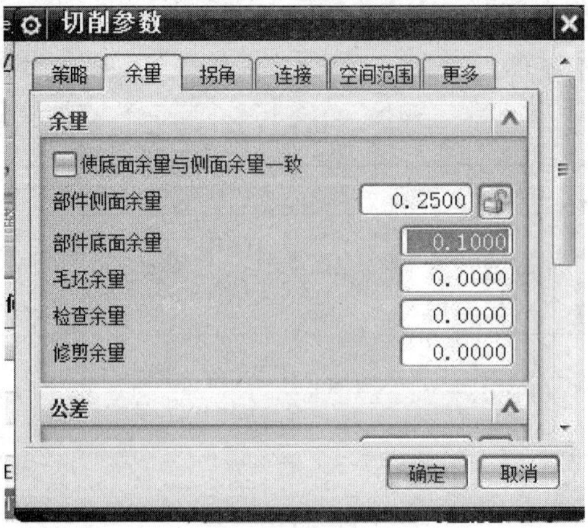

图 9-47

Step 5 设置切削速度。

单击，设置如图 9-48 所示的主轴转速与进给速度，单击“确定”。

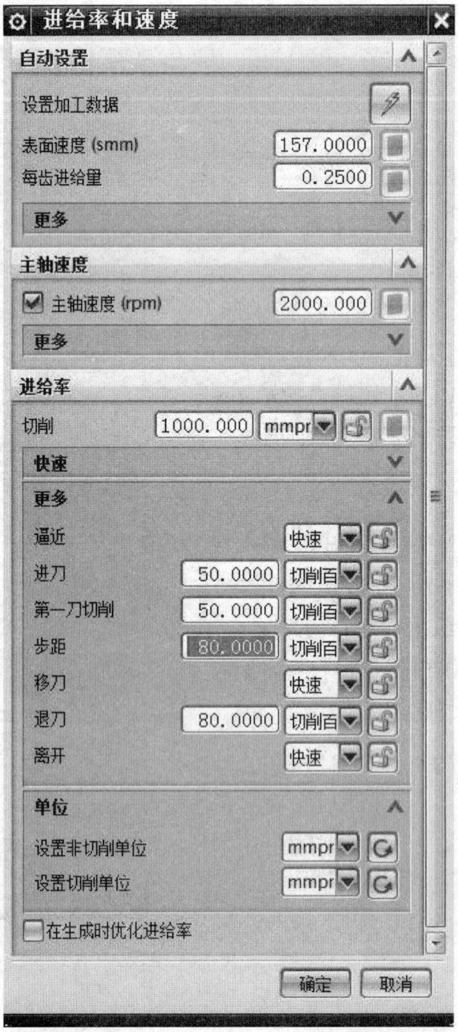

图 9-48

单击,生成如图 9-49 所示的刀轨,单击“确定”。

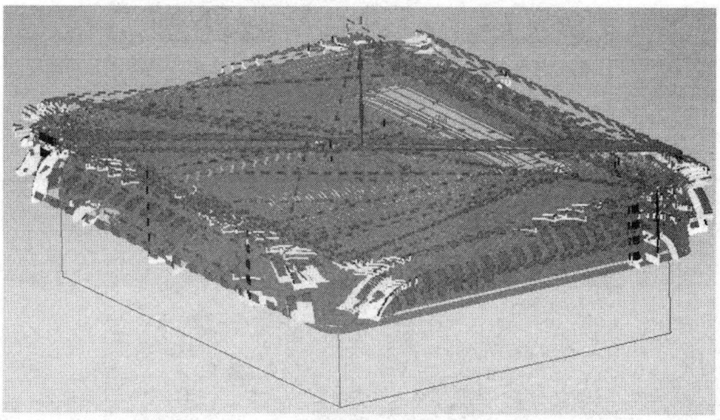

图 9-49

Step 6 切换到机床视图,右键单击“CAVITY_MILL”,单击“复制”,再次右键单击“D8”,左键单击“内部粘贴”,双击“CAVITY_MILL_COPY”,打开工序对话框,设置如图 9-50 所示参数。设置如图 9-51 所示切削参数。

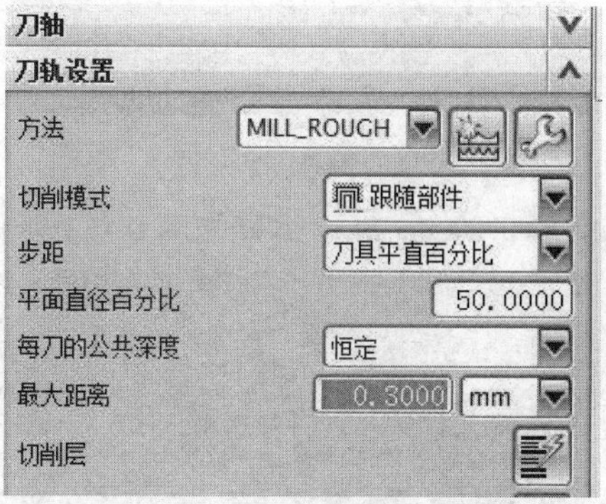

图 9-50

图 9-51

Step 7 设置切削速度。

单击，设置如图 9-52 所示的主轴转速与进给速度，单击“确认”。

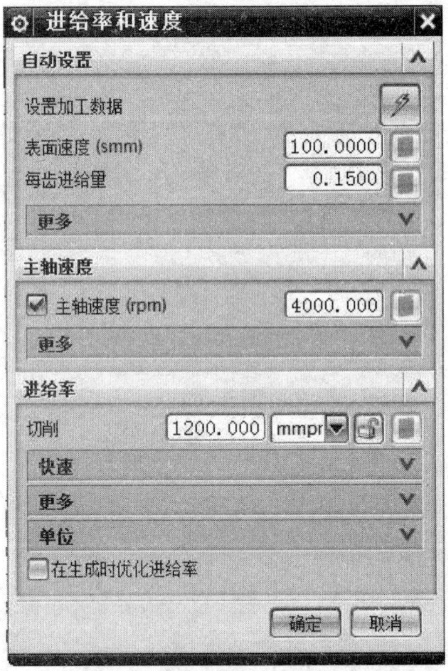

图 9-52

单击，生成刀轨，单击，验证刀轨，显示结果如图 9-53 所示。

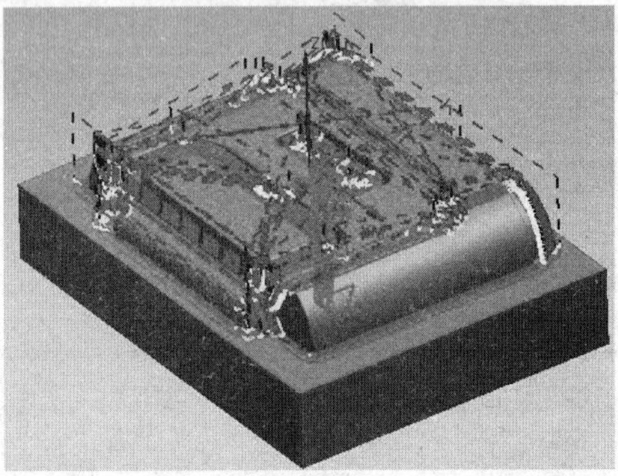

图 9-53

Step 8 双击“ZLEVEL_PROFILE”，打开工序对话框，选择如图 9-54 所示的切削区域，选择如图 9-55 所示的刀具和参数。

图 9-54

设置如图 9-56 所示切削参数。

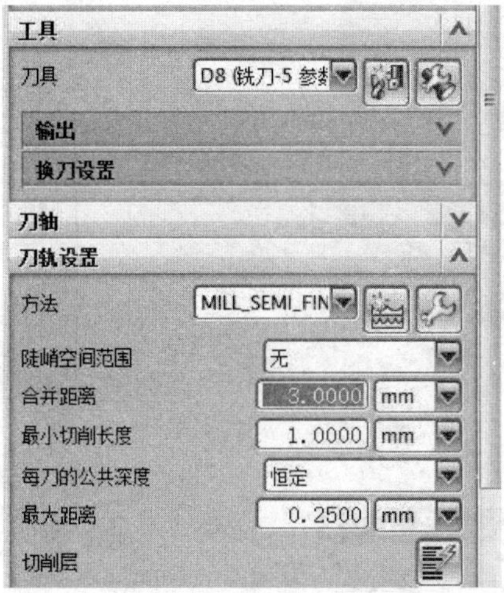

图 9-55

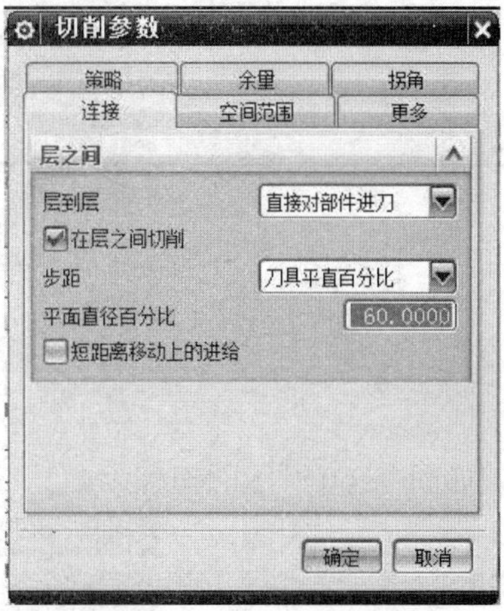

图 9-56

Step 9 设置切削速度。

单击，设置如图 9-53 所示的主轴转速与进给速度，单击“确定”。

单击，生成如图 9-57 所示的刀轨，单击“确定”。

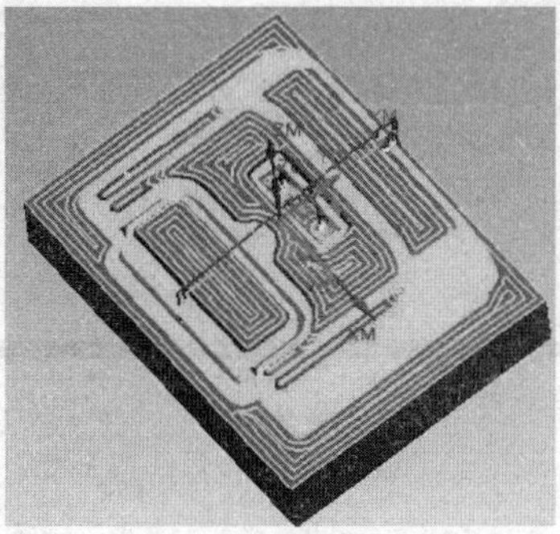

图 9-57

Step 10 双击“FIXED_CONTOUR”，打开工序对话框，选择如图 9-58 所示的参数和刀具，设置如图 9-59 所示的切削区域。

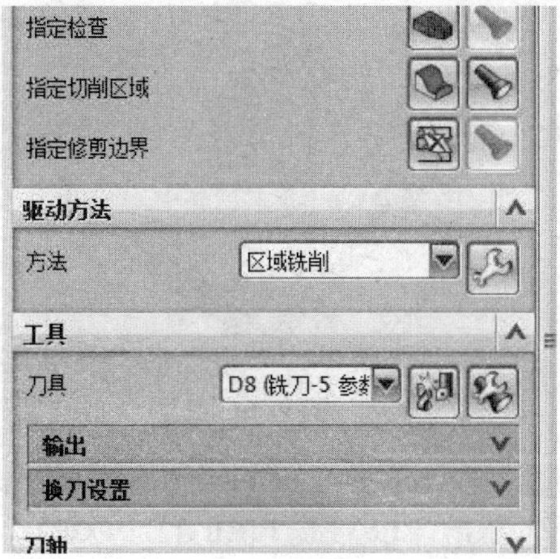

图 9-58

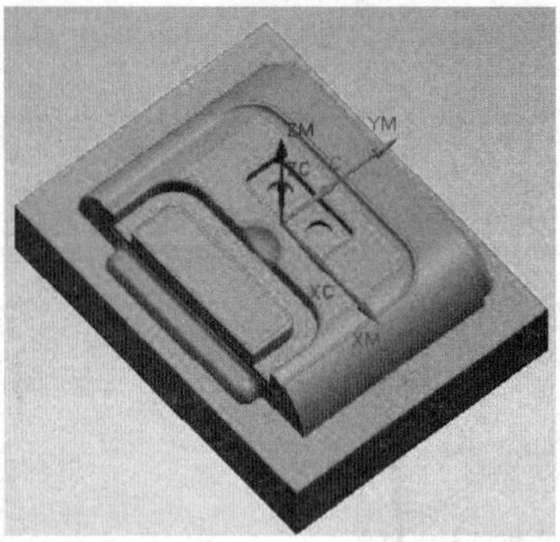

图 9-59

设置如图 9-60 所示的切削参数。

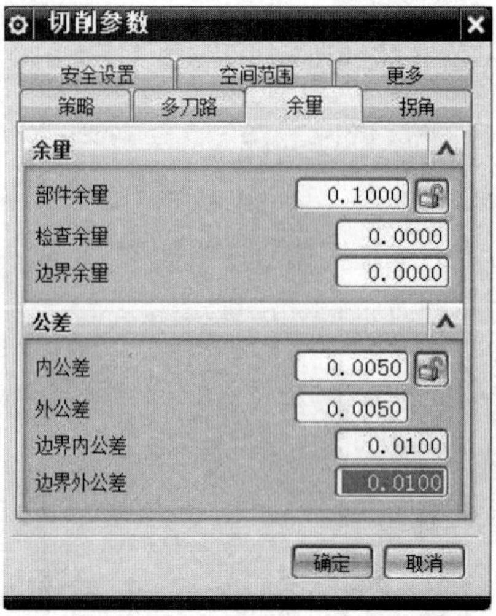

图 9-60

Step 11 设置切削速度。

单击，设置如图 9-53 所示的主轴转速与进给速度，单击“确定”。

单击，生成如图 9-61 所示的刀轨，单击“确定”。

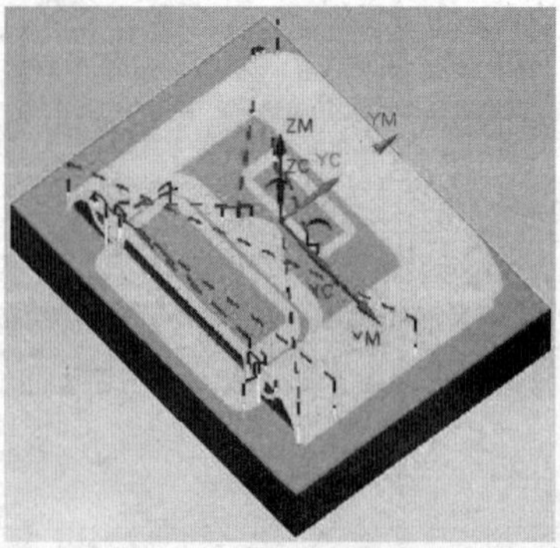

图 9-61

Step 12 切换到机床视图，右键单击“ZLEVEL_PROFILE”，单击“复制”，再次右键单击“R4_F”，左键单击“内部粘贴”，双击“ZLEVEL_PROFILE _COPY”，打开工序对话框，选择如图 9-62 所示的切削区域，设置如图 9-63 所示参数。

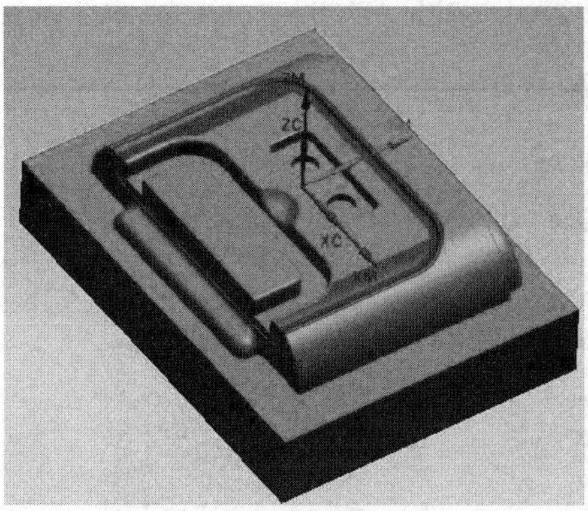

图 9-62

图 9-63

Step 13 设置切削速度。

单击，设置如图 9-64 所示的主轴转速与进给速度，单击“确定”。

单击，生成如图 9-65 所示的刀轨，单击“确定”。

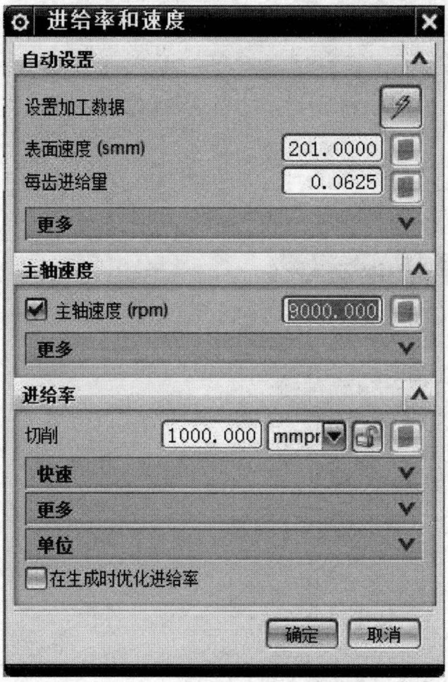

图 9-64

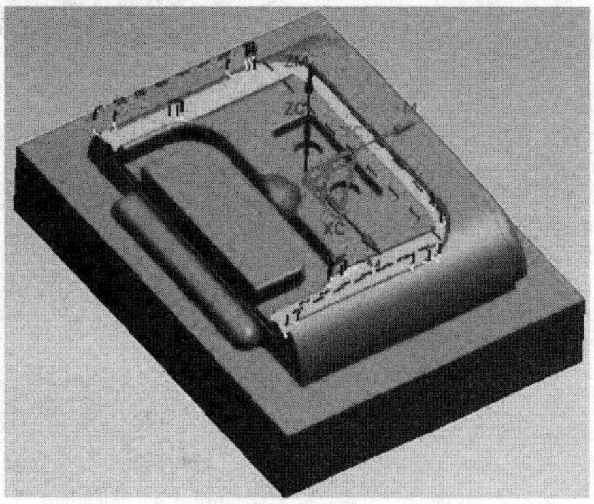

图 9-65

Step 14 双击“FACE_MILLING”，打开工序对话框，选择如图 9-66 所示面边界，图 9-67 所示几何体和刀具。

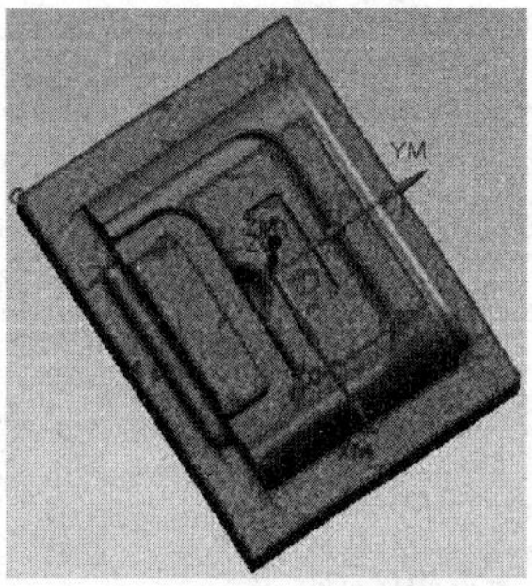

图 9-66

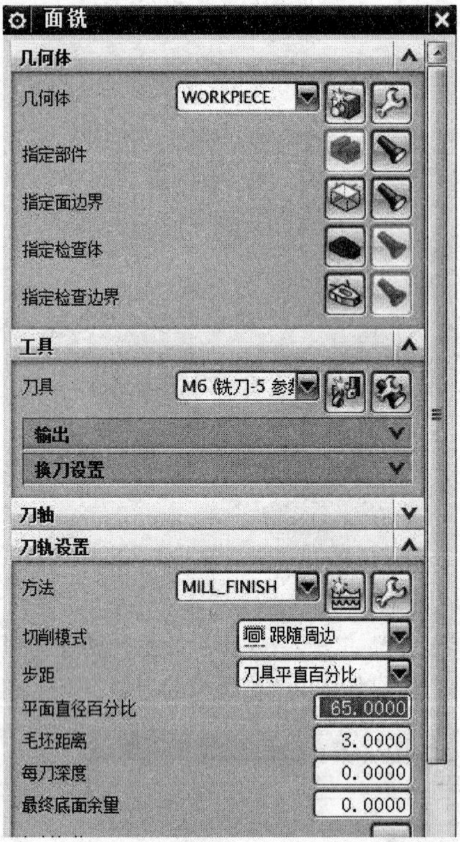

图 9-67

设置如图 9-68 所示切削参数。

图 9-68

Step 15 单击，设置如图 9-64 所示的主轴转速与进给速度，单击“确定”。
单击，生成如图 9-69 所示的刀轨，单击“确定”。

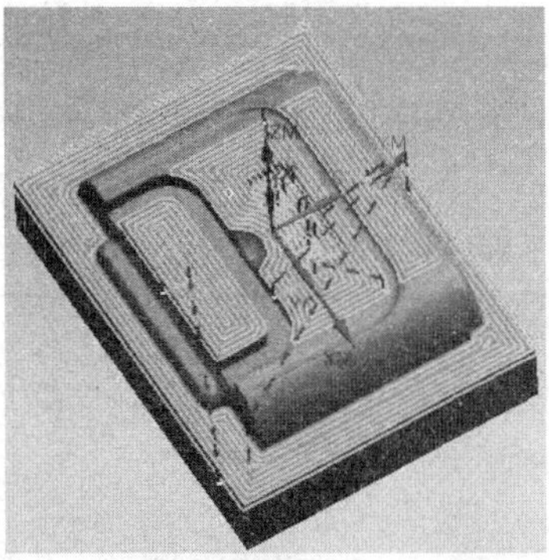

图 9-69

Step 16 双击“PLANAR_MILL”,打开工序对话框,选择如图 9-70 所示部件边界、底平面和刀具。

图 9-70

Step 17 单击,设置如图 9-64 所示的主轴转速与进给速度,单击“确定”。

单击,生成如图 9-71 所示的刀轨,单击“确定”。

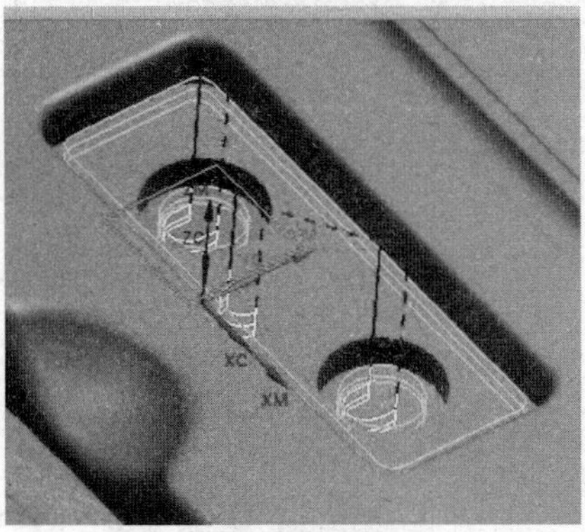

图 9-71

Step 18 切换到机床视图，右键单击“FIXED_CONTOUR”，单击“复制”，再次右键单击“R4_F”，左键单击“内部粘贴”，双击“FIXED_CONTOUR _COPY”，打开工序对话框，单击，设置如图 9-72 所示参数。

设置如图 9-73 所示的切削参数，单击“确定”。

图 9-72

图 9-73

Step 19 单击，设置如图 9-64 所示的主轴转速与进给速度，单击“确定”。

单击，生成如图 9-74 所示的刀轨，单击“确定”。

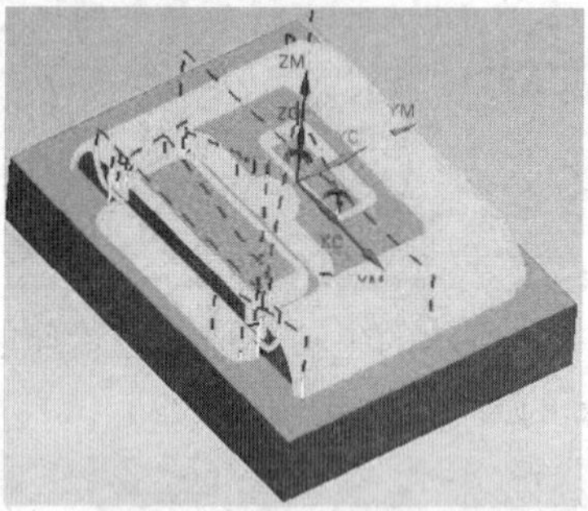

图 9-74

Step 20 双击“FLOWCUT_REF_TOOL”，打开工序对话框，选择 R1_F 清根刀具，选择如图 9-75所示清根区域。

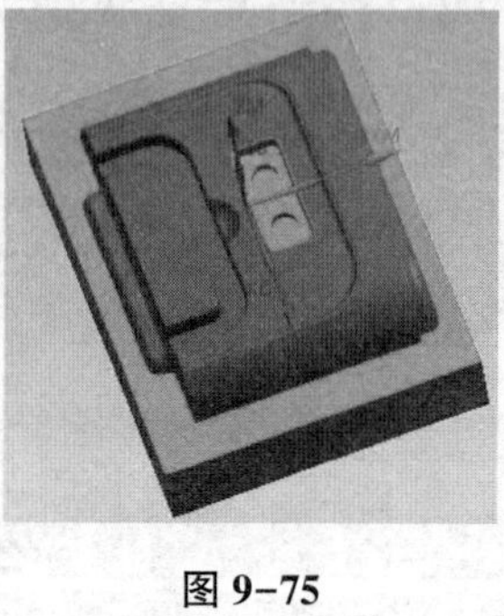

图 9-75

点击[icon]，设置如图 9-76 所示参数。

图 9-76

Step 21 单击[icon]，设置如图 9-77 所示的主轴转速与进给速度，单击“确定”。单击[icon]，生成如图 9-78 所示的刀轨，单击“确定”。

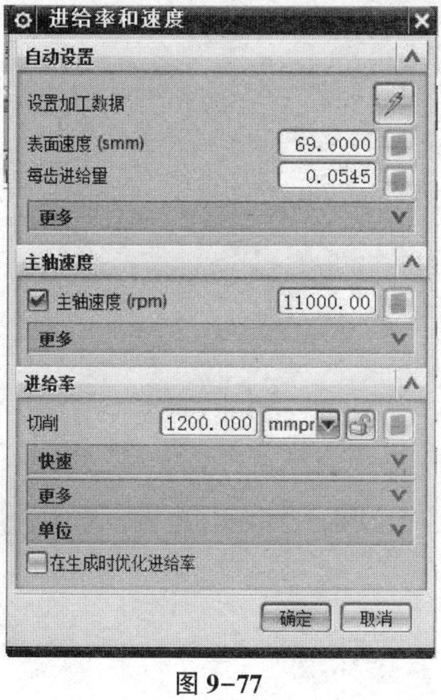

图 9-77

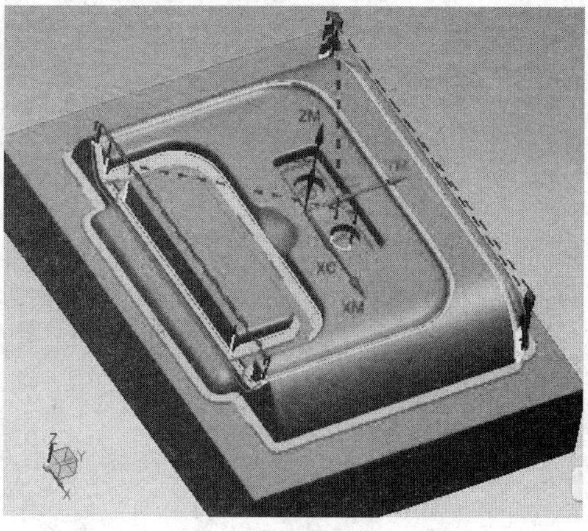

图 9-78

Step 22 创建 PROGRAM1，PROGRAM2，PROGRAM3 三个程序组，把完成设置的工序放在相应的组里，把不需要的工序删除，如图 9-79 所示，并保存工序。

工序导航器 - 程序顺序

名称	换刀	刀轨	刀具	刀具号	时间	几何体	方法
NC_PROGRAM					21:14:21		
未用项					00:00:00		
PROGRAM1					07:02:59		
CAVITY_MILL	■	✓	B25R5	0	05:25:45	WORKPIECE	MILL_ROUGH
CAVITY_MILL_CO...	■	✓	D8	0	01:36:50	WORKPIECE	MILL_ROUGH
PROGRAM2					00:00:00		
ZLEVEL_PROFILE		✓	D8	0	10:52:53	WORKPIECE	MILL_SEMI_FI...
FIXED_CONTOUR		✓	D8	0	02:00:45	WORKPIECE	MILL_FINISH
PROGRAM3					01:17:44		
FACE_MILLING	■	✓	M6	0	00:14:18	WORKPIECE	MILL_FINISH
PLANAR_MILL		✓	M6	0	00:01:02	WORKPIECE	MILL_FINISH
FLOWCUT_REF_T...	■	✓	R1_F	0	01:02:01	WORKPIECE	MILL_FINISH

图 9-79

参 考 文 献

[1]吴明友. UG NX 6.0 数控铣削[M]. 沈阳:辽宁科学出版社,2010.
[2]王学平. NX8 数控铣编程简明教程[M]. 西安:西安电子科技大学出版社,2012.